U0303639

The Wisdom of Birds

An Illustrated History of Ornithology

鸟的智慧

插图鸟类学史

〔英〕蒂姆·伯克黑德 著

任晴 译

创于1897 商务印书馆 The Commercial Press

2019年·北京

The Wisdom of Birds:

An Illustrated History of Ornithology

This translation is published

by The Commercial Press Ltd.

by arrangement with Bloomsbury Publishing Plc.

献给

尼古拉斯·戴维斯

（Nicholas Davies）

致我们至少三十年的友谊

三只纵纹腹小鸮。它们的拉丁名*Athene noctua*来自希腊神话中智慧女神雅典娜和她昼伏夜出的习惯；而它们的英文名Little Owl则由约翰·雷（John Ray）于1678年命名。

插画作者J. 沃尔夫（J. Wolf），插图出自J. C.和E. 祖瑟米尔的著作（J. C. & E. Susemihl, 1938–1952）。

目录

中文版序

刚开始撰写本书时，我满怀壮志地意图囊括各种养鸟方式，包括笼养宠物鸟、养家禽、养鸽、驯隼等，看看它们如何影响了鸟类学的发展。然而真正开始研究时，我才意识到我给自己定了一个多么艰巨的任务，因此不得不将范围缩小，以便能够完成计划。关于养鸟如何影响鸟类学发展，我基本只局限在笼养宠物鸟。当然，还有很多其他人鸟互动的形式，共同塑造了如今我们称为鸟类学的这个领域。

同样，我也只能将思考的范畴局限在西欧，虽然我深知养鸟和鸟类研究在世界各地都很流行，然而语言障碍和获取非欧洲地区文献的困难使我无法实施全球范围内的研究。

从某种程度上来说，我局限于欧洲历史的主导原因还是文献的来源有限。现在看来可能难以置信，然而十年前当我刚开始写作本书时，想要找一些特定的文献，我必须从居住地谢菲尔德前往牛津、剑桥和伦敦等地的专业图书馆。在这十年中，很多早期的鸟类学文献都可以在网上获取了。要是我从头再来的话，肯定会花更多时间在电脑前面，而不是前往图书馆和拜访图书馆馆员，这样也不可避免会少很多乐趣。于我而言，研究鸟类学历史的部分乐趣就在于与人打交道。在电脑上搜索文献是孤单的，虽然身体闲了，然而却不那么有意思。我喜欢与图书馆馆员和专家交谈，他们经常能告诉我一些之前完全想不到去翻阅的典籍。同样，我发现浏览馆藏经常有意外收获，会让整个过程更为丰富。我分享研究工作中这些细节，是希望如果有人愿意扩充本书的视野，或者想撰写一本中国的鸟类学历史，我的经验能提供参考。

本书关注的重点是观念的起源以及我们如今的鸟类学知识是如何得来的——是谁在何时发现了什么。我力图溯源求本。至少在欧洲，鸟类学作为科学是从17世纪中期弗朗西斯·威路比和约翰·雷所做的研究开始的，这也是科学革命的一部分。当时人们所知的很多内容都来自古希腊，我也认可这一点，然而威路比和雷是首先以科学思维看待鸟类的人，他们重新评估了很多古代思想。通过总结一些课题的前沿知识，我也试图将自科学革命以来人们做出的观察放在当代视角下来检视。

20、21世纪的鸟类学文献极其浩繁，要想提供最新的综述是很大的挑战。后来我和两位同事一起摸索出如何更为全面地总结达尔文时代以降的鸟类学，写成了《一万只鸟：达尔文后的鸟类学》（2014年，普林斯顿大学出版社出版）。

我是职业的科研工作者，你在阅读本书时就能看出，我的研究主要集中在鸟类的生殖，尤其是与滥交和精子竞争相关的行为、生理和演化意义上。人们曾认为鸟类是一夫一妻制的典范，然而我们现在知道不忠行为是普遍存在的，并不只是鸟类，对于动物界整体来说都是如此，而且也出现了很多相应的演化适应和逆适应。了解关于繁殖的研究和鸟类学的历史对我作为生物学家的思维模式产生了深远的影响。鸟类学史让我加深了对鸟类和科学的理解，也启发了新的研究项目。我不仅和学生们分享我对鸟类学历史的热情，也通过演讲及撰写科普文章与公众交流。我深深希望本书能够给一些中国读者带来灵感，进而扬帆史海，以中国视角来记录鸟类学的历史。

蒂姆·伯克黑德

2016年1月7日于英国谢菲尔德

序

我摇摇晃晃地站在一片辽阔的湿地之中，水深齐腰，冰冷刺骨。一支鸟类学家组成的小分队正在捕鸟，目标是欧洲最罕见的鸟类之一。身为小分队成员之一，我笔直地撑起一根竹竿，上面系着 12 米长的粘网，网的另一头也连在竹竿上，由另一位同事举着。我们有三张网，六个人，都站在齐腰深的水中，小心翼翼地朝一只小鸟包抄过去；它正站在冒出水面的柳树枝头高歌。按事先约定的暗号，我们朝目标发起了冲刺，与此同时还要确保网是竖直的，感觉就像踩在糖浆里跑步一样；当时的情形在外人看来一定荒唐至极。我们的行动惊动了小鸟，它在竹竿的重围之下奋力起飞，欲为自由一搏，然而却像着了魔一般，稳稳地落入了我的网中。我不禁大笑起来：真难以置信，用这么粗野的办法居然能逮住这只身份特殊的小鸟。

将这只水栖苇莺拿在手中，感觉像是握着一小撮棕色的羽毛，仔细端详，它头部黑色和金色的条纹相间，十分显眼。两腿之间有明显的发情肿胀，表明是只雄鸟；若不是这点区别，它和更难得一见的雌鸟几乎长得一模一样。我们在小鸟的腿部安装了一个金属环和一串有着独一无二的颜色组合的彩色塑料环，并采了一滴血样用于 DNA 分析，然后把它放飞了。

波兰东北部的别布扎湿地是欧洲的奇迹之地。在湿地的边缘，当地居民住在汉塞尔与格莱特式的小木屋*里，用中世纪以来世代承袭的传统方式在湿草场上耕作。不出所料，这里的鸟类极其丰富。清早，当我还赖在床上时，鸟儿们就开始了晨鸣，音量和鸟的数量都大得惊人：金黄鹂、蓝点颏、普通朱雀、欧金翅雀和黄鹀，还有家燕、白腹毛脚燕和家麻雀。到夜晚，合唱队变了——没了早晨那么多的声部，精彩程度却丝毫不减："嘎嘎嘎"的长脚秧鸡、"嗞嗞嗞嗞"的大沙锥，还有"咕喂咕喂"的斑胸田鸡。白日里，黑鹳、灰鹤、蓝胸佛法僧、喜鹊、鹞和苍鹰就在头顶盘旋，这里简直是观鸟人的乐土。

沼泽的边缘，在约 1.5 米宽的泥炭水上，漂浮着厚厚的一层草本植物——那是水栖苇莺独特的繁殖地。在这仅有几厘米高的茂密的植被中，雌鸟筑下隐蔽的巢，像小老鼠一样在周围跑来跑去地捕食昆虫。只有在每天凌晨和傍晚的一个小时，雄鸟才会从这片迷你森林中现身，于不显眼的低枝上歌唱，或是表演动人的飞鸣。这些鸟儿过着与世隔绝的隐居生活，难怪如此神秘，不过如今，幸好有了这个国际合作的研究团队（我半途参与了一段时间），水栖苇莺的那些奇特习性正在慢慢地为人所了解。[1]

大部分鸟类都由雄性和雌性结成一对共同抚育后代，但水栖苇莺并非如此。对于它们来说，雌雄之间似乎并没有亲密地结合，它们显然只是随机地相遇和交配，此后雌鸟独自抚育后代——这与很多其他的小型鸟类都不同。另外一点不同的是，雄鸟并没有固定的繁殖领地。很多鸟类的雄鸟在繁殖季节都会用鸣唱来宣告领地所有权，而水栖苇莺的雄鸟在沼泽地间四处流连，这儿待三天，那儿待五天，并没有固定的大本营，鸣唱也只是为了吸引它们朝思暮想的雌鸟。DNA 指纹检测的结果表明，它们的交配纯属随意，以至于在很多巢中，一窝幼鸟（多达六只），父亲各不相同。

* 《汉塞尔与格莱特》（又名《糖果屋》）是格林童话中的一个故事。此处形容民居样式类似于故事中描述的汉塞尔与格莱特兄妹在树林中发现的糖果小屋。——译注

在水栖苇莺的天然栖息地中观察像它们这样神秘莫测的鸟类是一件很花时间的事情，经常需要有充足的耐心，无所事事地长时间等待。不管是研究什么鸟种，我都尽可能利用这些等待的时间来思考目前对它们的认知以及它们的意义。因为水栖苇莺的习性非常特别，只在晨昏时活跃，所以观察它们花的时间更长，想到的问题也更多，这迫使我更深入地斟酌自己关于鸟类的基本假定从何而来。水栖苇莺也使我和其他团队成员重新思考我们之前对鸟类"正常"行为的理解，并反思这些知识的出处。我们现有的关于鸟类领地、鸣唱、交配规律和其他行为的知识究竟都是如何得来的呢？

人类对鸟类的认识无疑起源自远古，想要在捕猎中有所斩获，就必须了解鸟类的行为和生态：一年中特定的时间它们何时出现在何处，何时繁殖，如何繁殖，在树上还是地面筑巢，产一枚还是多枚卵，等等。

鸟类的数量和种类都很多，也相对容易观察，所以自从人类开始绘画和写作以来，鸟就成了一个重要的灵感来源。欧洲洞穴的岩壁上绘着鸟的形象；非洲人用炙热的红泥板刻出鸟的形状；在北极墓葬中，大海雀的颅骨和死者安放在一起，陪伴墓主往生极乐。鸟类曾给古希腊人带来无穷的灵感和神秘：他们写下关于鸟的诗篇，以鸟的身体部位、排泄物或是体内分泌物入药，还用鸟的行为预测未来。

关于鸟类，有很多奇怪的观念。有些至今仍广为流传，比如某种雁是从海面浮木上附着的藤壶中冒出来的；或是鹈鹕为了哺育后代而啄穿自己的前胸，让幼鸟喝自己的血；又或是燕子在池塘底下的泥里过冬云云。其他不那么广为人知的奇特观念，则有如把巴西青蛙的分泌物涂在鹦鹉的羽毛上，能让绿色羽毛变红；或是某种鸽子的雄鸟能唆使雌鸟抛弃幼鸟与其结伴飞走；再或是有些鸟能转换性别。

哪些是真？哪些是假？如何区分幻想和事实？我们从何时开始在意这些问题？又是谁转变了我们的认知态度？

在成功地捕捉到水栖苇莺雄鸟之后，天色渐暗，饥饿的蚊虫蜂拥而

英国萨福克的拉文汉姆教堂中的一块横木（misericord），年代可追溯到15世纪。鹈鹕啄穿胸膛，牺牲自我来喂养幼鸟，这曾是很流行的带有寓意的图案。

上，于是我们赶紧撤回原生态的住宿地。在沼泽边缘一间出租房二楼的房间里，我们在小炉子上做了简单的汤和香肠权当晚餐，并讨论今天的工作。我们也说起太多被我们视作理所当然的事情，以及现有的鸟类知识从何而来，由何人传下来，我们所知的何其之少。那些知识应归功于何人？为了回答这些问题，我在野外工作期间曾多次问其他的鸟类研究人员，谁是他们心目中从古至今最具影响力的鸟类学家。

我们的国际团队是一群坚定不移的爱国者。德国人提出的是埃尔温·施特雷泽曼（Erwin Stresemann），20 世纪 20 年代，在鸟类学专业化的过程中，施特雷泽曼最先将博物馆研究与野外考察结合在一起。美国人提出施特雷泽曼的学生恩斯特·迈尔（Ernst Mayr），迈尔于 20 世纪 30 年代移居美国，因在鸟类演化研究方面的贡献而被称为“20 世纪的达尔文”。英国人则选了另一位演化生物学家戴维·拉克（David Lack），他是鸟类生态与生活史研究的先驱。

我告诉同事们，尽管我对他们所说的这些鸟类学家都非常敬仰，但是我把另一个人排在更高的位置，这时他们都很吃惊，想不出这人到底是谁。我所说的这位最具影响力的鸟类学家比他们提出的这些人都要早得多，在 17 世纪，这个人把我们对鸟类的认知从幻想带到了现实，那就是约翰·雷（John Ray）。

作为英国科学革命的核心人物之一，雷并不仅仅是鸟类学家。他是一位最宽泛意义上的生物学家：他了解植物，认识昆虫，不过最重要的是，他善于思考。雷也是一位哲学家，正是他对自然界的思考模式改变了鸟类学。站在中世纪与近代的分界线上，雷对以往的旧知识细加琢磨并敢于扬弃，同时以卓越的眼光展望未来，预见到许多至今仍让鸟类学家们着迷不已的课题。聪慧勤勉的约翰·雷也极具魅力、为人谦逊，正如他的肖像画所描绘的那样，简直让人无法不为之着迷。

当我告诉同事们我将约翰·雷排在施特雷泽曼、迈尔和拉克之上时，令人惊讶的是大部分人甚至从未听说过这个名字。我有点失望，不过也暗自窃喜，因为这意味着本书讲述的故事将是新鲜的。

雷关于新博物学（包括鸟类学）的构想非常广阔，从对观察到的事物进行简单描述到论述我们应当如何看待整个自然界，巨细无遗地包含了方方面面。

17 世纪早期见证了人类世界观的一次巨变，这意味着与当时根深蒂固的亚里士多德思想*、迷信和不确定性的决裂。雷开创了认识自然界的新视角，然而却是以谦虚谨慎的态度进行，与他杰出的思维和敏锐的眼界全不相称。受一小群剑桥同事的启发，雷颠覆了人类是生活在易怒且善妒的上帝监视之下的原罪者这一旧观点，并抛出了一个更令人欢欣鼓舞的新事物：温和善良的上帝。雷的上帝创造了自然界和其中一切的美，尤其是动物与其生活环境之间的精妙关系——他称之为自然神学（physico-theology，也就是后来所说的 natural theology），今天我们称之为适应。雷一生中的巅峰之作《上帝之智慧》(*The Wisdom of God*)出版于 1691 年，以平实易懂的方式精妙地陈述了他的主要思想。在那个年代，自然神学已经是了不起的进步，想一想，达尔文的自然选择理论可是在 150 年之后才提出的。雷的《上帝之智慧》一书改变了人们看待自然界的方式。它是发人深省的：这是第一次有人将博物学与世界观联结在一起。

雷最初研究了多年的植物，后来在一位年轻的同事弗朗西斯·威路比（Francis Willughby）的帮助下，开始对鸟类感兴趣。他于 1678 年出版百科全书式的《威路比鸟类学》（献给了此前几年意外身亡的威路比，以下简称《鸟类学》），为鸟类研究设立了新的基准。雷的这本鸟类学著作将前人的迷思与传说一扫而净，注重可验证的事实、清晰的描述和谨慎的解读，寻求知识的确定性。他无疑犯了一些错误，毕竟我们所说的鸟类学科学或启蒙才刚刚起步。但是相比前人，雷的这本《鸟类学》带

* 主要指中世纪的经院哲学。——译注

来了学界亟需的一缕清风。其重点关注鸟类的“排列”——不同鸟类如何共同填充上帝安排的框架。相对主红雀（旧称“维吉尼亚夜莺”）来说，青山雀和大山雀明显更为相似。不过，黄嘴朱顶雀、赤胸朱顶雀和白腰朱顶雀究竟是不同的物种，还是一类鸟的多个变种，就没那么容易说清楚了。这类问题使得之前潜在的博物学家们苦恼和困扰了几个世纪，而雷解决了这个难题。他提出物种的定义并制定了一套命名和排序的方法，60 年后，这些方法启发了卡尔·林奈（Carl Linnaeus），而且经受住了时间的考验。在这本《鸟类学》的启发下，人们对鸟类分类和“系统学”产生了巨大的兴趣，并一直持续至今。

雷的另一个贡献是他为研究鸟类提供了一个概念框架：围绕他的自然神学，鸟类学知识才得以建立和发展。没有这个框架，知识只是事实的堆砌，可能很有意思，但仅仅是一些凌乱的羽毛而已。除了提供解读事实的框架，自然神学也鼓励对鸟类感兴趣的人到户外去直接观察。雷提倡“相信你所看到的，而不是看到你所相信的”。他启发大家亲自去观察（当时没有望远镜，这可不那么容易），并给予客观的解释。雷站在新旧知识的分水岭上：他是第一个使用科学方法的鸟类学家，第一个关心什么是真和什么是伪的人。为了去伪存真，雷不得不重新评估前人的观点。在那些先驱者中，是谁首先观察到笼养夜莺秋天发疯似的在笼中乱蹦？是谁提出这是无法实现的迁徙本能？后来又是谁深入研究了这歇斯底里的乱蹦，绘制出迁徙行为背后的路线和基因图的呢？

雷的贡献是双重的。他的《鸟类学》一书开启了鸟类分类学研究，而《上帝之智慧》则引发了鸟类野外研究——如今我们称为鸟类野外生态学。任何一项都足以让他青史留名。有这两项贡献可谓非凡。

在此我意在用约翰·雷引出鸟类学中的一些重要概念，并追溯其发展历程。科学观念就像种子，如果有人细心照料，它们可以茁壮成长为知识的参天大树，而一旦落在贫瘠的岩石上或是没有好园丁，也可能会凋亡。一些太超前的观念被忽视了，过一段时间才能获得再次成长的机会。探索知识的演化能帮助我们回顾鸟类学那丰富而迷人的发展历程。

鸟类学有着浩瀚的历史。[2] 为了使其缩减到可控的篇幅，我将重点放在一系列的核心概念上，这些概念对鸟类本身以及两千年来热切研究它们的人类的生活都很重要。概念是维系着一个学科（如鸟类学）的一系列观点，同时它们也为新的研究指明道路。那些与诸多情形相关，或是适用于很多物种的综合概念是最为重要的。我研究的鸟类行为生态学这个领域，就是基于自然选择和鸟类个体如何使后代数量达到最大这样的宏大概念。这也正是我对水栖苇莺如此着迷的原因。

大部分鸟类都是一雌一雄成对繁殖，看上去一派和谐，其实那只是假象，很多种类的鸟如青山雀、红翅黑鹂、细尾鹩莺等，其实比人类还要不忠于伴侣，非婚生子很常见。不过，滥交却提供了潜在的机会，让一些个体留下更多的后代。由此推出的一个假定是，雄性在寻找婚外情的同时，应该尽可能不让配偶与别的雄鸟交配。不过，鉴于水栖苇莺已经把滥交发展到了前所未有的新境界，它们的雄鸟应该更为忧心如何确保自己的繁殖权。事实正是如此，并且它们还有着出人意料的招数。由于它们有着奇特的习性，雌鸟的行踪极其飘渺不定，很容易就能避开那些“性致”高涨的雄鸟。这意味着如果雄鸟能找到一只雌鸟，它一定得好好把握机会。一般鸟交配只需几秒钟的时间，而雄性水栖苇莺能和雌鸟保持交合姿势长达三十分钟，这自然就避免了其他雄鸟在关键时刻来搅局，并且能留下足够的精子和之前（或者后来）的雄鸟竞争。这是一个成功者与失败者的演化游戏，而自然选择青睐那些能够脱颖而出、留下最多后代的个体。

如今，像这样的演化观念引领并指导着鸟类研究，然而是谁第一个观察鸟的交配要持续多长时间？是谁首先注意到大多数鸟通常成对繁殖，但有时也无视婚约？又是谁开始将自然选择概念和此类繁殖行为联系在一起的呢？

大的普遍概念以及随后搜集来支持这些概念的证据，比单独的信

水栖苇莺在进行它们那不可思议的持久交配
戴维·昆因（David Quinn）绘制，1994年

息片段要重要得多。任何人都可以收集事实，但很少人有眼界去总结和寻求普遍规律。本书中将讨论的问题对所有鸟类都很重要，而且涉及很多方面，包括有性繁殖、领域、鸣唱学习、交配、迁徙和窝卵数等。正是由于约翰·雷在《上帝之智慧》中用概念和观念统一了鸟类学，他成为了我的故事中一个核心的人物。

鸟类学的基础概念涵盖了鸟的一生，从卵的受精，到孵化、成长、成熟、建立领地、求偶等。这些"概念"又涵盖一些子概念，如"受精"——谁发现了精子？谁第一个观察到精子穿透卵细胞从而形成新生命？又如"迁徙"——谁提供了迁徙的证据，从而破除燕子和其他一些鸟在池塘底下越冬的无稽之谈？

要追溯这些概念，最显而易见的办法就是直接回到最早的出处，看看它们是否存在。如果找不到，就顺着文献再往回找。这件事说来容易做起来难，恰似追溯河流的源头：当支流变得更小，地形更崎岖，水道就分成越来越小的溪流，让人很难找到真正的源头。一位科学史学家曾经说过：

> 没人能规划科学的发展历程，它总是曲折和纵横交错的，有无数的岔路，走出去才发现只有单调而令人气馁的平常景色。当终于达成目标时，你会发现得出一个如此不起眼的结论居然要花费那么多的时间和精力。[3]

沿着时间上溯，走得越久就越容易失去线索。公元前300年亚里士多德的著作，常被人认为是所有生物知识的起源，可是就连他也经常借鉴他人的说法。及至中世纪，博物学家经常用亚里士多德的作品（如《动物志》）作为蓝本，往里加入合适的材料，却又不注明出处。其结果就是浩如烟海的中世纪作品（收录在诸多的中世纪动物寓言集中），想要在其中求本溯源更是难上加难。[4]

探索鸟类学概念的起源可以成为有趣的侦探工作，但是由于早期的作者引用前人作品太过随意，这项工作做起来常常很麻烦。[5] 我想要描绘鸟类学起源的大图景，所以尽我所能去追溯这些概念的源头，并由此指出具有科学价值和历史价值，同时也启发了鸟类学新概念的重要转折点。

约翰·雷就是那个转折点。在他的《鸟类学》和《上帝之智慧》之前，大部分关于鸟类的研究都混乱而零散。在雷之后，鸟类学彻底改换了面貌。本书将开启一段旅程，我们会评估雷对鸟类学的卓越贡献，一方面回顾比他更早的先驱们，一方面探讨当代鸟类学中的一系列话题。

开始写这本书时，我正处在西班牙南部的山区，那里几乎不停地有鸟儿飞过。其时正值复活节*，迁徙的候鸟源源不断地横越直布罗陀海峡，从我所在的村庄和房屋上空飞过：黄喉蜂虎、黑鸢、鹞、普通楼燕和各种娇小的柳莺（这只是其中很少的一部分）都在奋力北飞。18 世纪 50 年代，约翰·怀特（John White）曾在直布罗陀住过几年，他给身在英国的哥哥吉尔伯特·怀特（Gilbert White）寄去一手的鸟类观察记录，上面清晰地记载了燕子等鸟类的季节性迁移。约翰·怀特的观察按理说足以扫除一切关于鸟类是迁徙还是冬眠的疑惑，但老观念总是根深蒂固的。

就在五年后，我又回到那个村庄，写下了本书的最后几页。这次是夏天，大群的楼燕正躁动不安地准备南迁。五年时间似乎很漫长，但是作为一个大学老师和科研工作者，我只能在很多其他工作的间隙挤时间来探寻鸟类的历史。多亏有利弗休姆信托基金会（Leverhulme Trust）提供的资助，这本书才得以完成。重要的是，有了这笔项目资金，我得以聘用巴斯·凡·巴伦（Bas van Balen）为研究助理，他做了大量追溯工作并翻译了许多晦涩的文献，对此我感激不尽。我也仰仗于许多人提供

* 复活节是为了庆祝耶稣复活的宗教节日，天主教、新教、东正教、犹太教等不同宗教（流派）有不同的复活节日期计算方法，但通常都是 3 月底至 4 月下旬的一个星期日。——译注

的帮助和信息，在此对那些解答我的问题或恩许我引用他们的来信或电子邮件的友人奉上诚挚的谢意。我也要感谢所有帮助巴斯和我查找资料的图书馆馆员，其中要特别感谢剑桥大学鲍尔弗与牛顿图书馆的克莱尔·卡索（Clair Castle），她提供了很多帮助，还准许我们查阅那里珍贵的馆藏，还有德国叙维森马克思-普朗克鸟类学研究所图书馆的阿莱克斯·克瑞克里斯（Alex Krikellis），加拿大蒙特利尔的麦吉尔大学布莱克伍德图书馆的埃莉诺·麦克莱恩（Eleanor MacLean），以及英国皇家鸟类保护学会的伊恩·道森（Ian Dawson）。还要特别感谢汉斯·英格兰德（Hans Engländer）教授准许我使用他庞大的私人藏书。

我要感谢那些允许我询问他们的经验并慷慨地与我分享回忆的朋友，尤其是史蒂夫·埃姆伦（Steve Emlen）、布赖恩·福利特爵士（Sir Brian Follett）、克雷布斯爵士（Lord Krebs）、彼得·拉克（Peter Lack）、彼得·雷克（Peter Lake）、鲍勃·蒙哥马利（Bob Montgomerie）、伊安·牛顿（Ian Newton）、克里斯·佩林斯（Chris Perrins）和斯代玢·奥夫斯传德（Staffan Ulfstrand）。我还要特别感谢米德尔顿爵士和夫人（Lord & Lady Middleton）准许我复制弗朗西斯·威路比的图画和威路比家族收藏的艺术作品。

很多给过我建议或帮助的人都值得感谢，不过有一些人需要特别感谢，他们是帕特里夏·布瑞克（Patricia Brekke）、伊萨贝尔·查曼提尔（Isabelle Charmantier）、马克·科克尔（Mark Cocker）、尼克·戴维斯（Nick Davies）、尼可拉·海明斯（Nicola Hemmings）、西蒙内·伊姆勒（Simone Immler）、艾莉森·皮尔恩（Alison Pearn）、杰恩·帕莱特（Jayne Pellatt）、卡尔·舒兹-海根（Karl Schulze-Hagen）、罗尔夫·施林格（Rolf Schlenker）、罗杰·舒特（Roger Short）、克莱尔·斯波提斯伍德（Claire Spottiswoode）、多萝西·文森特（Dorothy Vincent）和格林·伍兹（Glynn Woods）。格外感谢伊尔根·海弗尔（Jürgen Haffer）、琳达·霍伊（Linda Hoy）和鲍勃·蒙哥马利审阅书稿并提出宝贵意见和建议。书中任何错误都应由我本人负责。我感谢利弗休姆信托基金会的支持、鼓励和耐心：在这个官僚主义横行的时代，他们对待科研的那种严肃实际的态度着实是一缕清风。我的代理人费利西蒂·布莱恩（Felicity Bryan）、布鲁姆斯伯里出版社的比尔·斯温森（Bill Swainson）和他的团队，特别是埃米莉·斯威特（Emily Sweet），提供了很多宝贵的灵感和指导。最后，一如既往地，我的家人米丽娅姆（Miriam）、尼克（Nick）、弗朗西斯卡（Francesca）和劳丽（Laurie）是最值得感谢的。

这是一只“伪造的”或者说被改色（tapiragem）的鹦鹉，它身上红色和黄色的羽毛是由南美原住民人工做出的，当年让约翰·雷着实吃了一惊。

这幅图中的鸟种类不明，图片由雅克·巴拉班德（Jacques Barraband）绘制，引自F. 拉威廉特的著作（Levaillant, 1801）。

1. 从民间传说到事实——约翰·雷与鸟类学

想象一下，你生活在这样一个世界上：日常生活不是依靠逻辑和常识，而是笼罩在恐惧、迷信和经常用鸟来传达旨意的“上帝”的权威之下。在这里，看见一只落单的喜鹊意味着厄运临头；听见渡鸦叫则大限将至；仅仅在燕子巢中找到的一种特殊的石头能使盲人复明；把鸽子的精液涂在女性的裙子上，就能让她们爱上你；吊在丝线上的死翠鸟能当风向标。翠鸟具有魔法的力量，能预测风暴的来临并迎风飞翔，所以直到现在，在英国和法国的很多农家还能找到这种可怜的小鸟的干尸。[1]

此类奇幻的观念曾根深蒂固，[2] 直到 17 世纪初才开始有人质疑这些说法。弗朗西斯·培根（Francis Bacon）是革新的生力军，他强调实验和证据才是可靠的知识来源。住在诺维奇的鸟类学家托马斯·布朗爵士（Sir Thomas Browne）也热切地倡导新的思维模式，他恰巧也是约翰·雷的朋友。布朗于 1646 年出版的《常见错误》（*Pseudodoxia Epidemica*）是一部佳作，书中宣扬讲求证据的全新科学方法，提倡用仔细设计的实验来验证以翠鸟为风向标之类的坊间传说。[3]

布朗设计了一个简单而巧妙的实验：把两只死翠鸟并排挂在一起，如果它们各自指向不同的方向，传说就不攻自破了。布朗是新派博物学家的代表，他对雷也有很深的影响。雷曾写道：

吾等不可尽信书，固步于他人著说易使人轻信谬论而薄于事实；凡所能及，吾等皆当亲身格物，纵览群书亦当善习草木 ……[4]

要想弄清雷所说的“尽信书”是什么意思，你只需去剑桥大学动物学系的牛顿博物馆看一看。在博物馆的深处有一座大铁笼（实在没有更好的词来形容了），内藏卷帙浩繁的鸟类学书籍珍本。这些书曾是 19 世纪初剑桥动物学系主任、鸟类学家艾尔弗雷德·牛顿（Alfred Newton）的收藏，它们几乎涵盖了整个鸟类学的历史。在一个单独的架子上，放着几册巨大的、皮面精装的书卷，出自 16、17 世纪，极为珍稀、易损而且价值连城，让人简直不敢伸手翻阅。这些都是按年代顺序排列的皮埃尔·贝伦（Pierre Belon）、康拉德·格斯纳（Conrad Gessner）、乌利塞·阿尔德罗万迪（Ulisse Aldrovandi）和约翰·强斯顿（John Jonston）所著的鸟类学百科全书。旁边紧挨着的架子上，则是雷所著的百科全书。

要知道，当时人们对鸟类的了解其实非常有限，可这些书为何都如此大部头，到底贝伦和他后面那些作者挖出了多少可写的东西？实际上，其中大部分都是奇谈怪论。格斯纳和阿尔德罗万迪的著作格外令人迷茫。当然，书中部分内容还是符合当代鸟类学认知的，但这些内容几乎被一大堆现在看来既不是鸟类学也不是博物学的糟粕给掩埋了，得费一番工夫才能找到。

这些早期作者所记述的内容主要来自两个渠道。其一是亚里士多德，所有知识的源泉，几乎没人敢反驳；其二是当时横扫欧洲的新潮流——隐喻之说（emblems），其起源则是中世纪动物寓言集。[5]

亚里士多德的著作包罗万象，从伦理、诗歌、政治学到动物学，涵盖了人类知识的方方面面。他被称为“一个人的大学”（one-man university），而他的成功部分得益于古希腊没有一套固定的意识形态或宗教信仰，不同的观念和学派从而得以繁荣。[6] 他将观察、论断和哲学与博物学巧妙结合在一起，这种手法体现在《动物志》和《动物生殖》

Ordo quartus. 45

F. Serinus, Chloridis ueterum ſpecies alia.

ITALICE Serin, Scartzerino.

GALLICE Cedrin.

GERMAN. Fädemle/ Schwä- derle/Girlitz/Grill/Hirngrill.

Chloris Ariſtotelis. Gaza Luteam & Luteolam uertit, malim ego uiridiam.

ITALICE Verdon, Ver- derro, Verdmontan, Zaranto, Taranto, & Frinſon circa Tri- dentum.

GALLICE Verdier, Serrant. Sabaudis Verdeyre: q̃d nomen etiã paſſeri ſpermologo noſtro à Gallis attribui puto.

GER. Grünling/Grünfinck/ Kuttuogel/ Tutter/ Kappuo- gel/ Hirſuogel.

LAT. Parus maior, Fringillago Gazæ.

ITAL. Pariſola, Paruſſola, Pa- riſola domeſticha, alicubi capo negro, et circa Alpes tſchirnabó. Priora duo ex his nomina paro- rum generi communia ſunt: Ca- po negro atricapillæ ſeu ficedulæ potius attribuendum eſt.

GALL. Meſange. Sabaudis Maienze.

GERM. Spiegelmeiß/Groſſe meiß/Brandtmeiß/Kolmeiß ali quibus, noſtri enim de minore paro uerticis nigri hoc nomẽ effe runt.

Parus cæruleus hic cognominari poteſt.

ITAL. Paruſſolin, Parozolina.

GALL. Marenge.

GER. Blawmeiß/ Bymeiſſe/ Pimpelmeiß/Meelmeiß.

康拉德·格斯纳1555年的《鸟类学百科全书》中的一页，这些手工上色的插图还是比较准确的，但是文字中充斥着象征主义的内容和民间传说。

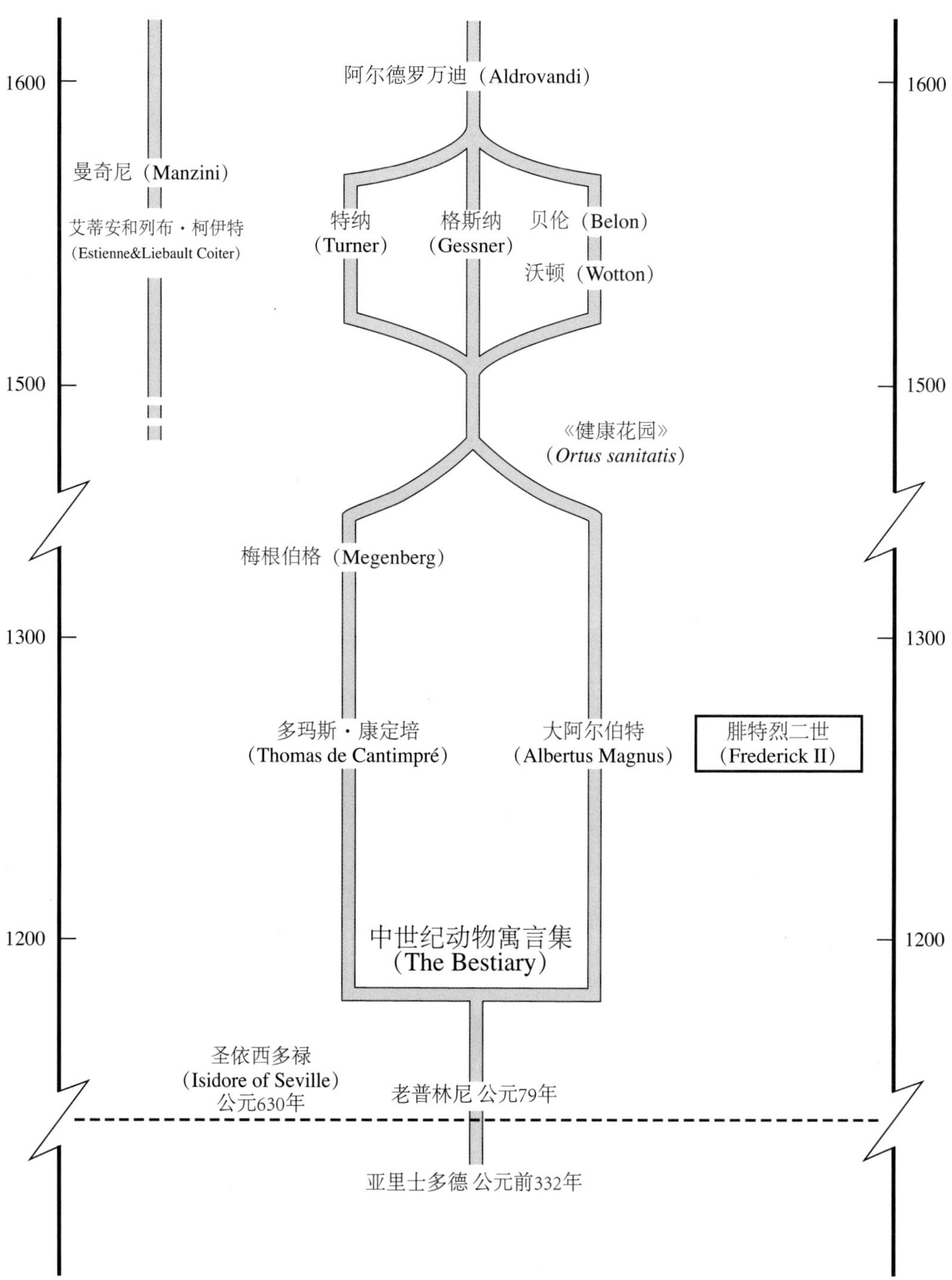

早期鸟类学的成长历程：从亚里士多德（底部）到阿尔德罗万迪（顶部）。腓特烈二世的作品曾经不为人知，直到1788年才被发现，所以他的名字单独放在一旁。原图出自怀特著作（White, 1954）。

这两本书中，是为鸟类学的开端。他认为鸟类“值得哲学头脑探索”[7]，并饶有兴致地描述它们的繁殖、迁徙、解剖结构、个体发育、领域性和分类。

不过，对于亚里士多德学说的科学性，数世纪以来评价一直起伏不定。包括查尔斯·达尔文（Charles Darwin）在内的很多人都敬佩他：“吾甚为仰慕林奈及居维叶（Georges Cuvier）……然较之老亚里士多德，此二者仅为小学生而已。”[8] 但达尔文的褒奖也不是盖棺论定，20 世纪 80 年代，诺贝尔奖得主彼得·梅达沃（Peter Medawar）和他的妻子珍（Jean）轻蔑地将亚里士多德的著作称为“道听途说的大杂烩”。他们以亚里士多德关于鸟类交配行为的描述为例，指出亚里士多德说有些鸟比如公鸡很“好色”，而其他鸟比如“所有的乌鸦”则“相对比较忠贞”，都不过是八卦而已。[9] 不过梅达沃夫妇并不是鸟类学家，他们关于鸟类交媾行为的论断也过于草率，80 年代基于 DNA 指纹分析的亲子遗传研究表明亚里士多德所说是正确的。

亚里士多德死后一千多年里，他的科学著作其实鲜有人知。到 13 世纪，亚里士多德作品的手抄本传入西欧，被翻译为拉丁文，突然变得更加普及。这些作品为中世纪的动物百科全书（又叫动物寓言集）提供了素材，寓言集的作者们，诸如多明我会修士（Dominican friar）、博学多才的大阿尔伯特（Albertus Magnus），采纳了亚里士多德的论述，并将自己的观察和意见加入其中。中世纪动物寓言集将动物学和基督教伦理观相混杂，现在看来是一堆耐人寻味的事实与幻想的大杂烩，但在当时可是权威的动物学参考书。动物的价值仅体现在宗教意义上，而对它们的行为也是从传道说教的角度来阐释的，最有代表性的就是说鸽子的两只幼鸟分别代表了上帝之爱与邻里之爱。[10]

16 世纪早期隐喻作品和动物寓言集很相似，不过宗教内容换成了更符号化的东西。其用意却是换汤不换药：为了让读者更好地理解这个世界，从而过上幸福生活。隐喻是一种带有道德色彩的谜题，基本上由三个元素组成：标题、图画（常常是一种动物）和一小段释文，通常写成韵文形式。标题和图画一般都很晦涩，而表达的伦理意义必须看注解诗才能明白。[11] 这种充满隐喻色彩的世界观在文艺复兴时期一幅巧妙的孔雀图画中体现得淋漓尽致——老普林尼曾经说孔雀是如此虚荣，以至于它们都不愿意看自己丑陋的双脚，而在画中一只孔雀却盯着自己的脚趾，旁边写着铭言：认识你自己（*Nosce te ipsum*）。

其时，格斯纳和阿尔德罗万迪正在写他们的16世纪鸟类百科全书，只有滴水不漏地掌握一种鸟的全部知识，从错综复杂的古代知识，到民间传说、神话，当然，还有它的隐喻象征，才好意思说自己对其有所了解。不过，和我们想的恰恰相反，这些文艺复兴时期的百科全书并不是鸟类学的教科书，它们有着完全不同的目的，这也是为什么人们常嫌弃它们古怪而又离题万里。从格斯纳对于孔雀的描述便可窥见一斑——其中包含了跟孔雀有关的所有事物：在不同语言中的名字、习性、死后肉身不腐的传言、印度的孔雀河、阿耳戈斯（Argus）* 的一百只眼睛变成孔雀尾巴的传说等，还有老普林尼依据雄性孔雀求偶炫耀的姿势而得出的孔雀为自己的脚感到羞耻的论断。

牛顿博物馆书架上的这些百科全书，前后跨越了一百年多一点的时间，不过当我们按时间顺序从前往后翻阅时，隐喻的内容就变得越来越少。格斯纳和阿尔德罗万迪的卷册里充斥着这些东西，到贝伦的著作中就少了很多，再到强斯顿的时候就更少了（他基本上是在概括别人的成果）。太多的传说和故事让我们感觉格斯纳和阿尔德罗万迪很枯燥乏味，而强斯顿几乎将这些都扬弃了，他开启了一个新的纪元，第一次真正把重点完全放在博物学上。[12] 这是极有意义的一个进步，此后约翰·雷和弗朗西斯·威路比编写他们的百科全书时决定效仿此法。他们对此满腔热情：

* 古希腊神话中一个有一百只眼睛的巨人，为天后赫拉的仆人。——译注

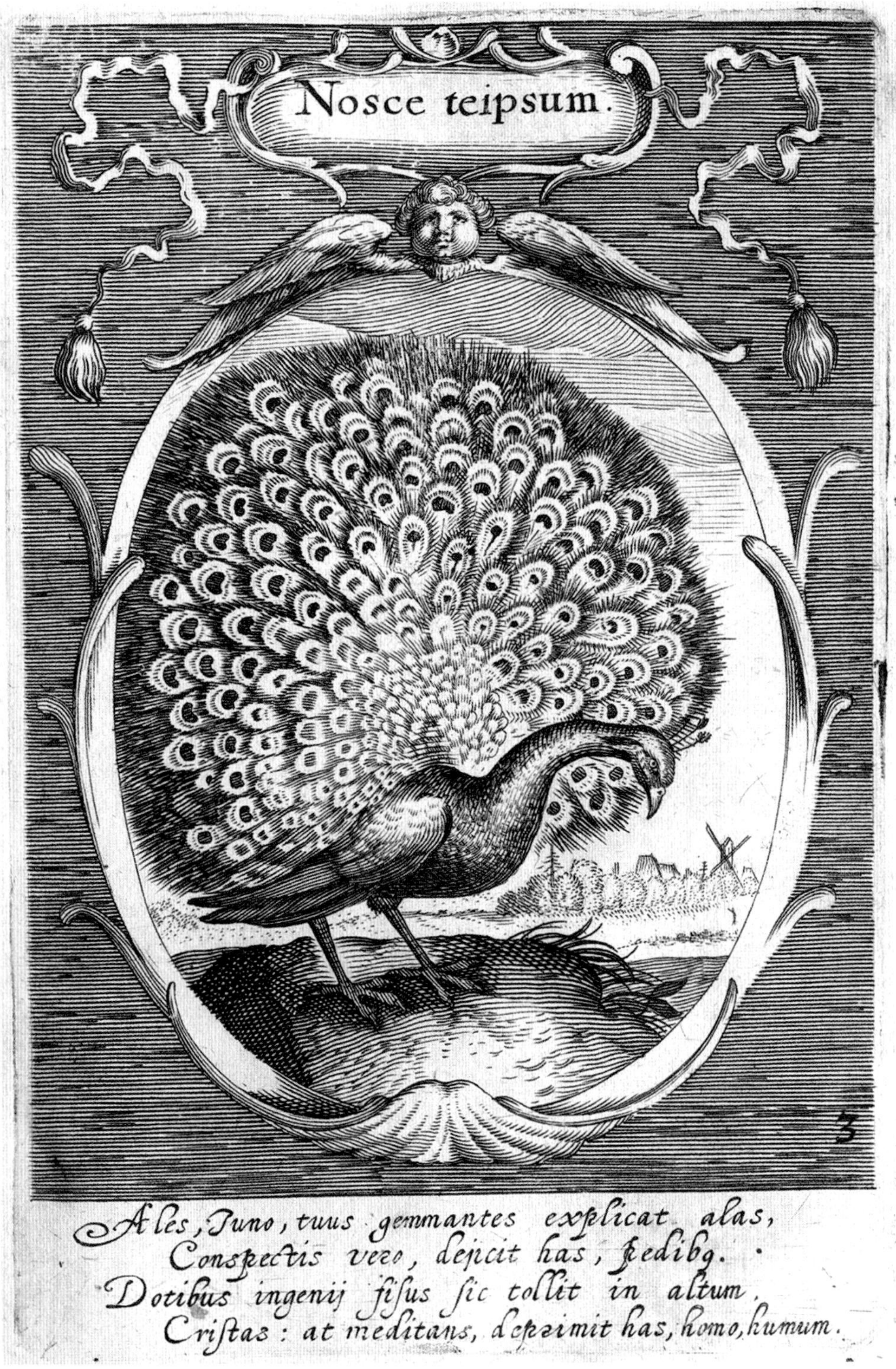

孔雀隐喻，文字中描述了其含义。插图出自雷姆的著作（Rem, 1617）。

> 如前所述，此书旨在详录几类禽鸟的特定属性，精确描述每个**物种**，依此妥善划分**纲目**：此外亦须言明，诸多常见于他处之记述，吾等着意将其排除，如**同名异物**或**异名**，又如**象形**、**隐喻**、**道德**、**寓言**、**占卜**，抑或**神学**、**伦理**、**语法**或任何人文相关之文论，仅将禽鸟博物之学呈于世人。[13]

在17世纪中期，到底是什么力量鼓励强斯顿、雷和威路比这些人勇敢地抛弃了寓言和传说，并推崇纯粹的博物学呢？其中似乎有两点原因。第一是已知鸟类的物种数量在快速地增加。当越来越多的鸟类（和其他动物）被从新世界源源不断地带回欧洲时，分类工作的难度大大增加了；它们也没有那些象征意义和传说，所以除了纯描述之外作者们很难再写出别的。第二，为了将整个社会从中世纪的思维套路中扯出来，16世纪的哲学家弗朗西斯·培根公然挑战了隐喻传统：自然界不是揭示上帝属性的密码；词汇完全是由人制定的——它们没有隐含的意义，大自然也一样。相反，培根主张真正的知识是从观察和实验中得来的。[14]

* * * * *

约翰·雷出身平民，他的父亲是村里的铁匠，母亲是草药师。雷1627年出生于英国埃塞克斯郡的布莱克诺特里，从布伦特里语法学校（Braintree Grammar School）毕业之后，大概是受布伦特里教区牧师为"贫困优秀学生"募集的资金资助，他于1644年进入剑桥大学的圣凯瑟琳学院就读，其时年仅16岁。两年后他转到了三一学院，并从1649年开始在这里教授数学、希腊语和人文学。

雷很有语言天赋，由于早期接受过古典教育，他的拉丁文比英文写得更流利，他所有的科学著作几乎都是用拉丁文写成的。这使得整个欧洲的学者都可以阅读他的作品，但是对更情愿用英文写作的本国人来说却不那么方便。30岁出头时，雷生了一场大病，康复过程中他开始愈发对本地的植物着迷。在剑桥郡的乡间旅行时，雷收集了很多植物标本，不过当时他完全不曾预料到，这将促使他穷尽一生从事具有里程碑意义的植物学研究，并做出前所未有的学术贡献。[15]

1652年，17岁的弗朗西斯·威路比进入剑桥三一学院读本科。在雷的熏陶下，英俊富有的威路比开始对博物学产生兴趣，两人成了密友。威路比出身显赫，教养良好，1660年伦敦皇家学会创立时成为首批会员之一。他和雷常一起游学，在1660年一次去马恩岛*的旅行中，两人做出彻底革新整个博物学领域的重要决定。雷的朋友威廉·德勒姆（William Derham）后来写道：

> 此二位先生深感博物学之不足……遂自行约定……统筹各部，整合为一；并欲以其严则精准记录物种，因威路比先生于禽兽之学颇有心得，故由其主持禽鸟、走兽、游鱼及爬虫，雷先生则研习草木。[16]

这个计划刚开始就险些付诸东流。1660年，也就是查理二世复辟的那一年，雷已经（多少有些不情愿地）被授以牧师圣职。两年后，由于拒绝在《统一法案》（*Act of Uniformity Book*）上签字，雷平静的剑桥生活被骤然打断。这部法案为了清洗教会内部的清教徒牧师，要求所有人都接受《公祷书》。** 作为一名清教徒，雷拒绝违背自己的信仰去签署这份效忠书，因此和另外两千多位牧师一起脱离了英国教会。失去了生活来源的雷回到布莱克诺特里并“把自己交给了命运和好友”。[17]

* Isle of Man，位于英国本土和北爱尔兰之间的岛屿，现为英联邦领土。——译注

** 《公祷书》（*Book of Common Prayer*）是英国圣公会指定的崇拜仪式典籍，其中包括各种祈祷仪式的指导、诗文和授职礼文等。1662年英国议会通过《统一法案》，要求人人都接受修订后的《公祷书》，想要在国教教会任职就必须认可《公祷书》。两千多位教职人员不肯接受，从英国教会辞职。——译注

约翰·雷（左图，绘制者不详）和弗朗西斯·威路比（右图，绘制者可能是杰勒德·索斯特［Gerard Soest］），两人合作完成的第一部现代科学意义上的鸟类学百科全书于1676年出版。

雷最好的朋友就是弗朗西斯·威路比。失业非但没成为灭顶之灾，反而给雷创造了机会，让他能够自由地和威路比一起在不列颠和欧洲大陆旅行（由威路比出资），并观察和采集标本。1662 年他们去了英国好几个以海鸟闻名的岛屿，如普瑞斯特霍尔姆岛、巴德西岛、卡尔代岛、法恩群岛和巴斯岩，而他们的欧洲大陆之旅则到达了科隆、法兰克福、维也纳、帕多瓦和罗马，一路进行标本采集和仔细研究。他们收购博物学绘画，访问其他博物学家，1665 年还特意去参观了阿尔德罗万迪的博物学收藏。[18]

1666 年，结束三年的旅行回到英国时，雷搬进威路比位于沃里克郡的家族宅邸米德尔顿府，开始整理他们的观察笔记。雷于 1667 年当选皇家学会的会员，并且难得地获得了免交会费的优待——他当时几近赤贫。1668 年，威路比与名媛艾玛·巴纳德（Emma Barnard）结婚，组建了家庭。可就在第二年，他在和雷一同前往切斯特的旅途中病倒了，从此一直痼疾缠身。1671年，他的身体有过一段短暂的好转，然后再度卧病，1672年7月3日病逝，年仅37岁。威路比的遗孀指定雷为她亡夫的遗嘱执行人之一，允许他继续住在家中，以教育他们的两个孩子和整理发表威路比的手稿作为回报。

在接下来的数年中，雷运用自己的才智，勤勉工作，将威路比留下的不完整的笔记转化为一部鸟类学百科全书，以此向他的朋友和资助人致敬。雷在1673年给朋友马丁·李斯特（Martin Lister）的信中写道："此书须得尽善尽美。余欲援引典籍中威路比先生描述所未及之一切种类，并竭尽所能为现有描述逐一配图。"他从各种各样的出版物中精选出插图，由艾玛·威路比出资进行复制。但雷对这些图片非常失望。这也难怪，相较于威路比在旅途中收购的约翰·沃尔瑟（Johann Walther）精美绝伦的画作，这些雕版画实在太粗糙了。[19]

这本名为《鸟类学》（*Ornithologia*）的百科全书终于在皇家学会的帮助下于1676年出版。拉丁文原版并未大受欢迎，雷随即开始编撰英文版，于1678年出版。雷增补了新的内容，包括论及驯鹰术及鸟类捕捉和驯养的新章节，并参考最近的一些探险家的记录更新了鸟种列表，使其尽可能完整。[20]

雷的这本《鸟类学》比之前的著作都要杰出。首先，正如他自己陈述的那样：

> 余意并非编撰禽鸟之法典（穷举一切），涵盖前人所书，真伪不辨；行此举者已有格斯纳及阿尔德罗万迪，本书亦不似强斯顿之作，绝非前人鸿篇巨制之精缩。[21]

其次，他们的目的是"构建一个系统，使其不仅在鸟类学中，而且在其他动物学研究中，都适于用来探索自然界"。[22] 雷凭借在植物分类方面的丰富经验，给出了第一个关于物种的探索性定义，并用它构建了第一

FRANCISCI WILLUGHBEII

De Middleton in agro Warwicenſi, Armigeri,

E REGIA SOCIETATE,

ORNITHOLOGIÆ LIBRI TRES:

In quibus

Aves omnes hactenus cognitæ in methodum naturis ſuis convenientem redactæ accuratè deſcribuntur,

Deſcriptiones Iconibus elegantiſſimis & vivarum Avium ſimillimis, Æri inciſis illuſtrantur.

Totum opus recognovit, digeſſit, ſupplevit

JOANNES RAIUS.

Sumptus in Chalcographos fecit

Illuſtriſſ. D. *EMMA WILLUGHBY*, Vidua.

LONDINI;

Impenſis *Joannis Martyn*, Regiæ Societatis Typographi, ad inſigne Campanæ in Cœmeterio D. *Pauli*. MDCLXXVI.

雷所著的《鸟类学》拉丁文版的封面，1676年出版，由于艾玛（威路比的遗孀）的名字作为插图的出资人也出现在封面上，此版又被称为“遗孀版”。

雷所著的1678年英文版百科全书《鸟类学》中的插图，图中描绘了三种欧洲鸟类：灰林鸮（上左）、夜鹰（上右）和高山雨燕（下），以及依照齐奥格·马可格雷夫（Georg Marcgrave）1648年的《巴西博物学》（*Historiae Naturalis Brasiliae*）一书中的原图绘制的三种异域鸟类（中）。

个真正有用的鸟类分类体系。

在此之前，物种被定义为“一组与属于其他物种的个体有所不同的相似个体”，[23]但它们彼此之间并没有特别的联系。这种基于“相似性”的说法，遇到那些两性异形或是个体有不同色型的物种（如普通鵟）就无能为力了，而对于像蝴蝶这样要经历变态发育的生物，从幼体到成体完全不同，这个概念就更加不中用了。关键是要找到一个能概括这些变化的定义，雷运用植物分类的经验，做到了这一点：

> 慎思之下，余以为明辨物种之法非此不可：增殖中所存之象。故不论个体或物种之变种几何，若其为同根草木之籽萌发而成，则可知仅为偶然之变异，而非另成一种……禽兽亦同此理，虽个体变化多端，物种之象恒常；甲物种之籽不生乙物种之芽，反之亦然。[24]

不同物种能交配产生杂交种后代是对物种定义的一个现实挑战。一直以来动物学家认为种间交配就伦理而言是不自然的，从生物学上来说也不合适，而植物学家则没那么紧张，可能因为植物的杂交更寻常，更自然，所以也更易于被接受。[25]

横跨两个学科的雷敏锐地捕捉到了这一点：

> 禽鸟时有与异类结对交配之举，其子嗣兼具双亲之相，形似变种，实则不然；余以为此类子嗣无法增殖：若非如此，则禽类之数增之无穷尽矣。[26]

换言之，同一物种的两个个体必须能够产生可生殖的后代，这显然接近于我们如今仍在使用的物种定义。

当雷和威路比为百科全书收集资料时，他们找到了一则信息，若能证明其真实性，则很有可能瓦解雷的物种定义。齐奥格·马可格雷夫在他的《巴西博物学》中描述了当地人用箭毒蛙的分泌物来随意改变笼养鹦鹉的羽色："塔普亚人*将鹦鹉的羽毛拔掉，在皮肤上染色，从而使鹦鹉长出五颜六色的羽毛；葡萄牙人称之为……伪造鹦鹉。"

雷被这个故事搞得有点不知所措："若此说为真（余以为非也），则凭羽色区别鹦鹉之举谬甚，以其变化无穷之故。"[27]

在鸟类学史中，有很长一段时间，鸟的命名和分类一直是重点和难点。亚里士多德尝试将鸟类分为生活在陆地上的、生活在水边的和生活在水里的，着实是相当聪明的分类方法，将解剖学和生态学都考虑到了：比如鸭子有脚蹼并且生活在水中，它们和生活在陆地上且没有脚蹼的乌鸦是大不相同的。此后八百年中，这个方法没有得到什么改进，就算贝伦提出根据鸟类行为和栖息地分为六个"目"，也并没有实质性的进步。50年后，阿尔德罗万迪在1660年提出的分类法也没有任何改进，他基于自己古怪而有个性的方法来划分自然界中鸟的种类：会沙浴的鸟类、有坚硬的喙的鸟类（这里面种类可太多了，像鹦鹉、交嘴雀和猛禽等）等。相比之下格斯纳就更为谨慎。他知道鸟类肯定有天然的排序，因为自己弄不明白，所以在百科全书中干脆简单地将鸟种按字母顺序排列。[28]

雷革新了鸟类分类方法，他抛弃亚里士多德的系统，提出一套主要根据形态（如喙或脚的形状）而不是功能或栖息地来分类的方法。他将鸟分为陆生和水生，再根据喙和足的形状进一步细分。这是很有创新性的，总体来说也很实用。雷的传记作者查尔斯·雷文（Charles Raven）可信地证明了这套分类系统完全是雷的独立成果，和威路比没有关系，他这样写道："没人能宣称他（指雷）发明了一套十全十美的分类方法；可是，考虑到他手头的数据是多么有限，当时积累的传统知识有多么混杂，人们就无法不由衷地赞美他的成就。他将自己的工作完全建立在精确的研究和解剖之上；他考虑到了每个物种完整的生活史和生理结构；

* Tapuia Indian，巴西的原住民。——译注

雷的百科全书《鸟类学》中的插图56，出自一册独一无二的手工上色本。这本书由雷或威路比的遗孀艾玛赠送给1684年到1686年任皇家学会主席的塞缪尔·佩皮斯（Samuel Pepys）。

他给我们贡献了第一个‘科学的’分类方法。”[29] 20世纪40年代，埃尔温·施特雷泽曼（Erwin Stresemann）认为雷的分类系统是一大创新，甚至比60年后林奈提出的方法更能反映鸟类之间真正的演化亲缘关系。[30]

雷所提出的实用的分类方法为鸟类学的发展提供了必要的基础，然而他对鸟类学的贡献绝不仅限于此。通过提供准确、引人入胜的描述（在那个时代很鲜见地完全杜绝了抄袭），雷和威路比鼓舞了更多人投身鸟类研究。

戴菊：

> 于不列颠发现的禽鸟中最小者，重不及一打兰*……其顶正中具小撮极美艳之羽（称“冠”），或为藏红花之明黄，或为浅朱。故其别名甚多，如 *Regulus*（小皇帝）或 *Tyrannus*（僭主）。其能皱缩前额，竖立羽冠，亦可将侧羽合拢，使羽冠隐藏不见。

西鹌鹑**：

> 鹌鹑为迁徙之禽类：其不耐寒冷，将至隆冬则弃冰封北国而去，飞

* 打兰（drachm 或 dram）最初是古希腊的硬币和质量单位，以及近现代希腊使用欧元之前的货币单位（做货币和古希腊质量单位时又译为德拉克马），后演变为常衡制中的一个质量单位以及药衡制中的质量单位和容积单位，用作容积单位时又称“液体打兰”。约翰·雷所处的17世纪英国使用药衡制，因而在此应按药衡制与米制换算：1打兰= 3.8879346克。不过此处对戴菊体重的描述不准确，其实际重量为5—7克［来源：Martens,J. & Päckert,M.（2006）. Goldcrest（*Regulus regulus*）. In: del Hoyo, J., Elliott, A., Sargatal, J., Christie, D.A. & de Juana, E.（eds.）（2014）. *Handbook of the Birds of the World Alive.* Lynx Edicions, Barcelona.（retrieved from http://www.hbw.com/node/58060）］。——译注

** 中文鸟名鹌鹑指 *Coturnix japonica*（台湾称日本鹌鹑或东亚鹌鹑），在欧洲没有分布。根据原书索引，此处的鹌鹑（Quail）一词指欧洲大陆和中亚广泛分布的西鹌鹑（*Coturnix coturnix*）。以下各处，如正文中出现“西鹌鹑”或“（西）鹌鹑”，则指 *Coturnix coturnix*（古文献引文中可能保留使用“鹌鹑”，但实际是西鹌鹑），如果出现“鹌鹑”，则指 *Coturnix japonica*。——译注

约翰·沃尔瑟（Johann Walther）精妙绝伦的水彩画作品，创作于1650年左右。描绘的分别是戴菊（左上）、普通翠鸟（右上）、红交嘴雀（左下）和琵嘴鸭（右下）。沃尔瑟的儿子曾为伦纳德·巴尔特纳（Leonard Baltner）的著作绘制插图，威路比在和雷结伴于法国斯特拉斯堡旅行时购买了此书。

至温煦之南境；更有甚者，能飞越重洋，实为惊人——以其身甚轻而翅甚短。

还有大杜鹃：

（雌）杜鹃不筑巢；然一旦觅得雀鸟之巢，则或食或毁巢中之卵，自产卵一枚，即去。雀鸟归巢而不觉，孵卵至化，哺育幼雏，至其长成离巢方止。观者不免以为残忍荒谬至极，造物缘何如此，余甚不解；若非亲睹，亦不敢信。以天地间其余生物有法可循，人视为常态，以为合理审慎：于此应为雌鸟筑其巢，产卵亲孵，化出后哺其幼雏。[31]

对于早期的鸟类学家来说，（除巴西伪造鹦鹉之外）造成混乱的一个主要问题是：同一物种不同性别的个体，以及在不同的年龄段和不同的季节，可能看起来截然不同；在不同的地方可能也有不一样的名字。要想有所进展，就必须识破鸟儿们所有的伪装，正确地辨识鸟的种类，并且所有人都得使用统一的名称。

16 世纪中叶，格斯纳的朋友、剑桥大学彭布罗克学院的研究员威廉·特纳（William Turner）首次尝试统一鸟类名称，他决定将亚里士多德和老普林尼提到过的所有鸟类都辨认出来。他深知，解密那些古代文献并找到对应的鸟种是困难重重的苦差，但同时也能对鸟类学的发展产生深远的影响。总体来说，特纳完成得很不错，但由于是史无前例的工作，他不可避免地犯了一些错误，比如把田鸫和槲鸫搞混了，以及把白尾鹞的雌鸟和雄鸟认成了两个鸟种，等等。[32]

特纳使用的一些名称，如 *culicilega*（鹡鸰）或是 *rubicillia*（灰雀），如今早已湮没了；而另一些名字则已易主，例如 *junco* 一词，特

16世纪西班牙国王腓力二世的艺术收藏品中的一部分，画中绘有丘鹬和鹌鹑，绘者未详。

纳时代指芦鹀，而今天则指北美的另一种鹀*；*gallinago* 曾经指的是“wod-cok”，即丘鹬（woodcock），而今天变成了扇尾沙锥。然而还有很多名字，如今仍然是熟知鸟类学名的鸟类学家耳熟能详的，如 *alcedo*（翠鸟）、*certhia*（旋木雀）、*fringilla*（燕雀）、*merula*（乌鸫，特纳称之为“blak osel, a blak byrd**”）、*pica*（喜鹊）和 *sitta*（特纳所说的 nutjobber，也就是我们的普通䴓[nuthatch]）。

特纳的小册子用拉丁文写成，这是当时通行的科学语言，其中很多鸟名要么是亚里士多德使用的希腊语的拉丁化，要么来自马库斯·瓦罗（Marcus Varro）这样的罗马学者或者老普林尼（他生活在公元1世纪）。今天的鸟类学家使用的很多鸟类名称，尤其是欧洲鸟类的学名中，大部分词汇其实都传承已久。[33]

林奈出生于雷去世两年后，后人通常将整理和命名生物的功劳归于林奈，林奈确实也对一些鸟种进行了命名，不过他做的大部分还是整理工作，将前人使用的冗长的描述性名称精简为他的双名法系统。例如，雷在《鸟类学》一书中将琵嘴鸭称为 *Anas platyrhynchos altera sive clypeata Germanis dicta*（“另一种有着宽喙的鸭子，或是按照德国人的说法，颈部有盾状的色块”）——太啰唆了。林奈干脆地将其缩减为 *Anas clypeata*。实际上 *Anas* 一词可以追溯到瓦罗那里，是游泳的意思，而 *clypeata* 的意思则是有盾的。正如大家所知，林奈的命名是由一个属名（物种所在的属的名称，在此例中为 *Anas*）和一个种加词（在此为 *clypeata*）组成的。[34]

关于北极海鹦学名的由来，有个有趣的小故事。格斯纳住在苏黎世，从来没见过海鹦，所以他采用了一位英国朋友约翰·凯厄斯（John Caius）寄给他的描述。格斯纳显然被凯厄斯的描写逗乐了，于是他写道：“你可以想象这种鸟是白的，然后披上了一件带帽子的黑斗篷，干脆

* 即灰蓝灯草鹀（*Junco hyemalis*）。——译注

** 特纳用来描述乌鸫的原话，意为“黑色的鸟”。——译注

北极海鹦的学名*Fratercula arctica*意为“海上或北冰洋的小修士”，源于康拉德·格斯纳的想象：一只白色的鸟穿了一件修道士的黑斗篷。引自诺兹曼（Nozeman, 1770–1829）。

叫它们‘海上小修士’（*Fratercula arctica*）好了。”凯厄斯被朋友的无稽之谈给惹恼了，他把手上格斯纳那本百科全书中的这一段删掉，换上他自己正经八百的描写。但此举纯属徒劳：格斯纳起的名字保留了下来。[35]

雷和威路比为了确保他们的《鸟类学》一书尽可能地详尽，对他们所知的每一种鸟都进行了描述，并且用图表呈现了不同时代描述的鸟的种类多少，以此展示鸟类知识的进展。亚里士多德命名了140种；13世纪多玛斯·康定培（Thomas de Cantimpré）也只命名了144种，很显然没有太大的进步；到1555年，贝伦和格斯纳两人差不多描述了200种；而到1676年，雷和威路比列出了不下500种。25年后，雷在写作《上帝之智慧》时，就像如今的自然保护者一样推测道："各属中尚未为人所知的（物种）之数，实难推断；然吾等当可臆测鸟兽总数尚能增现数之三分之一，游鱼总数则能增现数之半。"[36]

换言之，身处 17 世纪末的雷认为，可能还有 160 种到 170 种鸟类有待发现，共计有 670 种左右。而接下来的一个半世纪中，随着持续的探索，已知鸟的种数扶摇直上：1760 年，马蒂兰·布里松（Mathurin Brisson）列出了 1500 种，而一个世纪后夏尔·吕西安·波拿巴（Charles Lucien Bonaparte，拿破仑的侄子）列出了不下 7000 种。数目增加并不仅仅是因为发现了新的物种，在种数增加的同时，关于哪些算物种、哪些不算的困惑和争议也逐渐增多。基于仅以形态为区分标准的鸟类物种定义，博物馆生物学家们创造出成百上千种无效的新物种，到 20 世纪早期，鸟的种数达到了巅峰，将近 19,000 种。而到 20 世纪 40 年代，人们就物种的生物学定义达成了一定共识，而这个数字也缩减到约 8600 种。自此以后，鸟的种数又有所增加，部分是因为发现了一些全新的鸟种（少于 200 种），而主要原因则是新的技术和信息（尤其是 DNA 分析）使我们对地理种群的分化有了新的认识，这使得如今已知的鸟类达到了 10,000 种左右。[37]

几乎后来所有的鸟类学家都认可雷和威路比的《鸟类学》的重要性，但很多人也对他们两人的功劳有所争论。谁才是那个智者？是威路比，就像约翰·雷在英文版的前言中谦逊而忠诚地提出的那样？还是雷，就像热切追捧雷的传记作家查尔斯·雷文所声称的那样？他们两人都很优秀。然而我说约翰·雷是有史以来最好的鸟类学家，并没有忽视威路比的意思；如果他能活得更长久一些，情况可能就不同了，但是雷后来的工作巩固了他的地位，使他在思想上更胜一筹。

《上帝之智慧》是雷对大自然的礼赞，他赞美了万事万物——包括很多与鸟类有关的事物——彼此结合在一起的神奇方式。这本书试图调和自然科学与宗教权威，而雷在这两方面都做得很成功，他提供了关于事物存在方式的普遍解释，同时指出鸟类生物学中一些最基本的问题，从而显出他的远见卓识。

自然神学是看待自然界的一个新视角。它的核心理论是：上帝创造了一个完美的世界，并将大自然提供给人类使用，但这一切常常是以密语的方式呈现的；这些密语需要被解密、翻译和解读。全知的神提供了一些零星的线索，比如开黄色花的植物可以治疗黄疸，红色鸟类如红交嘴雀的羽毛能治愈猩红热，这就是所谓的表征学说（doctrine of signature）。有时则没什么神秘的，上帝的智慧清晰可见。天鹅的长脖子使它们能吃到沉水植物，同时腿又比较短，不影响它们游泳。[38] 不过在另外一些情况下，上帝的创造像是脑筋急转弯：为什么鸟要产卵而不是直接生出幼鸟呢？

自然神学的概念来自雷在剑桥的两位同事：拉尔夫·卡德沃思（Ralph Cudworth）和亨利·莫尔（Henry More）。雷之所以对此产生兴趣，是因为他坚持认为伟大的启蒙思想家勒内·笛卡尔（René Descartes）关于动物的观点是错误的。作为科学革命的主力军之一，身为罗马天主教徒的笛卡尔认为动物只是没有灵魂的自动之物（automata）。只有人类才有灵魂，如果容许动物也有相似的特质，就会动摇上帝赋予人类的特殊地位。今天看来，笛卡尔的观点太老式了；这简直是历史的倒退，并且差点将过去五六十年间流行的大部头动物学百科全书所体现出的动物学启蒙思想掐死在摇篮里。对于像雷这样了解动物的新教徒来说，笛卡尔的观点显然是胡说八道，并且雷、卡德沃思和莫尔都认为，所有动物都是上帝创造的伟大格局中的一部分，它们证明了神的存在与智慧。

在这样的思想背景下，雷给出了珍视鸟类的一系列理由：

尽人皆知，禽鸟用途甚多：其肉为佳肴，其体乃至粪便可入药。其羽可充褥枕，温和屋舍，使人舒适暖和，于北方尤为如此。兵士以鸟

天堂鸟的皮羽最早进口到欧洲时没有腿和脚的部分，所以产生了天堂鸟像天使一样从不落地的观念。雷的朋友亨利·莫尔是首先质疑这类观念的人之一。这幅画被认为是阿尔布雷克特·丢勒（Albrecht Dürer）的作品。

羽饰其盾以慑敌。人多用翎毛做笔，掸除屋舍陈设之积尘。更有其妙音悦耳，丽影赏心，是为佳景，凡有禽鸟即山乡宜人，无翎羽处则忧愁死寂。至此尚未论及围猎及消遣之用。[39]

当时自然神学着实颇受青睐，很多追随者到处都能看出上帝的神迹。用得过滥时，自然神学就显得荒谬可笑了，比如家畜和家禽各种各样的颜色证明了上帝的存在，因为他想“让人类能够更好地区分和认领各自的财产”，或是“造物主让马粪闻起来甜甜的”，是因为他知道人和马会朝夕相处。[40] 正如理查德·梅比（Richard Mabey）说过的：“在当代批判性思维看来，自然神学只是一堆陈词滥调：那些没有被‘设计’得适应自身习性的生物根本无法存活。”[41] 而自然神学积极的一面则是帮我们认识到如今所谓的适应性特征，比如石鸡的雌鸟以假装受伤来保护幼鸟，或是很多在地面营巢的鸟类具有保护色，等等。

自然神学也使雷能够对那些他认为需要解释的生物现象进行确认和总结。只要将他的宗教式解读换成演化的视角，他提出的那些问题就会突然变得极其现代。的确，雷在《上帝之智慧》中提出的那些问题都是鸟类学最核心的问题，其实也是整个生物学的核心。科学家们都深知，问对问题常常是取得进展的关键，而这正是雷最擅长的。他认清了什么是真正重要的，从而为后世的鸟类学认知提供了一个基础。

比如，雷问道，为什么鸟产卵而不直接分娩出活体后代（像蝙蝠一样）？为什么鸟类用嗉喂养幼鸟而不是哺乳？为什么与哺乳动物相比，鸟的发育如此迅速？如果鸟像笛卡尔所说，只是自动之物，为什么它们会展现出如此复杂的行为，尤其是在育雏方面？鸟如何知道在一年中什么时候进行繁殖？为什么雄鸟和雌鸟的数量相当？[42]

当时自然神学极其流行。雷的朋友威廉·德勒姆于1713年所著的《自然神学》一书尤为普及，这一理论最终成为了整个英国牧师–博物学家传统的基石，吉尔伯特·怀特就是代表人物。18世纪初在大西洋北

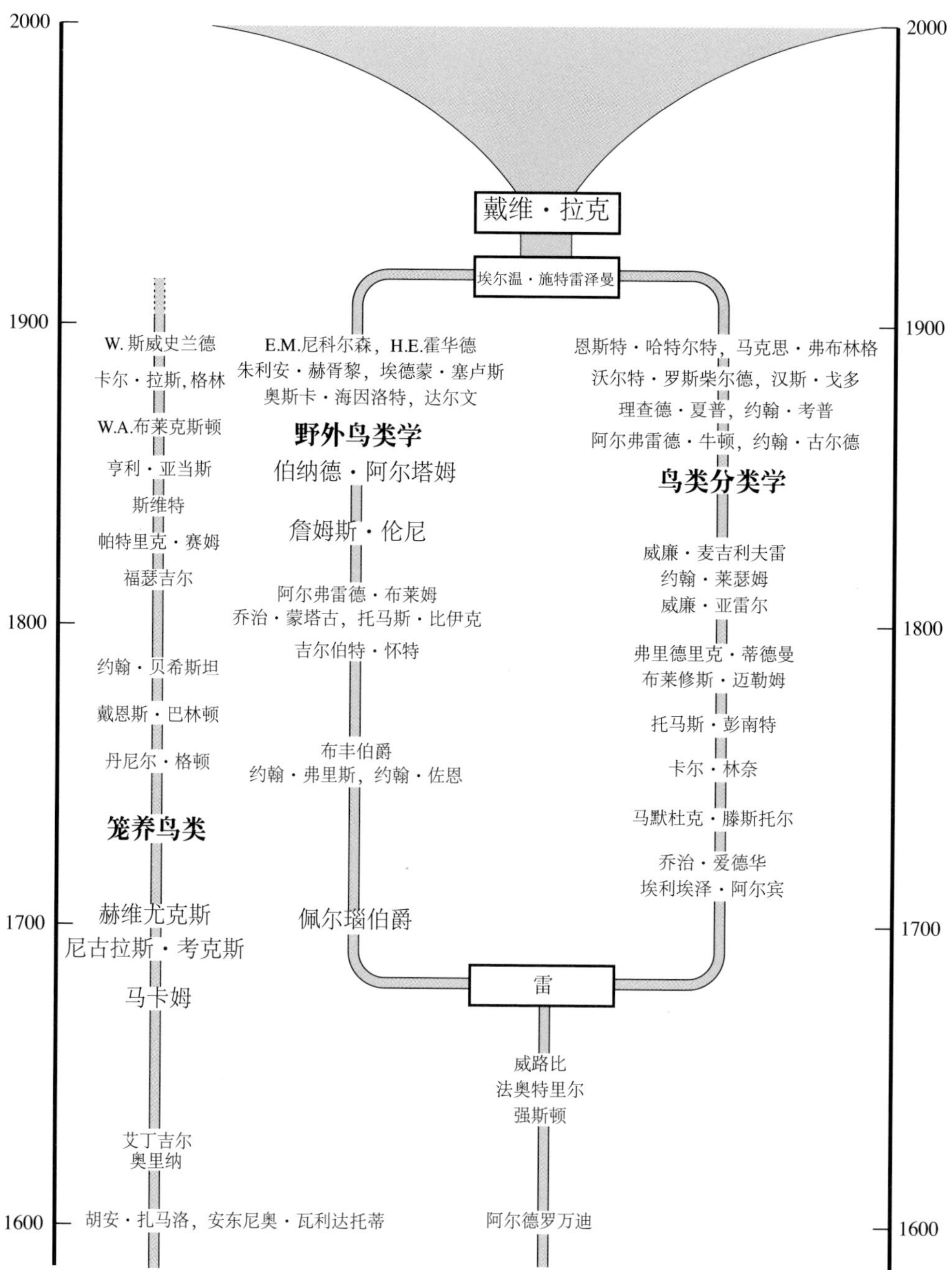

鸟类学从1600年（底部）到20世纪40年代（顶部）的发展。约翰・雷标志着鸟类学研究兴趣的分岔口：他的百科全书成为系统分类和动物区系研究的核心，而《上帝之智慧》则开启了鸟类的野外研究。原图出自海弗尔的作品（Haffer, 2007）。

这幅绘画是约翰·雷在与威路比一同游历欧洲时得到的。画中的鸟是一只雌性的白腹沙鸡，威路比和雷对这种鸟并不熟悉，不过它们是在地面营巢且具有隐蔽色的鸟种的绝佳代表。

海的对岸，自然神学在新教阵营的荷兰与德国也极受推崇，其中贵族巴伦·冯·贝尔诺（Baron von Pernau）和牧师约翰·佐恩（Johann Zorn）对鸟类学做出了杰出贡献。贝尔诺和佐恩通过研究生活在笼养条件下和野外的鸟类，成为了鸟类学的创新者。当时笼养鸟的风气日渐兴起，18世纪早期有相当多的养鸟指南问世，虽然大部分是匿名出版的（为了保护隐私），但却记录了了不起的鸟类生物知识。[43] 受自然神学概念的影响，佐恩的著作起名为《羽翼神学》（*Petino-Theologie*），意为鸟类神学（orni-theology）。[44]

19世纪早期，威廉·佩利（William Paley）将自然神学又往前推进了一大步，他的著作《自然神学》（*Natural Theology*）基本上是对雷的《上帝之智慧》的抄袭。现今，佩利最为人称道的是他关于手表的比喻。他说，想象你找到了一块表，单看那精巧的设计，你就知道它背后肯定有一位设计师。现在再看看自然界那精巧无比的构造，生物与其环境之间错综复杂的配合，这一切都说明它必然也有一位设计师，那就是上帝。

佩利的著作影响了很多人，包括查尔斯·达尔文。如果达尔文选择去剑桥读大学，而不是环游四海从而改变这个世界，他也会变成一名典型的牧师–博物学家。其实从某种意义上来说，他也算是牧师–博物学家——因为他把自己静悄悄地关在家里工作。只不过对他来说，自然选择比上帝更好地诠释了博物学。自然神学关注适应性的核心思想确实也为达尔文的演化概念提供了基础，而1859年《物种起源》的出版将他的思想推上了巅峰。

19世纪30年代达尔文在搭乘“贝格尔号”环游世界的途中开始思考自然选择的概念，此后经过了长久的酝酿。接下来的20年里，达尔文对其进行了发展和精炼，却没有公之于众，直到1858年，阿尔弗雷德·拉塞尔·华莱士（Alfred Russel Wallace）也独立地想出了同样的理论，这才促使达尔文公开了他的见解。达尔文的自然选择理论是将几个不同的观察结合起来之后得出的，首先是育种者通过人工选择繁育能够使动植物一些特定的自然变异延续和巩固；其次，一个物种的不同个体在大小、形状、颜色和行为上都存在变异，而且这些特征常常是可以遗传的，这是自然选择理论的关键部分；再次，达尔文在阅读了托马斯·马尔萨斯（Thomas Malthus）于1838年发表的关于人口问题的论述之后意识到，尽管一般生物的繁殖能力都很强，但每个物种的总数却似乎维持不变，这意味着有很多个体死亡。达尔文将这些事实逐一结合起来，推断出，环境在不知不觉中充当了育种者的角色，将那些适应性特征最少（适应性较差）的个体剔除，留下那些适应性最强的个体来繁衍生息。

对达尔文来说，上帝是不必要的："关于造物之旧观点，如佩利（当然还有雷）所言，吾曾确信无疑，而如今则一溃不立，以自然选择定律问世之故。"[45] 生物与环境之间巧妙的契合，也就是**适应性**，纯属机械过程积累的结果，这个过程就是**自然选择**，这就完美地解释了物种随着时间推移产生变化（即**演化**）的现象。对于达尔文和他的追随者来说，唯一能够解释自然界那巧妙设计过程的就是自然选择。

雷的思想成果促成了两种鸟类学家的出现：分类学家的主要兴趣在于分类与命名，而野外鸟类学家主要研究鸟类的行为和生态。在雷去世后的两百年里，分类学家一直声称只有他们才是正统的鸟类学家。他们是专业学者，是**科学的**鸟类学家。他们认为从自然神学起家的野外鸟类学家都是一知半解的业余爱好者（确实其中很多人都是牧师或教师），所做的工作毫无意义。到18世纪晚期，这两个领域有了各自阵营中的代表人物。在分类学家这边是林奈，他傲慢地坚信上帝单单选中他去解密神造的万物。身为清教徒的林奈对推广自己的著作也毫无兴趣。而另一边则是布丰伯爵（Comte de Buffon），他的鸟类著作插图精美，有多个不同价格的版本，而且写作风格既清晰又富有感染力。布丰对于分类漫不经心的态度激怒了林奈，作为还击，林奈将一种臭气熏天的植物命名为*Buffonia*。[46]

将系统分类学与野外鸟类学分开的学术隔阂是如此深远而持久，20世纪初，历史学家和鸟类学家威廉·马伦斯（William Mullens）曾声称博物馆的研究人员是“出于对野外博物学者的共同憎恨与轻蔑而联合起来的”。[47] 讽刺的是，正是由于野外研究者最终解决了如何定义一个物种的根本性问题，博物馆派才对他们愈发轻蔑。事实上，像贝尔诺和佐恩这样熟悉鸟类生态、行为和形态的鸟类学家早在18世纪初就开始使用生物学意义上的物种概念。与之形成鲜明对比的是，博物馆的学究们局限于鸟类的皮羽和骨骼，又挣扎了两个世纪才搞明白什么是物种。[48]

终于，20世纪20年代，年轻的德国鸟类学家埃尔温·施特雷泽曼了不起地完成了统一大业。他扩展了传统博物馆鸟类学研究的范围，把野外鸟类研究纳入进来，将这两个芥蒂已久的派别拉拢到一起，创造了一种全新的鸟类学。施特雷泽曼意识到，围绕鸟类，非常适合开展多项生物学研究，如生理学、结构形态学、生态与行为学等，由此，他三十几岁时就彻底变革了鸟类学，使之受到科学界的尊敬并成为动物学研究的主流。[49]

伟大的演化生物学家和鸟类学家恩斯特·迈尔后来写道：“过去一百年中，施特雷泽曼对鸟类学产生的深远影响无人能及。”[50] 虽然迈尔对其赞誉有加，但除德国人外，人们对施特雷泽曼依然所知甚少。现在，虽然仍然没人能确定是先有鸡还是先有蛋，但是，让我们从蛋来开始讲述这一段鸟类学的往事吧。

THE

WISDOM

OF

GOD

Manifested in the

WORKS

OF THE

Creation.

BY

JOHN RAY, M. A.

Sometime Fellow of *Trinity-College* in *Cambridge*, and now of the *Royal Society*.

LONDON:

Printed for *Samuel Smith*, at the *Princes Arms* in S. *Pauls* Church-Yard, 1691.

约翰·雷《上帝之智慧》的扉页

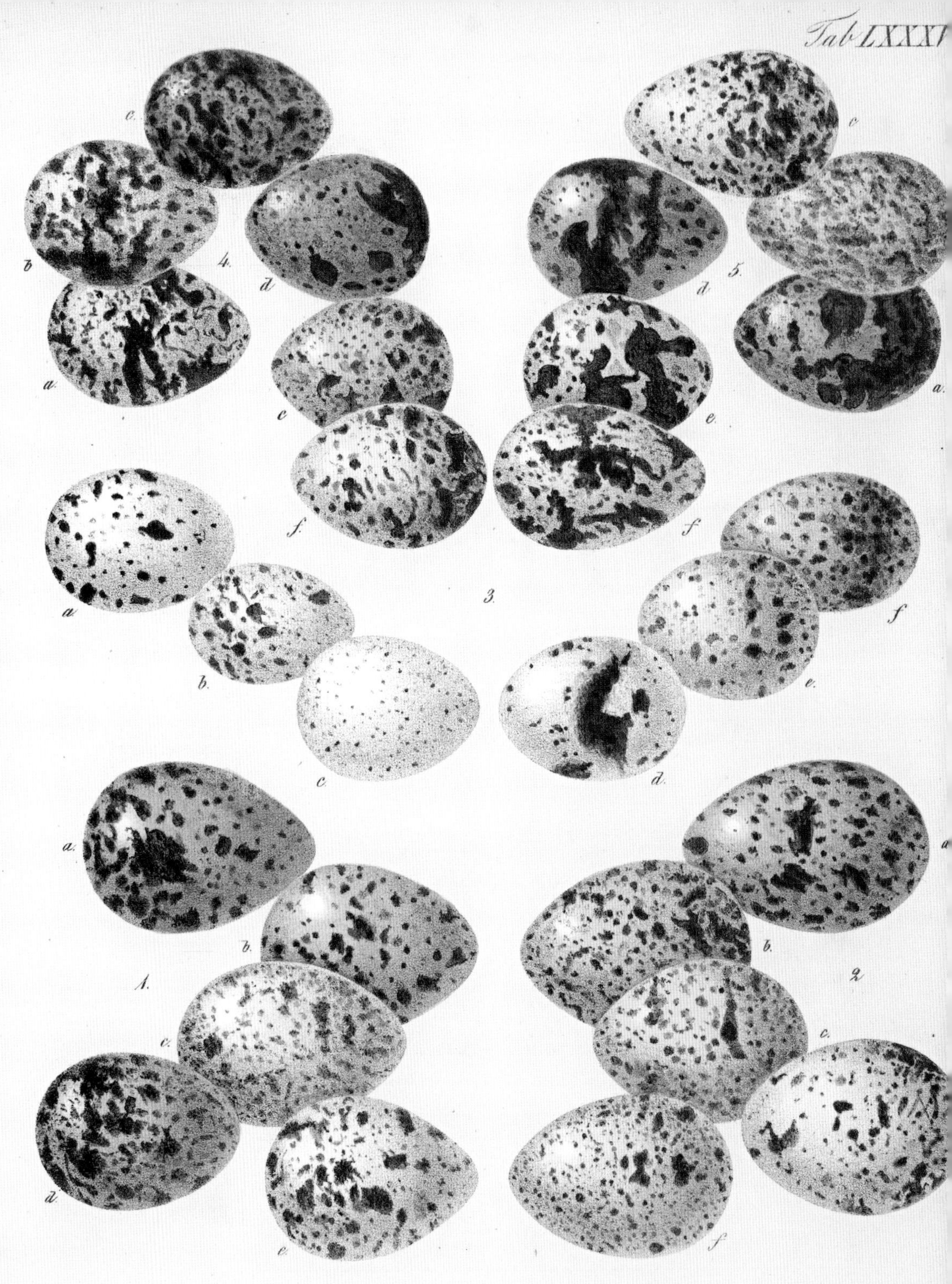

鸟卵是终极版的体外胚胎发育系统。色彩美丽的蛋壳为鸟卵提供保护，有时还能让雏鸟认出自己的卵。出自缇拿曼的作品（Thienemann, 1845–1854）。

Sterna: 1. a–f. hybrida 2. a–d. Dougallii 3. a–f. minuta 4. a–f. leucoptera 5. a–f. n

2. 眼见非实——从卵到雏鸟

我们吃的鸡蛋通常是未受精的。那些被关在格子笼里的蛋鸡大概从来没见过公鸡，更没享受过对于受孕来说至关紧要的短暂而猛烈的交配。早些时候公鸡和母鸡都在农场里自由散养，公鸡们那不可抑制的交配欲望清楚地阐释了生命的意义。不过，当时人们只知道公鸡会传递给母鸡大概一茶匙左右炙热的精液，而之后新生命是如何诞生的，则成了生物学史上最令人费解的谜题之一。

尤其使人困惑的是，母鸡交配后下的蛋和那些没有交配过的母鸡产下的蛋一模一样。表面上看，雄性的精液似乎完全是多余的，根本没给鸡蛋增加什么东西。

还好我们现在已经具备了更多的知识，还有雷的时代所没有的神奇技术，所以很容易就能判断一个刚下的鸡蛋有没有受过精。我和我的研究生们在实验室里经常操作，所以请允许我演示一遍。

我面前的工作台上有一架显微镜，一个装有盐溶液的小塑料培养皿，一些尖嘴镊子，一把锋利的剪刀，以及一个来源不明的鸡蛋。我磕开鸡蛋，小心地将里面的东西倒进培养皿中。这个场景太熟悉了，以至于我们很少停下来去想鸟的卵有着多么令人惊叹的设计：它是一个设备齐全的胚胎发育系统——绝妙的生态适应。

我们平常叫作“蛋黄”的黄色部分，其实是一个单独的巨大细胞，更准确地说是“卵子”。像所有的细胞一样，卵子里含有细胞核，在鸟蛋中，这个细胞核位于蛋黄上一个直径 2—3 毫米的乳白色小点上。这是一个蛋里面承担实际工作的部分，学名叫作胚盘，里面包含 DNA 和新生命所必需的基因信息。卵子里面其余的部分就是卵黄了，它是醇美的脂肪与蛋白质的混合物，时刻准备给爆发式的胚胎发育提供能量。卵子的球形表面包覆着一层薄如蝉翼的组织，只有刺穿卵黄时才会观察到。这层很容易被忽略的薄膜组织就是我们接下来要观察的对象。

不过在那之前，让我们再看看蛋清，它又叫作蛋白，是一种富含水分的混合物，因为添加了蛋白质而变得黏稠。蛋白的任务主要是保护蛋黄免受损害，首先它像一个全方位的减震垫，其次它里面有两条特殊的纽带将蛋黄拉住。这两条纽带叫作卵带（英文 chalazae 来自希腊语 chalaza，意为绳结），你应该很熟悉——炒鸡蛋时它们会形成倒胃口的凝胶状结块。这两条卵带不仅能够使蛋黄悬浮在保护性的蛋白里，而且能够使其旋转，这样不管蛋怎么转动，胚胎总是位于蛋的最上方，在成长过程中不受重力影响。

现在我以熟练的手法将蛋黄用剪刀剪成两半，然后趁卵黄流出来的时候用镊子夹住两端。卵黄流光了，而我的镊子上剩下两小团灰色的组织。用盐水冲洗时，它们就现出半球形的原貌——曾经包裹住卵黄的囊袋变成了两半。把薄膜曾包覆着胚盘的部分剪下来，在盐水里冲洗，就可以把内层和外层分开了，感觉就像从背纸上往下揭贴膜。记好哪层是哪层之后，我把它们分别放在两片载玻片上。

先从放有外层薄膜的玻片开始，我在上面滴了一滴荧光染料，将它放在显微镜的载物台上，当眼睛习惯黑暗之后，我逐渐观察到几十个形状一样的结构体，每一个都像夜空中电蓝色的月牙。这些就是被荧光染色的精子细胞核，粘在卵细胞的外层薄膜上。调整一下光线就能看见更多的细节，包括每个精子的头部和毛发状的尾部。对于这些精子来说，这就是它们和雌性 DNA 最近的距离了：旅程到此为止。

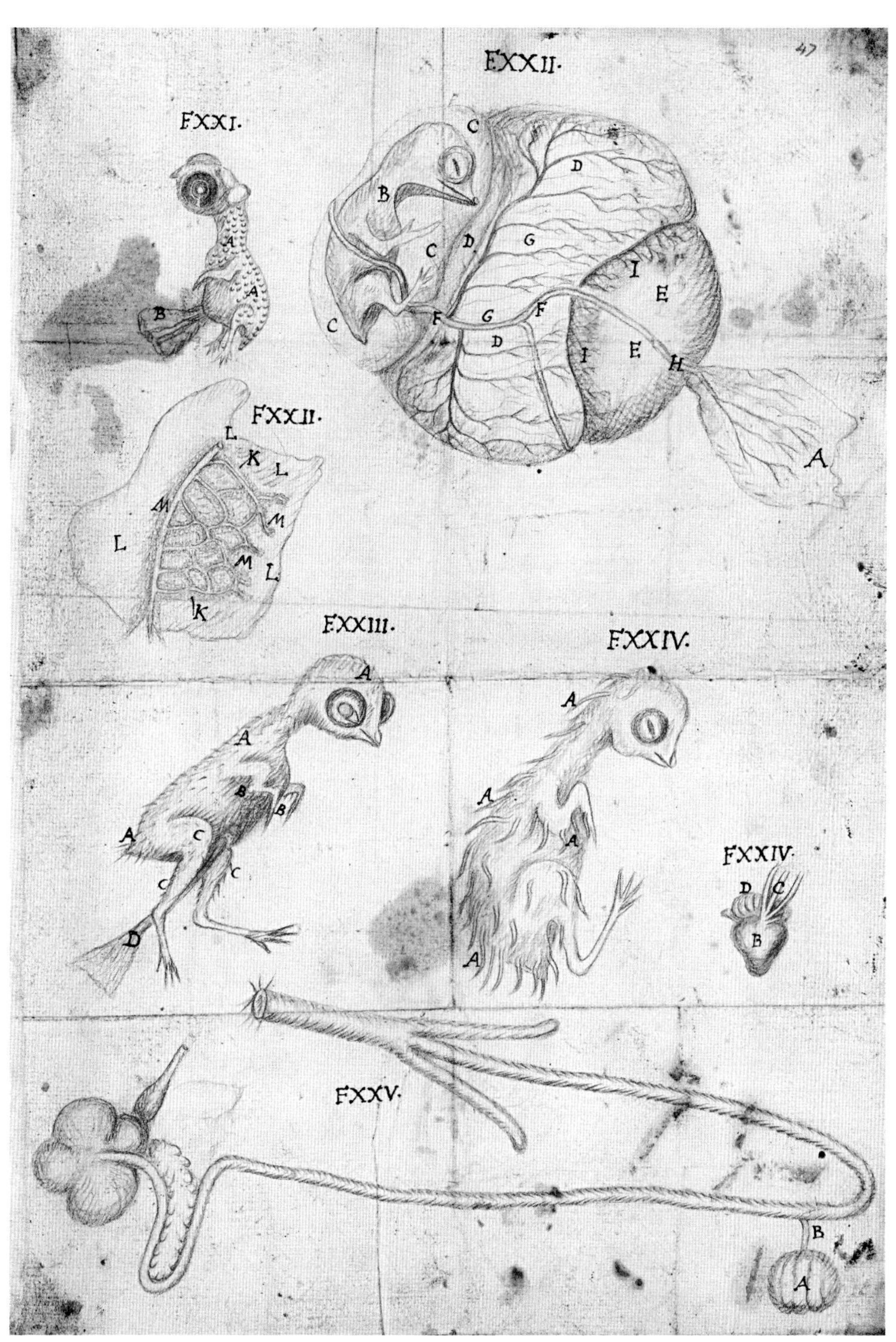

鸡胚胎的发育。这幅红色粉笔画为17世纪意大利解剖学家马尔切洛·马尔比基（Marcello Malpighi）所作，他首次认识到鸟卵内的胚盘含有雌性的繁殖（细胞）核。

接下来我要观察第二块玻片，内层卵黄膜。显微镜下呈现出了另一片夜空，但是很不一样——没有精子，只是一堆阴森森的黑洞，这是大概二十几个精子成功钻进雌性细胞核留下的痕迹。

到现在为止我们观察到的一切——外层薄膜上大量的精子和内膜上的黑洞，都表示这个卵是受精卵，但是我要通过观察胚盘上的一个小点再确认一下。这真是震撼视觉——显微镜下呈现出几千个电蓝色的椭圆形细胞核，这也最终确认了，在所有穿透了内层卵黄膜的精子中一定有一个找到雌性的 DNA 并与之结合。未受精卵不会出现这么一大团蓝色的细胞核。

于我而言，如此检验鸟蛋是再平常不过的常规工作，以至于我常忘记了对于科学前辈们来说这曾是多么令人费解和沮丧的问题，他们曾为如何解释受精过程而纠结不已。

对于雷来说，新生命的起点（当时称为 generation，意为世代、繁殖）是博物学研究中最重要的一个问题："万象之中，唯禽兽之形体构造最为惊人，变化无穷，未知重重。"[1] 在 17 世纪，"generation" 一词曾有双重含义，就像雷所说的，指"形成" 和"构造"，也就是受精和胚胎发育。虽然雷意识到这些研究课题远远超出了他自身的能力，他还是提出了很多相关的问题，比如：新生命是从哪开始的？为什么相比哺乳动物，鸟类的胚胎发育如此之快？为什么鸟类，而且只有鸟类会产大型的、有卵黄和硬壳的蛋？为什么它们不直接生出幼鸟并进行哺乳，像蝙蝠和其他动物一样？雷在审慎地回答这些问题时不可避免地提到了万能的造物主，但是依然显示出他在生物学上敏锐的洞察力。[2]

大体上，雷定义了三个与鸟类生活有关的根本性问题：1. 新生命的起源是什么，或者说受孕的基础是什么？ 2. 为什么鸟会产硬壳的卵而不是直接产出幼鸟？ 3. 新生命（包括胚胎）怎样发育，是先成 * 的，还是逐

* 先成说（preformation）是生物学历史上关于胚胎发展的一种假说，指精子或卵子（或受精卵）中包含了生物完整形态的雏形，发育只是各部位相应增大的过程。——译注

步构建的?

其实，在雷之前和之后都有很多博物学家试图回答这些问题，而唯一可能的途径就是弄清卵、交配、受精和胚胎发育之间复杂的关系。家禽提供了绝佳的研究对象，它们数量充足、温顺，并且一年到头都能繁殖。在古代人们就知道，鸡的生殖方式和人类以及其他动物都非常不同。从亚里士多德时代甚至更早以前起，家里没有公鸡的主妇们就会带自己家的母鸡去邻居家借种，她们知道回家之后母鸡能下好几个星期的受精鸡蛋!

雷的先辈之一、杰出的意大利解剖学家西罗尼姆斯·法布里休斯·德·阿库厄波顿特（Hieronymus Fabricius de Aquapendente，简称“法布里休斯”）是第一个试图通过研究交配和受精之间的关系了解母鸡为什么可以长时间受孕的。他的研究，是基于母鸡与公鸡交配后可以下一年受精卵的说法。这种说法并不正确，但是在那个时代是可以理解的，并且法布里休斯说的可能并不是字面意思上的一整年，而是一“季”，就是说晚春或者夏季，这就更合理一些，但时间还是太长了。直到法布里休斯的学生威廉·哈维（William Harvey，因研究血液循环而出名）接手这个问题并开展实验，才得以真正弄清从交配到产出最后一个受精卵的时间跨度——大约三周。[3]

从某种意义上来说，法布里休斯错误地认为受精的时间跨度还要更长，这其实也没什么要紧，从最后一次交配到产出最后一颗受精卵，延时三周已经够惊人的了，其机理亟待解答。法布里休斯曾有两个有些自相矛盾的设想。一方面，他认为母鸡交配后精液能储存长达数周，用于使每个产出的卵受精。另一方面，他认为受精过程能够使整个卵巢中所有的卵子同时受精。法布里休斯知道，母鸡的卵巢里有非常多的“蛋”，更准确地说是卵子*，如果这些卵子全都同时受精（他用的是颇为可爱的

* 即卵黄及其细胞核。在蛋清和蛋壳没有形成之前，不能称之为蛋。——原注

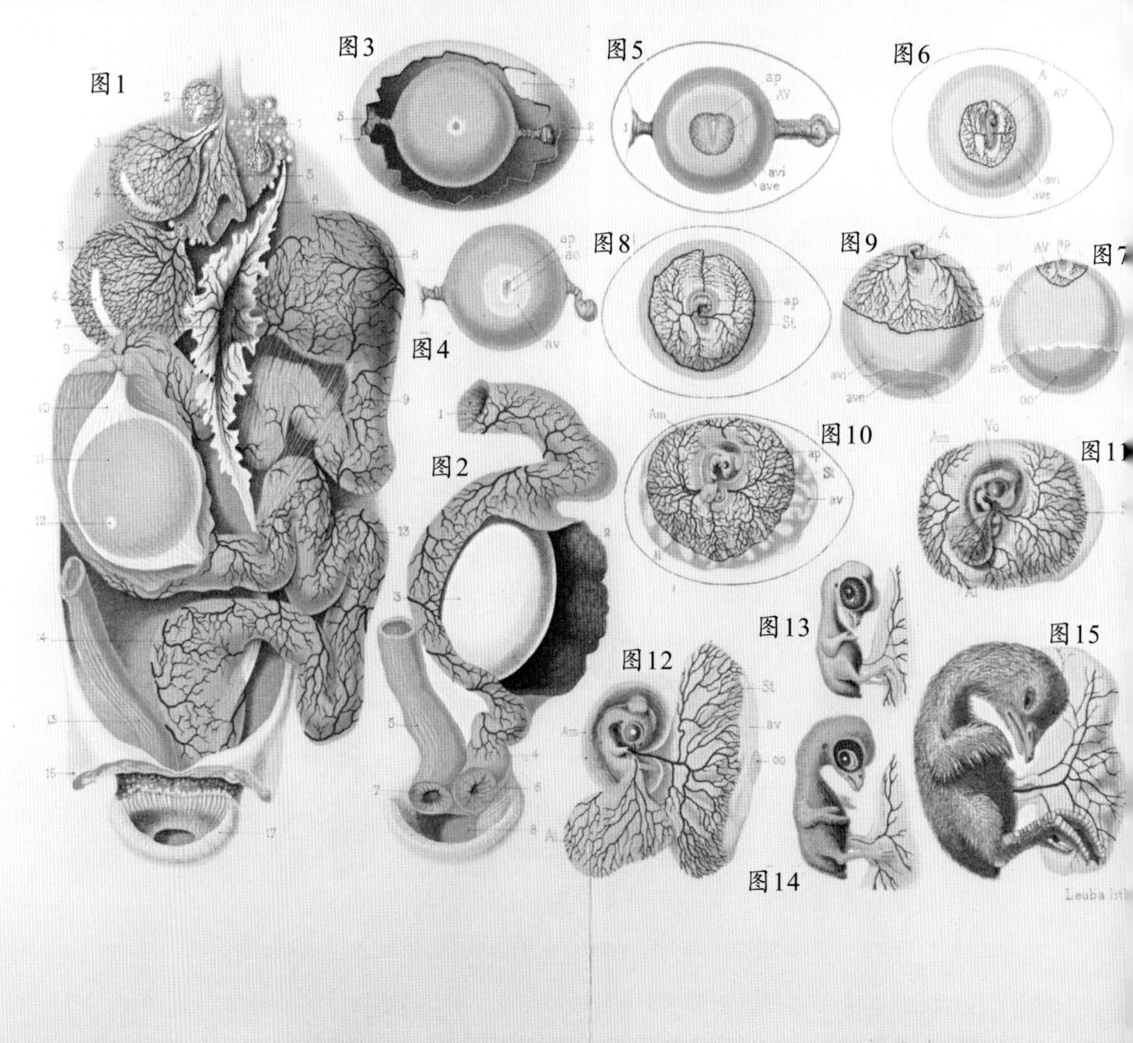

雌鸟生殖道的不同部位。在图1中我们可以看到卵巢（1）和其中处于不同发育阶段的卵子（2—8）；输卵管漏斗部（7）；输卵管（9，13，14）；以及子宫（壳腺）中的一颗卵子（11），白色的蛋白（10）开始形成，卵子上面有胚盘（12）。在图2中，我们可以看到子宫中已经完全成形的白壳蛋；其中4是阴道（储精管就在阴道和子宫之间的连接处——参见64页的插图）；5是尿道；还能看到整个生殖道的开口（6）和肛门（7）都通向泄殖腔（8）。在图3中我们能看到一个刚产下的蛋，卵子被卵带拉住悬挂在其中；我们还能看到胚盘（浅色点），在胚胎开始发育时原线将在此形成（见图5和图6）。引自Duval，1899。

"受孕"一词*),那么就不难解释长久持续的生育力了[4]。

为了支持他的第一个设想,法布里休斯声称找到了雌鸟储存雄鸟精液的生理结构——泄殖腔(生殖和排泄的共用通道)中一个极小的盲端管腔。威廉·哈维对他的导师的观点常常持保留意见,他觉得这不太可能,而且他自己在研究中发现这个管腔中看不到一点精液的痕迹。哈维还得意地指出,雄鸟的泄殖腔中也有一个一模一样的结构,所以更不可能是用来储存精液的。[5]

再来看法布里休斯的第二个设想,他其实完全不理解精液是如何使卵"受孕"的。由于他在雌鸟体内找不到任何精液的迹象,所以只能认为这个过程是"气场"的作用。[6]

哈维试图进一步完成法布里休斯的研究。在解决了血液循环的问题之后,他的注意力转移到了生殖上。像法布里休斯一样,哈维的一个主要目标是搞清楚精液的作用是什么,为此他使用了最直接的方法:在雌性交配后马上进行解剖。他解剖了家鸡和鹿。身为国王侍医的哈维可以史无前例地使用皇室的鹿进行实验,他让人安排鹿交配,事后立刻进行解剖,以满足自己对生殖研究的兴趣。不过那些鸡和鹿都白白丧命了,因为在两者体内哈维都没有找到任何精液。于是,他这样写道:

> 及至交配终,子宫中情形与前无异……交配之后,雄性之精液于子宫中无迹可寻,而(几似)全然蒸发及由子宫或更深处吸纳殆尽。[7]

哈维推测,如果精液有繁殖作用的话,那么交配后即使在输卵管内看不到,在蛋里面也应该能够找到。早在三百年前,大阿尔伯特就愚蠢地声称鸡蛋里的卵带是雄性的精液。卵带的确看起来很像精液,但其实更像人类的精液而不是鸟类的——真是又一种典型的中世纪思维。而

* 原文为 fecundated,意为受孕的、多产的。——原注

大阿尔伯特居然得寸进尺地声称未受精的鸡蛋中没有卵带。哈维认为大阿尔伯特的观点很荒谬，他指出，未受精卵和受精卵中的卵带是一模一样的：

> 凡鸟卵皆具卵带，不论受精与否。妇孺常将卵带谬作雄鸡之精，而雏鸡则生于兹。[8]

雷和威路比在他们的《鸟类学》一书中引用了哈维的这段话，不过他们又一针见血地补充道："非但妇孺无知，更有甚者，大有善医及博学之人亦作此谬论……" 大概是影射阿尔德罗万迪直到 17 世纪还在声称卵带是精液。[9]

虽然哈维做了认真、系统的观察，但他还是没能确认雄性在繁殖中的作用。很明显，在交配过程中精液被传递给了雌性，这肯定是受精所必需的。问题是，在受精之后精液好像立刻消失了。虽然不情愿，哈维还是回到法布里休斯的看法，即精液发挥作用是通过"气场"的远距离作用，就像疾病传播，就算没有接触也能产生影响。虽然这是对哈维的观察唯一行得通的解释，但只要读一读他的陈述，就很容易感觉到，他自己也知道这是错误的。[10]

没能解决这个问题，哈维极其沮丧，他把准备用来写书的手稿和笔记统统丢到了一边。40 年之后，他才被说服将资料交给他的朋友乔治·恩特（George Ent)。乔治深知这些资料的价值，负责地将其整理后集结成书，于是有了 1651 年出版的《关于动物繁殖的争论》（以下简称《争论》)，其时哈维已经 73 岁了。

这部虽然不完整但却很精彩的繁殖观察纪要得出的最主要的结论是，根据观察、实验与认真推敲，在繁殖中起到核心作用的是卵而不是精液。哈维说，不管精液的作用是什么，由于它是通过"气场"产生作用的，所以对胚胎发育没有实质性的贡献。他对卵的重要性深信不疑，以至于将“*Ex ovo omnia*”（一切从卵而来）印在这本书的扉页上来宣扬这一观点。[11]

雷和威路比大量引用了《争论》一书，并与他们百科全书中的新信息相结合。他们自己也解剖过繁殖期的雄鸟和雌鸟，哈维关于卵在繁殖中起到核心作用的观点和他们的观察高度吻合。在《鸟类学》一书中他们写道：

> 凡禽兽皆源于卵，无论胎生（娩出活体后代）或卵生（产蛋）：胎生之雌性亦具卵，唯不产出而已。同理，或称雌性具睾丸一对，实则为……有微卵无数之结节而已，凡事解剖之人皆应一目了然；因吾等不得不作此论，其理甚易，然从古至今解剖之人慧眼蒙蔽无数……嗟乎，细思则明，胎生禽兽之精卵实则与蛋卵中生发之点（cicatricule）相应，幼体自始即置身其中。[12]

雷和威路比所说的生发点其实是胚盘，这是较晚才通过显微镜观察发现的，意大利解剖学家马尔切洛·马尔比基观察到胚盘中有一个核。马尔比基的发现给哈维这样的“卵源派”哲学家们的观点增加了分量，他们认为蛋是最重要的，而这个核就是新的生命个体萌发的地方。[13]

哈维于1657年去世，对他来说，这项繁殖研究中的重要成果还是来得晚了些。假如他得知这一消息一定会很高兴，因为虽然还是没解决精液的问题，但却肯定了他关于蛋的重要性的观点。马尔比基的发现也很可能改变哈维对于运用新技术的观点。哈维已经够精明的了，但还是缺乏使用显微镜的远见，而没有显微镜是根本不可能找到精子或是了解精液的作用的。其实从16世纪90年代开始，各种类型的显微镜就陆续问世了，所以哈维没有什么借口。而雷和威路比也是一样，尤其是罗伯特·虎克（Robert Hooke）的《显微图鉴》描绘了显微镜下的奇妙世界，1665年出版后在伦敦引起一时轰动。不过，就我们所知，雷和威路比从未用过显微镜，大概是认为显微镜和他们的鸟类研究毫不相干吧。[14]

就在他们的《鸟类学》面世后没几年，研究重点发生了重大改变。1679 年，皇家学会发表了安东·范·列文虎克（Antonie van Leeuwenhoek）的书信，其中提到精液中有“微生物”。最开始列文虎克观察了自己的精液，随后又对其他物种（如公鸡）进行检验，从而做出大胆而绝妙的猜测：是这些“微生物”和卵结合产生了新生命。[15]

威路比 1672 年就去世了，所以他没能见证列文虎克的发现，但是雷却无法忽视这些，在 1693 年发表的关于哺乳动物的书中，他决定面对列文虎克的“微生物”。[16] 当时，这些“微生物”只是困扰着哲学家和科学家的几个主要的繁殖问题之一。其他还包括自然发生理论和动物个体是否每一代都重新繁殖等。

自然发生说至少起源于公元前 5 世纪上半期，古希腊哲学家阿那克

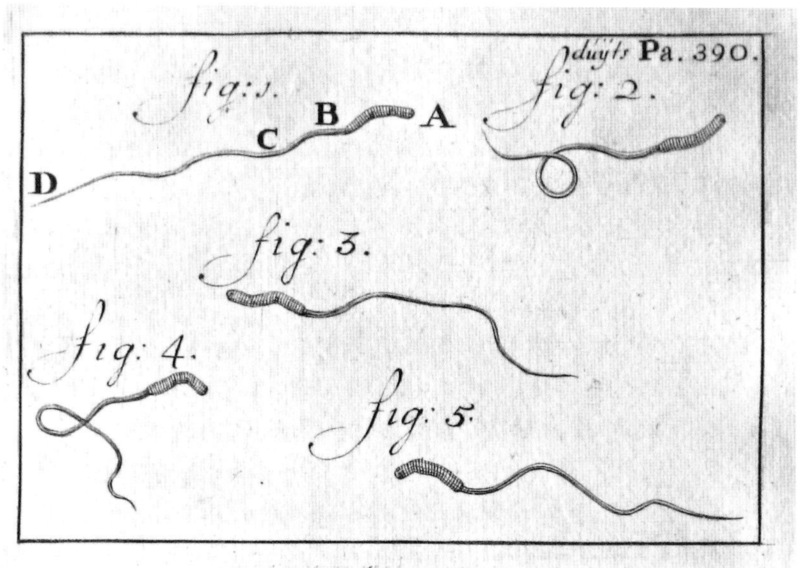

安东·范·列文虎克通过显微镜首次观察到的禽类（公鸡）精子，这架显微镜的单镜片是他用一滴熔融玻璃制成的。

西曼德（Anaximander）声称所有的生命都是无机物质借助太阳的热量形成的。阿那克西曼德还说生命的形成是由于雌性的热量"照射"了雄性的精液。两个世纪之后，亚里士多德还在沿用这个说法来解释新生命的起源，尤其是对于像蛆或是苍蝇这类好像是从腐肉里"自然"生长出来的生物。因为没有更好的解释，自然发生说成为所有中世纪学者的标准答案，而且不可思议的是居然到了19世纪才被逐渐摒弃。这当然是因为所有新生命都是从微观结构起始的，而没有适当的技术手段自然无法观察到。由于信奉亚里士多德的权威性，很多极为博学的人如牛顿、威廉·哈维和勒内·笛卡尔等都认为自然发生说是正确的。

而雷却毫不迟疑地认为自然发生说是错误的："或称禽兽不可于无中自生，余甚以为是。"他给出了几个逻辑推理，比如雌雄两性的存在和两者都具有非常发达的生殖器官，他认为如果两者不需要结合在一起进行繁殖，这些就完全是多余的。如果一只昆虫可以"自然"产生，为什么大象——或者人——就不行呢?

雷特别批判了他称为"机械论哲学家"的笛卡尔等人：

> 仅以物质之必要移动，其不为需求之意图所导引，此类机械哲学论者无以作论，因而其体系中凡及禽兽处皆谨慎避过，全无干涉。吾等并非寡闻，确有《论胚胎之形成》(*De la formation du Foetus*)托笛卡尔之遗作传世，作势谋解其中偶然机理。然其论之基谬矣，即精液以其原本物质形式入卵，此处以哈维之明亦于《争论》一作中失察……以吾之见，当自然哲学家欲以己之预想求解自然现象，常谬以千里，且与实情不符。[17]

第二个问题，是否每一代都繁殖新个体，则更为难解。传统观点是上帝早已把一切都创造好了，而雷的观点更为开明，他认为，上帝或许可以一开始就这样做，但他也让动植物自己负责繁殖。为了证明这点，雷陈述了他对鸟类卵巢的观察，他注意到卵巢由很多个未发育的卵子组成，而且他（正确地）指出这些应该代表一只雌鸟一生中全部的卵子数量。[18]

谈到"微生物"的问题和雌雄两性在繁殖中的作用时，雷认为精子和卵子很可能融合后形成了新的生命个体。这其实并不是一个乍眼看去那样重大的发现，而很可能是一种折中，将马尔比基在胚盘中发现的核与列文虎克发现的"微生物"融合了起来。正如雷自己承认的，整个繁殖问题对他来说"难以驾驭"，他将关于精子的问题留给了后人：

> 彼雄性之精中"微型生物"究竟于繁殖功劳几何，此疑尚悬，余力不逮，留待智者一谈，余仅荐列文虎克先生*书信数篇，供君一阅。[19]

其实，雷确实对精子在繁殖中起到重大作用这一说法不太感兴趣。原因很简单，精子的数量太多了，而勤俭的上帝是不会如此挥霍的：

> 列文虎克先生之新见解……余并不全赞同，因大多乃至无穷精子皆为损尽，此不符造物之深谋远虑……假设各雄性体内皆有其所射出之如此大量"微型生物"，以愚见，似百万中多数须耗损……然若假设胚胎由卵子发育而来，其状（指数量）则非如此。[20]

直到150年后，卵子、交配和受精之间的密切联系才被揭示。

雷的朋友亨利·莫尔在《无神论之解毒剂》（*Antidote against Atheism*）一书中首先提出了鸟为什么产巨大的带有硬壳的卵而不是直接分娩幼鸟。[21] 莫尔是自然神学的热切倡导者，他提出，鸟类之所以产卵，

* 原文拼写为 Lewenhoek。——译注

蝙蝠曾被认为是鸟，它们像所有的哺乳动物一样娩出活体幼崽。大多数蝙蝠一次只产一只幼崽，但是有些种类，比如图中这种蝙蝠（未鉴定种）则一次生两只。为什么鸟没能演化出生产幼鸟的特性，这仍是一个未解之谜。引自强斯顿的作品（Jonston, 1657）。

是因为上帝使它们能借此同时抚养多个后代。如果它们像蝙蝠那样一次只生一到两个，可能一整年都要忙着育雏。在《上帝之智慧》中，雷将这个论点又向实用主义的方向推进了一步：

> 若其（鸟类）为胎生，且欲以相当数量繁殖，则需庞大沉重之子宫，其翅不堪重负，使其易沦为天敌之猎物；若一次仅生幼雏一二，则需整年辛劳哺养，或于子宫中孕育。[22]

鸟类一次产一个卵（而不是生幼鸟）是为了减轻重量从而适应飞行，这一说法从雷的时代以来就很流行，但却经不起推敲。在超过 15 个科的鸟类中都有不会飞的鸟类，但其中没有一种是放弃了产卵直接生幼鸟的。并且，蝙蝠幼崽的体重能占到雌蝠自身体重的 40%，而对于大多数鸟类来说，单个卵的重量占雌鸟体重的 12% 还不到。另外，有些鸟在迁徙前会蓄积脂肪让体重增加一倍，所以它们是可以负担比平时更大的重量的。

关于鸟为何没有演化出胎生特性，还有几种不同的看法。第一种看法是幼鸟缩在蛋壳里面，如果蛋再位于子宫中的话，就变成了“双层”包覆，会使它们无法获得足够的氧气。第二种说法是由于鸟具有高度特化的肺部，在孵化前既需要用肺呼吸，又需要通过胚胎组织进行气体交换——这样就非有蛋不可。第三种观点有些晦涩，是关于性染色体的。在哺乳动物中，只有雄性带有特殊的决定性别的 Y 染色体，雄性胚胎正是利用性染色体及其雄性激素促进基因来中和它们在子宫内遇到的母体雌性激素的影响。而对于鸟类来说这个方法就行不通了，因为是雌鸟携带决定性别的 Z 染色体，所以为了使雄性胚胎免受母体激素的影响，它们必须在母体之外的硬壳卵内发育。

不过这些解释没有一个完全可信，[23] 而且都有些傲慢地假定鸟类的胚胎发育系统劣于哺乳动物。关于鸟类产卵的各种说法也暗示了鸟类在演化过程中曾经有机会从爬行动物祖先中分化出来，并放弃产卵的方式而改为胎生。但鸟类必须有泌乳的能力才可能进行胎生，并且，正如亨利·莫尔指出的那样：“禽鸟无乳，其幼子须久蜷卵中，亲以喙哺之——此皆为造物万能之象。”[24]

关于鸟类为什么是卵生而不是胎生，所有观念中似乎最合理的是这与它们的体温相关。鸟类的体温在 41℃左右，比大部分哺乳动物高好几度，对于胚胎发育来说很可能太热了。雷就曾注意到鸟的胚胎发育实在太迅速了，而我们现在知道，内部温度过于温暖，会使其发育得更快，从而导致悲剧性的后果。大部分鸟卵孵化时温度都在 37℃左右，比鸟的体温要低几度，这是有原因的。禽类生物学家的实验表明，鸡蛋孵化时温度过高会使其发育过于迅速，导致胚胎死亡。[25] 所以鸟卵的高温度似乎回答了雷提出的鸟类为什么不是胎生的问题。

要观察胚胎发育中非同寻常而极其迅速的变化，鸟卵提供了绝佳的机会。这个现象从公元前 5 世纪就使人们啧啧称奇：

> 将二十余鸡卵置于二鸡舍中。孵时自次日起至最末日，每日取蛋一，破验之。君当明了吾所言不差，禽较之于人，本质相去非远。[26]

不严格考据的话，以上的话一般认为是希波克拉底（Hippocrates）说的，他生于公元前 460 年，人称医药科学的奠基人。这段陈述有两个意味深长的含义：既认识到了鸟类发育与人类在本质上的相似性，又推崇使用一种**系统的**方法来研究胚胎——每天检验雏鸡的发育情况。想要了解一个鸡蛋如何在三个星期里从“什么也不是”变成一只毛茸茸的自己觅食的雏鸡，以上所建议的方法其实就是解开谜题的钥匙，可惜却被忽视了两千年之久。

希波克拉底本人肯定从来没有做过这个实验，否则他又怎能声称胚胎中的一切都是自然形成的？不过他却部分正确地想到了小鸡是从蛋黄中形成的，而蛋清为其提供了营养。一个世纪之后，亚里士多德完全反对这两个观点，但是他也没有做系统的观察，只是提到开始孵卵一天后就可以看见血液，第三天能看到心脏，而到第十天所有器官都清晰可辨。他声称孵化时蛋黄仍与雏鸡的内脏相连，而到十天之后就会被逐渐吸收到腹腔中去。然而在流传于后世的亚里士多德学说中，有很多并不是他对事物的直接观察，而是对看到的现象的解读。他把未受精卵想象成一台随时准备由交配和雄性的精液启动的机器，这个思路也导致他（错误地，并且和希波克拉底相矛盾）认为蛋清产生了雏鸡，而蛋黄只提供营养。亚里士多德尤其痴迷于“终极目标”，即事物的目的性。他以一种不可理喻的死循环逻辑声称，胚胎发展的终极目标是为了产生一只成年的鸡。这根本就等于没解释。

16 世纪 70 年代，德国人沃彻尔·科依特（Volcher Coiter）首次提出了关于鸡胚胎发育的真正的创见。他曾跟随文艺复兴时期的数名学者

鸟类的很多生物特性，比如骨骼超轻，产硬壳卵而不是胎生，都被认为是对飞行的适应性特征。J. D. 迈耶（J. D. Meyer, 1748–1756）绘制了一系列杰出的插画，表现鸟及其骨骼，图中为绿啄木鸟。

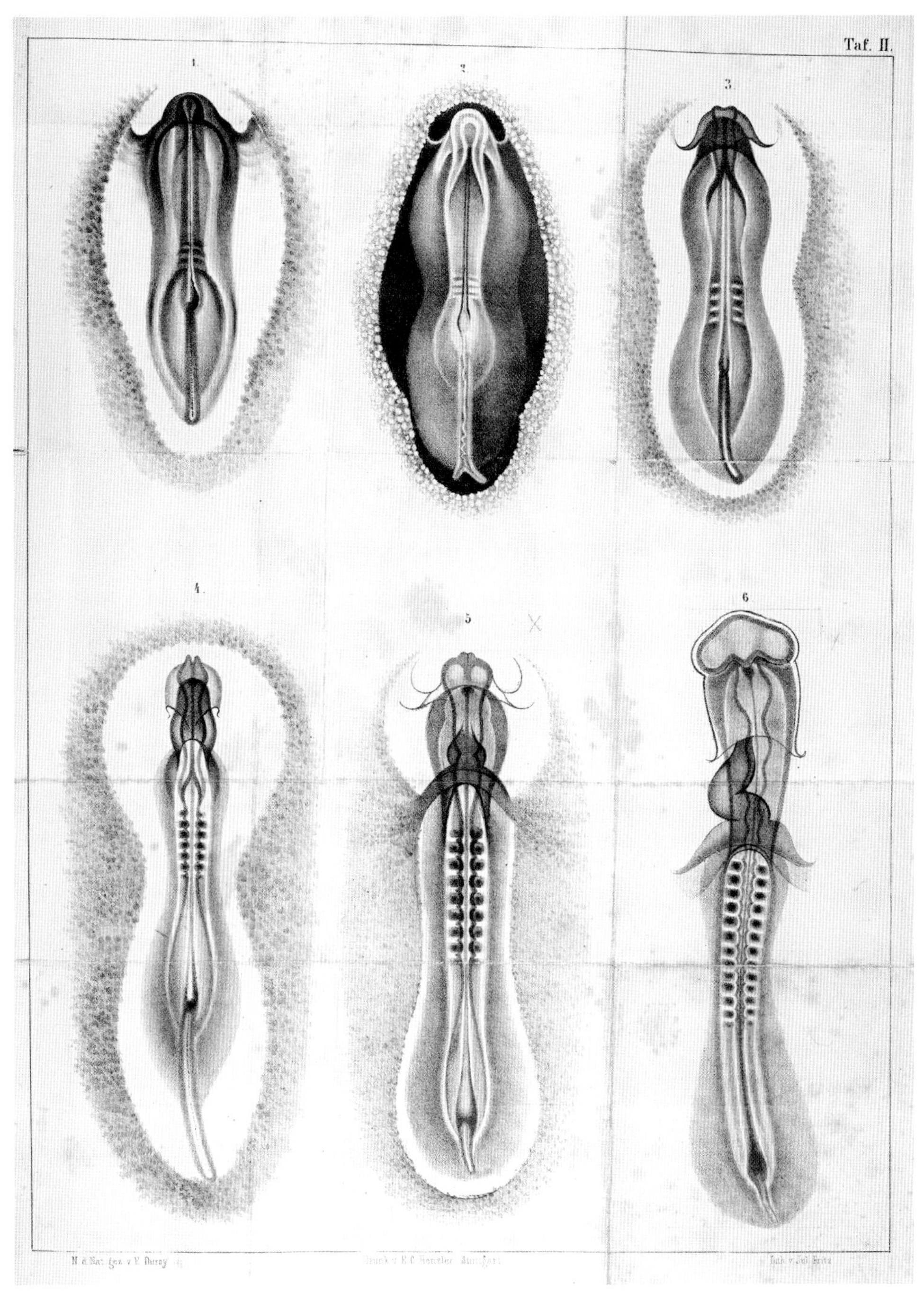

鸟蛋为观察胚胎发育提供了一个极佳的系统。这些绘图表现了被称作“原线”的结构的发育——即胚胎发育的早期阶段，图中所有的头部都在上方。上一行从左至右，分别显示的是胚胎在受精后21、22和23小时的情形；下一行从左至右则是受精后25、27和36小时的情形。引自E. 德希的作品（E. Dursy, 1866）。

学习，包括加布里瓦·法罗皮奥（Gabriele Falloppoio）、纪尧姆·朗德勒（Guillaume Rondelet）和乌利塞·阿尔德罗万迪等人。受希波克拉底观点的启发和阿尔德罗万迪的鼓励，科依特首次对鸡胚胎进行了必要的逐日观察，准确描述了胚盘的结构以及从第12天开始出现的破卵齿——破卵齿将来会帮助雏鸡破壳而出。科依特对于鸡胚胎发育的描述没有所谓的“学者偏见”，在文艺复兴时期深受亚里士多德等古代权威影响的生物研究中实属难得；科依特仅仅描述了他所观察到的事物。[27]

阿尔德罗万迪也对鸡的胚胎发育逐日进行了详细的观察，但他却对亚里士多德的言论深信不疑，认为自己的描述是毫无意义的。再来看看法布里休斯，他也提出一个极具误导性的观点来解释鸡的胚胎发育。他认为每一个卵子上都有一根小棒与卵巢相连接，卵子被释放之后蛋黄上就会留下一个白色的小疤痕（那可是胚盘啊！），在日后的发育中这个小白点就没用了。他认为鸡胚胎发育的起点是鸡蛋钝端一侧的卵带，而接下来的发育则像盖房子：先搭好架子（骨骼），然后再加入心脏、肝脏和肺（在同一时间）。[28] 真是有意思！法布里休斯的著作中有一些精美而极其准确的插图，描绘了鸡胚胎的发育，但为什么他写的和画的完全不是一回事呢？一个可能性是，法布里休斯写下的是他所信的而非所见的。还有一种可能性是后人在他的行文中加入了绘图（他的著作在他死后于1621年发表）。无论如何，法布里休斯关于鸡胚胎发育的文字描述都是很不理想的，他被信仰教条给迷惑了，而忽略了亲眼所见的事实。自我欺骗是对科学的诅咒。还好威廉·哈维对法布里休斯保持了批判性，并修正了后者犯下的很多错误。

在17世纪早期，哈维观察到了鸡蛋中的生命奇迹是如何展现的，他注意到孵蛋的第四天，鸡胚胎的心脏开始隐约可见。他还观察到胚胎的心脏对低温非常敏感，当鸡蛋丧失温度之后，心脏就逐渐停止了跳动。“吾将指置于其上暖之，”他写道，“待吾之脉动二十余次，观之！其微心复苏，似于鬼门关中生还，回复先前之律动。”[29]

像科依特一样，哈维也让趴窝的母鸡同时孵很多鸡蛋，然后有计划地逐日磕开，记录胚胎发育的情况。他所做的精确记录到当时为止是最好的，而他也被包括亚里士多德在内的前人犯下的错误给惊呆了，他认为亚里士多德本人一定没有观察过发育的鸡蛋，而是听信并采纳了别人的言论。要不然亚里士多德怎么会大错特错地声称蛋清是“构成雏鸡之材料”呢？[30] 以及，阿尔德罗万迪是不是着魔了，才会完全忽视他的学生沃彻尔·科依特出色的描述而执着于自己陈旧的观点？至于哈维自己的老师法布里休斯，怎能无法描述他亲眼所见的事实呢？古代先贤所受的桎梏太牢，很难进步，像阿尔德罗万迪或法布里休斯这样的学者都很难逃脱亚里士多德的影响。哈维则割断了与过去连接的脐带，成为科学革命的领跑者。

对于17世纪的胚胎学家们来说还有一个重大课题，那就是新的生命个体是在精子或卵子内就事先成形了，只需体积长大即可，还是由蛋里面的物质重新构成的——后面这种过程被称为“渐成”（epigenesis）。因为两者都缺乏证据支持，先成论者（认为胚胎是预先成形而后体积增大）和渐成论者之间的激辩经年不休。不过先成论者又分为两个阵营：卵源派认为卵子中含有预先成形的小鸡，而精源派则认为先成体位于精子中。1694年，尼古拉斯·哈特索克（Nicholas Hartsoeker）绘制的人类精子头部中呈现的预成小人的形象（homunculus）给了精源派极大的鼓励，[31] 但很多人依然心存疑虑，如果一次射出的几百万个精子每个里面都有一个小人的话，上帝简直是极大的浪费。

哈维无法相信鸡蛋里面有预先形成的微型小鸡，因此他比较倾向于渐成论，然而又不是很确定。问题的关键是：一方面，渐成论意味着一个新生命个体从某种程度上来说是“无中生有”的；而另一方面，先成意味着每个卵子或精子中都有一个微缩的成体（然后里面还有一个更小的微缩体，无穷无尽，就像俄罗斯套娃一样）。这两者都令人难以置信。到1759年这个问题才得到了解答，结论偏向渐成说。这一年，卡斯帕尔·沃尔弗（Caspar Wolff）确认了胚胎发育的早期是没有器官的，而且关键是器官开始出现的时候，也完全不同于成熟后的样子。[32] 如果心脏之类的器官和四肢可以在渐成的过程中形成的话，也就不难想象整个生命个体都是如此发育而来的。但确认渐成论只是一个开始，更令人头疼的问题依然存在：一个新生命体的各种结构又是**如何**形成的呢？

通过研究鸡蛋，可以很容易地观察到成长中的胚胎每天的变化，但是这些变化是如何出现的则不得而知。研究其他动物，尤其是青蛙、海星或海胆的卵，则更具优势，19 世纪的研究者逐渐揭开了细胞分裂和增殖过程的面纱。在从希波克拉底到哈维的两千年间，研究者们除了绘制并逐步改进从产卵到孵化之前的鸡胚胎发育示意图之外，基本上没取得什么进展。关于这些神奇的变化是如何出现的，没人做出任何解释。而这种纯描述性的传统在哈维之后还持续了很长时间，直到 18、19 世纪时，尤其是在德国，人们造出了更为先进的显微镜，到 20 世纪 40 年代时又发明了高倍率的电子显微镜，这才为传统研究方法注入了新鲜血液。[33]

要解开发育的秘密之锁，唯一的钥匙就是实验：干扰正常的发育，观察出现异常时的情况。只有这样才能最终将各种线索拼在一起，弄清正常的发育过程。研究人员通过将胚胎某个部位的小块组织移植到胚胎的其他部位上，观察组织是否以及如何继续发育，才终于意识到之前人们都想错了。胚胎内各个细胞团簇一定是能互相沟通的，而且有一些特定的细胞在指挥其他的细胞如何发育。胚胎生物学家将活体细胞染成不同的颜色，从而观察到小鸡成形时不同群组的细胞之间发生的流动、推挤和膨胀。20 世纪 20 年代，这个重大的过程被人们用延时摄影的手法记录下来，制作成影片，为胚胎发育中惊人的动态过程提供了铁证。[34]

俄罗斯流亡者亚历克西斯·罗曼诺夫（Alexis Romanoff）在 20 世纪 40 年代末完美地概述了鸡胚胎的发育。罗曼诺夫 1892 年生于圣彼得堡，早年曾当过学校老师和肖像画家，第一次世界大战期间担任俄军的工程师，而在 1917 年俄国内战爆发时，他成了白军的一分子。1920 年，红军逐渐控制了局面，罗曼诺夫扔掉军装，借用平民的衣服，乔装改扮隐瞒身份，先是逃到中国，最终于 1921 年来到纽约，当时他只剩下聪明的头脑和几封推荐信了。

1923 年，30 岁的罗曼诺夫进入康奈尔大学学习，于 1925 年拿到科学学士学位，1928 年又取得了博士学位。如他自己所说，他“就是爱上了鸡蛋。欲问何故？全因蛋为精妙绝伦之造物”。在读博士期间，他决定对鸡蛋的生物学进行定义性的描述。

经过 20 年的努力，《鸟卵》（*The Avian Egg*）这样一本旷世杰作孵化了。这本书的手稿和作者亲手绘制的 435 张精美的插图装了整整两大箱。1947 年，罗曼诺夫从康奈尔来到纽约拜访出版商约翰·威立（John Wiley）并展示了手稿。威立被手稿所折服，然而却被巨大的体量吓到了，因此建议将书稿压缩一半。罗曼诺夫礼貌而坚定地拒绝了，并解释说他和妻子（合著者）除了这本书已经一无所有了。幸好，为了科学，威立妥协了，这部 918 页的著作于 1949 年出版，赢得了一片喝彩。罗曼诺夫登上了《纽约客》杂志，当记者问罗曼诺夫如何能完成这样一部全面的著作时，他说道：“我喜欢以努力工作来超过别人。别人总问我怎么能在 20 年里写完这本书。我们几乎所有时间都在工作——早晨、晚上、周末。若不然这本书还要多花一倍的时间……”他们几乎从来不休假，没有孩子也没有其他事能让他们从研究鸡蛋的工作中分神。《鸟卵》成了鸟类胚胎学研究的“圣经”。[35]

讽刺的是，到 1960 年他们的第二本书《鸟类胚胎》出版的时候，实验胚胎学已经失宠了，相关研究都逐渐停滞下来。到 1970 年，DNA 技术的发现又为胚胎学注入了新的活力，然而鸡胚胎却在线虫、果蝇和小鼠等更好的模式物种 * 面前相形失色了。

* 模式物种指广泛应用于实验室研究的一些生物物种，具有繁殖迅速、易于饲养和进行实验操作等优势，研究这些物种所得出的结论可以应用于更多的生物类群。——译注

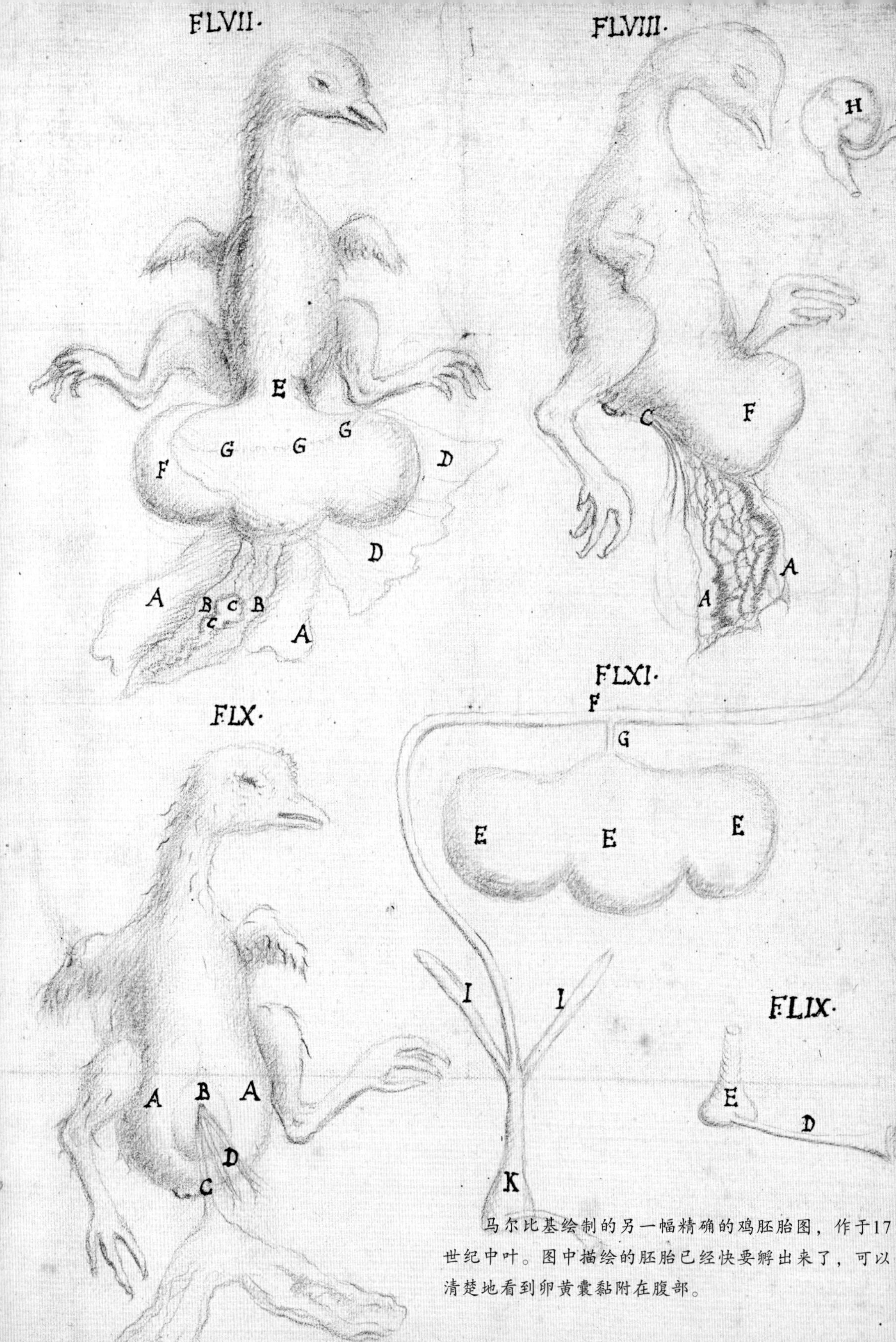

马尔比基绘制的另一幅精确的鸡胚胎图，作于17世纪中叶。图中描绘的胚胎已经快要孵出来了，可以清楚地看到卵黄囊黏附在腹部。

接下来十几年中，鸡胚胎的研究似乎已经成为了历史。然而到 2004 年，家鸡基因组的发布又使这方面的研究死而复生，正好似浴火重生的凤凰。通过研究线虫和果蝇来了解人类胚胎的发育显然是不够的，而小鸡则能很好地揭示一个单细胞（卵子）如何变成由几百万个不同种类的细胞组成的温血哺乳动物，而这些细胞都含有同样的基因。[36]

威廉·哈维没能想到显微镜才是解开繁殖之谜的关键，他深陷泥淖，沮丧不已。在列文虎克宣布发现了精液里含有的“微生物”并认为胚胎是由一个精子和一个卵子结合形成的之后，雷还是不能说服自己去接受其观点。这次，自然神学困住了他。精液里有几百万个精子，而只要一个就能使卵子受孕，全知全能的造物主是不可能如此挥霍的。这实在太缺乏智慧了，因为不合理，所以雷选择将其忽视。

在整个 18 世纪和 19 世纪，随着显微镜质量和设计的不断改进，人们逐渐清晰地观察到，所有动物的精液里都有上百万个精子，因此越来越难以否认精子在受精过程中的重要作用。1875 年，德国生物学家奥斯卡·赫特维希（Oscar Hertwig）通过研究海胆透明精致的卵，观察到了一个精子穿透卵子并与其中的雌性细胞核相融合的过程。[37]

而观察鸟类的受精则花了更长的时间，这主要是因为鸟卵不像海胆的卵，一点都不透明。鸟卵中含有大量的卵黄，难以看到受精过程。但成功终究还是到来了（尽管是间接的），美国 19 世纪最具影响力的动物学家查尔斯·奥蒂斯·惠特曼（Charles Otis Whitman）为此付出了巨大的努力，而他的名字现在居然好像被淡忘了。19 世纪 70 年代，惠特曼在莱比锡大学学习，师从德国著名动物学家鲁道夫·洛卡特（Rudolf Leuckart），洛卡特对受精的研究激发了学生们研究繁殖的兴趣。不过，直到 19 世纪 90 年代，惠特曼年过五旬时才被任命为芝加哥大学的教授，并开始研究鸟类。没有研究经费，惠特曼就自费在家养了几百只鸟。他得出了一些惊人的成果，而他将这归功于年复一年与鸟儿朝夕相处的日子，可惜当代大部分鸟类学家都不再具有这样的献身精神了。对于惠特曼来说，鸽子是绝好的研究对象，而他曾雄心勃勃地要结合三个不同的生物学领域：遗传学、行为学和发育。[38] 换言之，惠特曼想了解关于鸽子的一切。为了做好记录，他给手下一群优秀的研究生做了分工，其中尤金·哈珀（Eugene Harper）分到的任务是研究受精过程。

鸽子尤其适于进行此项研究，因为不像很多其他的鸟，鸽子一窝产两枚卵，时间是非常固定的。从亚里士多德时代，人们就知道鸽子一般在下午晚些时候产卵，而两天后的午后则会产第二枚卵。通过在不同时段对鸟进行解剖，哈珀观察到，鸽子产下第一个卵后刚过了几个小时，卵巢中就释放出了第二个卵子。哈珀将第二个卵子的胚盘摘下来放在显微镜下观察，就能够看到卵子是否已经受精。哈珀观察到第二个卵子在还没有完全脱离卵巢的时候就已经受精，从而首次证明鸟类受精是在输卵管最上端的区域发生的：

> 输卵管之漏斗状开口将卵子吸住，此时可见（有规律的）活跃蠕动，似欲将卵子吞噬……因而精子入内必发生在滤泡壁破裂、胚盘初露之时。[39]

为了检验这个观点，哈珀从卵巢中取了一个未受精的卵子，小心地将胚盘取下并放在置有鸽子精液的培养皿上。马尔比基早年已经指出胚盘中含有雌性的细胞核，而哈珀通过将其与不透明的卵黄分开，首次得以在体外观察到受精。终于成功了。

不过哈珀还发现了鸟类受精过程中另一个重要的特点。与海胆以及许多其他已经有人观察到的生物的受精过程不同，母鸽的卵子一般都会不只被一个，而是被好几个精子穿透。这可能是由于鸟类充满卵黄的卵子是一个相对很大的物体，而胚盘是如此小的一个目标，必须有好几个精子钻入卵子才能确保最后受精成功。哈珀也确认，这些精子一旦进入卵子，最后只有一个和雌性基因相融合，就像其他生物一样。

哈珀对鸽子受精过程的绝佳观察本该是动物学界的一大喜讯，可是因为某些原因，这个成果几乎完全被忽视了。甚至又过了30年，同样的结果才在家禽身上得到了验证。美国农业部的马洛·奥尔森（Marlow Olsen）在描述家禽的受精过程时，完全忽略了哈珀的开拓性研究；[40]可能是研究家禽和研究鸽子的生物学家之间存在沟通障碍，或者是研究家禽的生物学家认为这两种鸟类的受精过程不可能是相似的。奥尔森的研究印证了哈珀的结论，每个卵子都是独立受精的，但是因为鸡连续几天每天下一个蛋，每个卵子基本上都是在产卵前24小时受精的。

弄清受精过程是一回事，而回答为什么鸟类能在交配后连续好几天甚至几个星期产出多个受精的蛋，又是另外一个挑战。

在20世纪初，家禽生物学家仍然试图在法布里休斯的两种解释中做出选择——到底是同时受精还是连续受精，才让母鸡有如此长的产卵期。但凡他们读过哈珀的阐述，并迈出一小步，将鸟类学的范围从鸽子延伸到家禽，就能一举解决这个问题。而他们却花了好几十年去分辨法布里休斯的两种观点。

20世纪20年代的一个实验似乎肯定了母鸡的卵子是同时受精的。这个实验很巧妙，却又充满误导性——用杀精剂溶液冲洗输卵管。如果母鸡还继续产受精的鸡蛋，那么所有的卵子肯定是同时受精的。而在进行这项实验后母鸡确实也持续地产出了受精的鸡蛋。[41]当家禽研究者后来证实了哈珀关于受精时机的观察结果时，他们意识到同时受精在物理上是不可能的（因为要让精子接近，卵子必须从卵巢膜中排出），才开始考虑杀精剂实验的结果可能需要另作解释。可能精子藏在缝隙里，从而躲过了杀精剂带来的这一劫。[42]

四分之一个世纪后，这些缝隙被找到了！南非兽医学家加维特·冯·德瑞米伦在输卵管最上端（输卵管漏斗部）发现了他称之为“精巢”的结构。[43]长久以来困扰着亚里士多德、法布里休斯、哈维和其他科学家的谜题似乎得到了解答：雌鸟将精液存在输卵管漏斗部，以便能

20世纪70年代，北美的红翅黑鹂被视为经济害鸟，人们曾尝试对雄鸟实施绝育以控制它们的数量，然而却完全失败了，因为雌鸟有滥交行为。插图出自凯茨比的著作（Catesby, 1731–1743）。

够在交配后一段时间内接二连三地产出受精卵。

但这其实是个错误。到 20 世纪 50 年代，爱丁堡禽类研究者彼得·雷克（Peter Lake）发现，另外一种精子皱褶就在输卵管的末端、阴道和子宫的连接处。他观察到一团团的精子挤在一些小管里面，好像沙丁鱼罐头，不同的是它们的头部都朝着同一个方向。由于还有别的事，雷克只是简单记下观察到的现象，就忙别的去了。然而，1960 年访问加州大学戴维斯分校的时候，他向一些研究家鸡和火鸡受精的科学家提到了他的精子小管。博士生万达·波勃尔（Wanda Bobr）意识到这些小管里的精子可能是解答长时间产受精卵的关键，他马上开始研究，一年之内就得出可信的证据，表明这些小管正是母鸡用于储藏精子的主要结构。[44]

冯·德瑞米伦发现的漏斗部内的“精巢”其实是个烟幕弹。它们是人工受精过程中大量精子被直接注射到输卵管上端后形成的人造产物。当然了，因为受精其实发生在漏斗部内，所以在自然受精之后肯定会有一些精子出现，但那里并不是主要的储存结构。

在逐渐了解家鸽和家禽精子的储存与受精过程之后，现在我们已经知道，这对所有鸟类来说基本上是一样的。事后看来大概很容易说“当然是这样啦”，但其实直到 20 世纪的中晚期，还远远看不到这个结论呢。20 世纪 70 年代，美国生物学家奥林·布雷（Olin Bray）及其同事尝试通过切除输精管来控制红翅黑鹂（当时被视为农业害鸟）的数量时，第一次在雀形目鸟类（鸣禽）身上发现了储存精子的小管。布雷惊奇（以及失望）地发现，和做了绝育之后的雄鸟配对的雌鸟还是能产下受精的卵——并不是因为切除术失败了，而是因为出人意料地，雌鸟有高度滥交的习性，它们会和配偶之外的其他雄鸟交配。用布雷的话来说：“……检查繁殖腔时发现大多数鸟……子宫、阴道腺体内都存有精子。”他没有进一步解释，也没有描绘“腺体”的结构，但是随后《自然》期刊上提到了他的新发现，这项研究以及红翅黑鹂滥交的习性都一下出了名。[45]

关于野鸟的精液储藏的下一步研究涉及一个年轻的研究生——斯科特·哈奇(Scott Hatch)。他1979年开始在加州大学伯克利分校读博士，研究在阿拉斯加繁殖的暴雪鹱的习性。有趣的是，这种鸟从交配到产卵要间隔一个月。1981年，哈奇受邀到邻近的加州大学戴维斯分校的鸟类科学系做报告(就是20世纪60年代彼得·雷克曾经到访的地方)，之后他和弗兰克·奥加萨瓦拉(Frank Ogasawara)谈起了暴雪鹱的精子储存。哈奇告诉我：

> 对于像弗兰克·奥加萨瓦拉这样的家禽研究者来说，鸟类储藏精子的现象已经不是什么稀罕事，人们多年前就已经知道了，在家鸡和火鸡身上也得出了更详细的结果。但是博物学家们当时好像还完全没意识到这个结果可能对所有鸟类都适用，家禽研究者一般也只和其他同行讨论家禽研究。我和弗兰克第一次会面时，他带我去他们系里的鸡圈，随便抓了一只鸡来草草解剖，然后演示给我看如何找到那个叫作“UV区”*的地方。[46]

现在我们知道，所有雌鸟的卵巢都依序排出卵子，时间一般在产卵前24小时到48小时之间。因为卵子只有在输卵管漏斗部内的15分钟是可以受精的，储精管能够确保源源不断地向漏斗部输送精子，而不必每天在特定的时间交配，使每个卵受精。[47]储精管是鸟类普遍具有的生理结构，但精子储存的时间长短不同，鸽子为一星期左右，鹱和其他雌雄两性长时间分离的鸟类则为一个月左右。真是很方便。

受精的结果就是一个在蛋壳内快速发育的胚胎。而当幼鸟破壳而出时，又是一个全新的世界了。不同鸟种的幼鸟情况也大不一样，像小鸡小鸭一出壳就能站立，眼睛也睁得开，而很多鸣禽的幼鸟则是光着身子，

* 即utero-vaginal region，意思是子宫和阴道的连接处。——原注

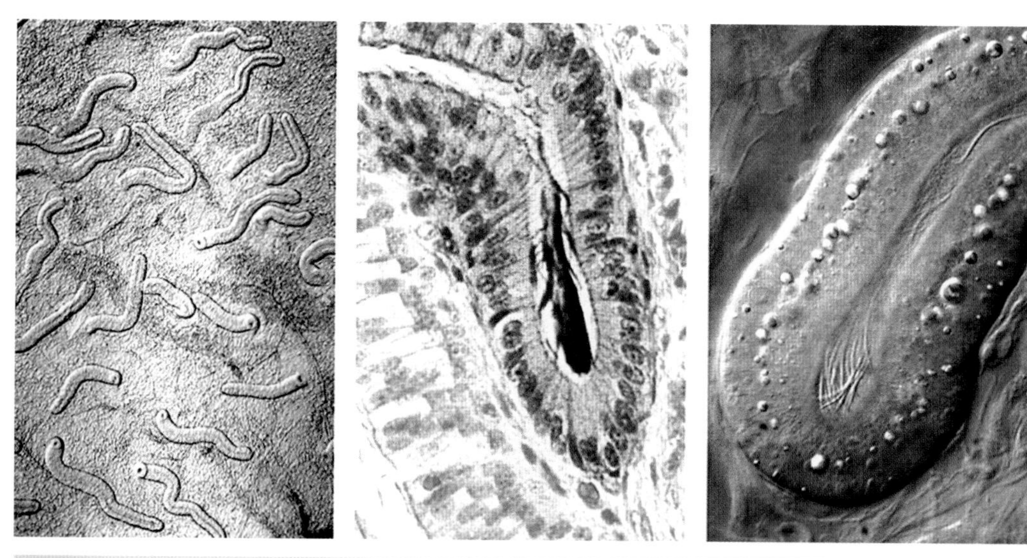

上图为鸟类的储精管（从左至右）：鹌鹑的一些储精管（平均长度为0.3毫米）；暴雪鹱的储精管，内含一团深色的精子（引自斯科特·哈奇的原创研究）；内含精子的火鸡储精管的细节。

下图为一对暴雪鹱。引自塞尔比的著作（Selby, 1825–1841）。

什么也看不见，弱小无助。不管幼鸟刚孵化时是什么模样，它们都要靠自己的行为存活下来、成年并独立生活。下一章我们就来看一看幼鸟是如何学会这些行为的。

对动物行为的系统研究是从20世纪中期才开始的。在那之前，幼鸟如何获得它们终生遵循的那些行为完全是一个谜。画中为只有20天大、羽翼渐丰的庭园林莺，亨利克·格伦沃德（Henrik Grönvold）绘，出自霍华德（Howard）的《英国莺类》（*British Warbler*, 1912）。

3. 为生命而准备——本能与智能

说一个人有“鸟脑子”，自然是形容呆傻蠢笨，而这也意味着人们认为鸟儿不聪明。其实大谬不然，在我旅居加利福尼亚期间，同住的一些鸟类学家研究橡树啄木鸟时观察到的情景就证明了这一点。

橡树啄木鸟是一种社会性非常强的群居鸟类，它们以储藏橡子的惊人能力而闻名。一个群体常常包括一对亲鸟和几只在之前的繁殖季中出生的雄性个体，这些雄鸟会留下来帮父母抚养接下来出生的弟弟妹妹。而年轻的雌鸟则必须离开家，加入另一个群。我的室友们研究的正是这种扩散行为。他们在雌鸟准备离开原生家庭时，用无线电标识和彩色环志来进行追踪。一天，研究人员回来时个个都带着无法掩饰的激动。有一只他们已经观察了好几天的雌鸟，这天早晨突然离开了，直接飞到了10 公里之外的另一个群，很明显她想加入这个群体。而这个群体中的雄鸟并不愿意，把她撵走了。这只雌鸟只好飞回原来的家庭，和她的兄弟们高声“对谈”。然后，雌鸟和兄弟们一起飞到之前拒绝她加入的那个新家庭，兄弟们把住在那里的雄鸟狠揍了一顿，直到这个鸟群接受了他们的姐妹，这些雄鸟才离开！

这样复杂的行为是从哪里来的？是这些橡树啄木鸟的本能，还是学习得来的？鸟类的行为是先天的还是后天形成的，这一直是个疑问，人们为之困扰了好几个世纪。有人之所以认为鸟类经常表现出愚蠢或不恰当的行为，其实往往是因为没看到行为的背景。最突出的一个例子就是刚刚孵化的小鸡或小雁。自从人类开始饲养家禽以来，人们就知道幼鸟会像跟着自己的母亲一样跟着饲养人。

20 世纪 30 年代，康拉德·劳伦兹（Konrad Lorenz）认真研究了这一行为，并用“印随”（imprinting）一词来描述小雁对他的依附，而他那篇激动人心的论文也成为了动物行为学研究领域的里程碑：

> 对于不知情者来说，小鸟居然不认得自己的同种生物，这非常令人吃惊，甚至不可思议，因为这太不符合直觉了……这种行为看起来实在很奇怪……所有养过幼鸟的人，第一反应都认为这种现象是病态的，并用“圈禁下的精神错乱”之类的说法来进行解释。[1]

劳伦兹深知，只有当印随行为发生在不恰当的背景下时才会显得病态或者愚蠢，比如在饲养环境下，小雁孵化后首先看到的是人类。可是在自然状况下，它们先看到的当然是母亲，这样的话，大家就会觉得这种依附关系很明智，但是依然说不清楚这种行为是“直觉”（先天的）还是后天习得的。劳伦兹开创性的研究首次解答了这些根本问题：幼鸟和其他动物是如何获得这些让它们受用一生的行为的。

人们很早就注意到了印随现象，老普林尼将其描述为雁对主人的情感依恋：

> 曾闻有雁眷恋奥里诺斯（Olenos）之美貌少年，另有雁眷恋少女格劳丝……汝或思忖此禽能通人智；又曾闻有雁终生追随哲士拉居得（Lacydes），出户入浴，白昼深夜，寸步不离。[2]

杰出的动物行为学家、诺贝尔奖获得者康拉德·劳伦兹。跟在身后的是一窝对他产生了印随行为的幼雁。

欧绒鸭早期被称为卡斯伯特鸭，是因为曾经有几只欧绒鸭似乎对圣岛的主教圣卡斯伯特产生了印随行为。卡斯伯特主教死于公元687年。这幅描绘欧绒鸭雄鸟的图画由塞尔比（Selby，1825—1841）绘制。

7 世纪时，圣岛*的主教圣卡斯伯特（St. Cuthbert）来到英格兰东北部的法恩岛，过上了隐士生活，他亲手喂养的欧绒鸭一直跟随着他，在危险时还冲上来相助。本地人相当看重这种鸭子，由于它们身上的羽绒，也由于为圣卡斯伯特作传的德拉姆的雷金纳德（Reginald of Durham）在 1165 年的记述中称其为“aves...Beati Cuthberti”，即神圣的卡斯伯特之鸟，直到 17 世纪中期，这种鸟还被称为卡斯伯特鸭。[3]

1516 年，托马斯·莫尔（Thomas More）在《乌托邦》一书中描述了英国农民人工孵化小鸡的奇迹，他这样记述道：“雏鸡破壳即能识人，并尾随行走，如能识其母。”

现代鸟类学认为印随主要是幼鸟后天习得的行为（其他动物，包括人类本身也有类似的行为），在这种学习过程中，处于“敏感期”的鸟类迅速地对母亲的形象和 / 或未来的交配对象产生依附。[4] 因此，印随分为两种，一种是幼鸟和亲鸟之间的，称为“亲子印随”，而另一种表现在择偶偏好上，则称为“性印随”。很明显这两者都对演化有着重大意义。第一种印随让幼小的动物能够掌握关于其父母身份的关键信息，从而确保得到喂养。而第二种印随则有助于在日后选择适当的配偶。

尽管养殖家禽的人早已熟知亲子印随的现象（并不一定是用这个术语），第一次尝试进一步了解此现象的实验则是 19 世纪 70 年代由道格拉斯·斯波尔丁（Douglas Spalding）开展的。斯波尔丁出生于工薪家庭，自己一边做工一边自学。1862 年，他在阿伯丁大学**学习了文学和哲学，最终拿到许可证成为一名律师。19 世纪 60 年代末，与哲学家和社会改革家约翰·斯图尔特·密尔（John Stuart Mill）的一次会面对斯波尔丁产生了巨大的影响，使他转变为一名杰出而聪颖的业余科学家。为了分析小鸡如何跟着自己，斯波尔丁给刚孵化的小鸡戴上小头套，并在

* Holy Island，又称 Lindisfarne（林地司法恩岛），是英国东北诺森伯兰郡的一个岛屿，也是圣岛民政教区所在。——译注

** University of Aberdeen，位于苏格兰的阿伯丁。——译注

不同的时间摘下头套。有一组小鸡戴了四天的头套，当它们摘掉头套第一次看见斯波尔丁的时候，立刻吓得四散奔逃。这个观察非常有意义，正如他自己所说：

> 若早一日摘去头套，则其（小鸡）向吾围拢而非仓皇四散——无论此种精神构造之变化影响如何，其绝非经验之故，而缘于其体内结构之变化。[5]

这就是第一次观察到的我们现在所谓“敏感期”的证据，如果在孵化出来后头三天没有发生印随的话，那么就再也不可能出现了。斯波尔丁总结道，小鸡孵化的时候，有一种跟随的本能，它们会跟着任何东西，但是它们对母鸡的声音也有一种天生的识别能力，确保它们不会跟错了妈妈。他还发现，对母鸡声音的识别也是有一个“敏感期”的：“一只小鸡如果到了第八天或第十天的时候还没有听到母鸡的声音，那么再接下去它们就只能听而不闻了。”[6]

斯波尔丁对动物行为学，尤其是在发育、天性和印随方面的贡献，在当时是无人能及的。在进行上述研究时，为了保证小鸡出壳后没有任何视觉经验，斯波尔丁亲自上阵孵蛋，他把鸡蛋装在袋子里，挂在一个冒热蒸汽的水壶上方，并且在小鸡尚未睁开眼时就把蛋壳破开（比正常孵化的时间提前一天），然后小心地将小鸡的脖子抻直，将一个有松紧带的半透明头套戴到它们头上。斯波尔丁知道，尽管戴了头套的小鸡吃不成东西，但它们孵化后几天内完全可以靠着残余的卵黄存活。[7]

斯波尔丁了不起的地方在于，他知道要区别行为所受的先天和后天影响，就必须进行实验。他的第一篇论本能的科学论文于 1872 年向布莱顿的英国科学促进协会宣读，大受好评。在演讲的基础之上进行扩充的一篇论文发表在一本科普杂志上，引起了哲学家乔治·亨利·刘易斯（George Henry Lewes）的关注。刘易斯这样写道：“斯波尔丁先生不仅

为了培育出金丝雀与红额金翅雀（上左）、赤胸朱顶雀（上右）和红腹灰雀（下）的杂交个体，人们让幼雀在金丝雀的巢里生活，这样幼雀就会对养父母产生印随，之后也容易和其他金丝雀进行交配。插图出自罗布森和莱维尔的著作（Robson & Lewer, 1911）。

证明了自己是一位敏锐的思想家，而且具有非凡的实验能力，我们有理由相信，他的研究将标志着一个新的纪元。”事实也是如此，斯波尔丁的工作一方面为动物行为研究开创了先河，另一方面也招致新兴的（同时也是竞争性的）心理学研究者的大力抨击。从某种程度上来说，这是斯波尔丁自找的，因为他强烈反对心理学家那种基于各种逸事的不严谨的研究方法，并批评他们不愿意进行实验；他也对“意识与感知为哲学大厦之砥柱”这样的说法提出质疑。因此他不可避免地被边缘化，以至于他作为科学家的贡献几乎被湮没了。37 岁时，他死于肺结核。[8]

伦纳德·马斯科尔（Leonard Mascall）在 1581 年出版的关于家禽养殖的书中指出，性偏好是可以被设置的，或者至少在幼年时能被影响，他提到，和母鸡一起养大的公鸭子成年后会表现出“与母鸡交配的愿望”。[9] 此后对人工繁殖鸟类的观察也表明，这种性印随现象是很普遍的。[10] 从 17 世纪初起，笼养鸟的风气日盛，培养不同雀鸟之间的杂交种很流行，尤其是红额金翅雀和金丝雀的杂交。这其实并不那么容易，但人们很快发现了一个提高成功率的窍门。把金翅雀的幼鸟放在金丝雀的巢里养大，雄金翅雀成熟以后就更容易和雌金丝雀交配。巴乌盖特神父（Father Bougot）曾经告诉过布丰很多关于笼养鸟的事，他声称，要想培养“杂交”金翅雀（指金翅雀和金丝雀的杂交后代），就必须让金翅雀在金丝雀的巢里长大，并且不让它同其他金翅雀接近。[11] 同样地，20 世纪初查尔斯·惠特曼（应该是在完全不了解如何培养杂交金丝雀的情况下）让家养的环颈斑鸠抚养过很多种野生鸽类的幼鸟，他发现当这些幼鸟长大后，它们更愿意和环颈斑鸠交配，从而产生杂交个体。[12]

同样的印随行为，也会出现在鸟与人类之间。劳伦兹养大的很多鸟后来都把他当作配偶——比如劳伦兹的寒鸦会试图给他喂食，把吃的放到他的耳朵里。[13] 不过劳伦兹的寒鸦或雁是否尝试和他交配，我们就不得而知了，反正他没写。澳大利亚鸟类学家理查德·赞（Richard Zann）则没保留那么多，他描述了 20 世纪 60 年代他养大的一只雄斑胸草雀试图和他的手指交配，并把精液射在了上面。[14] 我女儿养大的一只雄斑胸草雀经常对她大唱求偶之歌，不过，可能因为生来眼盲，它没有尝试交配。从 13 世纪起，驯隼人就知道猛禽的幼鸟会对主人产生性印随，有时会试图和他们交配。自 20 世纪 70 年代起，养隼的人就开始利用这种行为，比如，他们让幼鸟对平顶帽子产生印随，成年后它们会和帽子交配，这样人们就得到了一份精液的样本，可以用于人工受精和圈养繁殖。[15]

劳伦兹根据自己养寒鸦和灰雁的经历推断，自然状态下的印随最主要的功能就是决定成年之后的性选择——确保生物个体成年后和同种生物进行繁殖。这是有道理的，但是这些个体又如何避免对自己的兄弟姐妹产生印随呢？20 世纪 70 年代，剑桥动物学家帕特·贝特森（Pat Bateson）通过研究鹌鹑得出了答案：幼鸟会对和自己的直系血亲稍有不同（但差别不是很大）的异性有特别的好感；这就像一种优化的远系繁殖策略，确保鸟类避免近亲繁殖。[16]

借助斯波尔丁那巧妙的研究，康拉德·劳伦兹将印随作为自己研究的主要课题，而这在很大程度上促成了他（与尼古拉斯·廷贝亨［Nikolaas Tinbergen］和卡尔·冯·弗里希［Karl von Frisch］一起）在 1973 年获得诺贝尔奖。他对行为学的理解几乎全部来自童年时在奥地利阿登堡的家（兼研究站）中对动物的仔细观察。劳伦兹是一名天才。他对动物行为的见解和知识是卓越的。不过就算是这样，劳伦兹也不愿意像斯波尔丁那样通过实验来检验他的想法。仅仅靠观察，犯错可能是不可避免的。

比如，劳伦兹推论，印随和其他后天习得的行为不同，它不需要任何的奖赏和激励；只出现在“敏感期”，并且是不可避免的，所以一旦动物与特定个体产生了社交联系，它们就不会再与其他个体发生这种联系。劳伦兹过于武断了。事实上，印随与其他形式的学习行为没有本质上的不同，而动物幼体获得的奖赏和激励就是印随行为的对象本身——通常是母亲。而在关键期的问题上，劳伦兹认为个体在生命早期一段短暂的时间内一旦获得了“错误”的信息，行为会不可避免地“出错”，这一观点也是错误的。其后大量关于鸟类与其他动物的研究都显示，亲子印随和性印随都有着相当大的灵活性。[17]

不过劳伦兹关于关键期的观点基本上是正确的。他和其他早期的动物行为学家将幼鸟比喻为搭乘火车进行时间旅行的乘客。车窗是不透明的，在预定的时间，一扇窗户短暂地打开，展现出窗外的风景，然后又关上。幼鸟在这段短暂的时间从打开的窗户中看到的事物，塑造了它的未来。而实际上，不同的窗户在旅途中不同的阶段打开，并且开启持续的时间也不尽相同。后来人们又发现，这些窗户——也就是敏感期——或是受体内生物钟的控制（就好像迁徙和学习鸣唱），或是经验造成的结果。所以不难想象，亲子印随和性印随出现的时间也是不同的，正如斯波尔

大杜鹃是最有名的巢寄生鸟类，它们以多种鸟类为寄生父母，同时在择偶上避免对其产生印随。

丁通过研究戴头套的小鸡显示的，亲子印随通常出现在生命早期，而性印随则出现得较晚，窗户打开的时间也更长，有时能够持续到交配时。

尽管并不是所有种类的鸟都会像劳伦兹的灰雁那样产生跟随行为，但大部分鸟多少会表现出性印随，无论它们是早成的，也就是说如雁鸭类等幼鸟，孵化时眼睛就是睁开的；还是晚成的，像燕雀科或麻雀科的鸟那样，刚出壳时光秃秃的，茫然无助。不过有一个令人惊讶的例外，那就是像大杜鹃或北美的褐头牛鹂一类巢寄生的鸟类，如果对养父母产生印随，很明显事情就乱套了。但是另一方面，它们又必须对寄生父母产生某种社会性的印随，这样成年后才知道去哪种鸟的巢中产卵。虽然它们怎样知道应该和谁交配还是个谜，但这一定源于某种直觉。

关于巢寄生鸟类，最早期的研究是在非洲的维达雀身上进行的，它们对宿主的选择极其“专一”，只在一种鸟（梅花雀）的巢里产卵，而不像大杜鹃那样利用多种不同的宿主。例如，乐园维达雀只在绿翅斑腹雀的巢中产卵。问题是，它们是怎么做到的？雌性维达雀如何知道应该寄生在哪种鸟的巢中，又如何知道应该和哪种雄鸟交配呢？其中的奥秘（或者说是部分解释）在于，维达雀的幼鸟无论雌雄，都会对梅花雀养父母的鸣声产生印随，雄性维达雀成熟以后，会采用梅花雀的鸣唱方式，而雌性维达雀则借助这种鸣声的引导来寻找交配和寄生对象。

但这还是没解决它们到底应该跟谁交配的问题。最近关于北美洲的褐头牛鹂的研究表明，年轻的巢寄生鸟类会使用一种特殊的“密码”——这一信号可能是一种叫声，或是每种鸟自己独特的行为，它能够刺激巢寄生鸟了解自己的身份并确保和正确的种类交配。[18]

20 世纪 30 年代，印随曾是整个动物行为学领域研究的焦点。更宽泛的问题自然是天生本能与后天智能，以及亘古不变的人类在自然界中担任什么角色的话题。古希腊人完全没有基督教的那些条条框框，他们认为动物和人类都是同一类造物中的一部分，但中世纪的教会却坚持认为人类是特殊的且高出一等，动植物都被安排在地球上为人类的利益服

乐园维达雀也是一种巢寄生鸟类，不过它们只认准一种鸟，即绿翅斑腹雀作为宿主。寄生的幼鸟会学习宿主的鸣声，以避免和它们交配，同时将来再去它们的巢中产卵。插图出自布丰的著作（Buffon, 1778）。

1. La grande Veuve d'Angola, réduite.
2. La même Veuve, après la Mue, de grandeur naturelle.

务，供人任意使用或是滥用。而到了16世纪中期，教会的口径开始放松，部分是由于格斯纳、贝伦和阿尔德罗万迪的百科全书增加了人们对动物的认识，同时也是因为动物开始赢得一些伦理上的尊重——直到笛卡尔开始坚持他的观点。17世纪早期开始的科学革命意味着寻求真理和事实以及扫除迷信和传说，作为其中一个重要人物，笛卡尔发现自己处于进退两难的境地：一面是他的天主教信仰（和对宗教法庭的畏惧），另一面则是科学。他选了一个折中点，声称动物是没有灵魂的自动机器，它们的行为完全是出于本能。而那些认真观察过鸟类或其他动物的人都知道，这种说法是荒谬的，最激烈的反对者之一就是约翰·雷：

> 须言明，此论不得吾心……吾宁信禽兽具低度理智，而非仅为机械……若其为真，禽兽仅为机械构造，则无喜悦悲痛之感，因而无论待之如何皆不可谓残忍；然若受责打折磨，其悲甚明，此论与之不合，于人之常理亦悖矣。[19]

矛盾的是，雷对笛卡尔不满的部分原因在于笛卡尔似乎不承认上帝的存在。对于雷和其他清教徒来说，博物学及其中的奥妙都是上帝存在的确凿证据，上帝的智慧彰显于鸟类表现出的所有行为之中，无论这些行为是出于本能还是有时表现出的“智能”。雷曾描述过一些本能行为，包括亲鸟带食物回巢时会顾及所有的幼鸟，哪怕（他认为）它们没有计数的能力。上帝的智慧也显现在亲鸟勇敢地保护雏鸟的行为中——这完全“违背自我保护的本能”。雷还描述了一些他认为很奇怪的本能：当掠食者接近时，家鸡或鹑类发出警鸣，幼鸟就会自己躲起来，哪怕它们之前从来没有见过任何掠食者或是听过这样的警鸣声。鸟类研究中另一个长期课题是筑巢能力究竟是出于本能还是幼鸟通过观察习得的。雷和威路比坚持认为是本能，因为人工饲养的鸟类没有机会观察别的鸟，但是它们还是能够造出像样的巢，由此明确证明了筑巢能力基本上是天生的。[20]

和很多其他鸟类一样，北长尾山雀会营造精巧复杂的鸟巢，这些巢由地衣包裹、蛛网黏合，内衬无数羽毛。插图出自海斯的著作（Hayes, 1771-1775）。

日本的杂色山雀经过训练后用来表演复杂的算命把戏，实际上利用了它们储藏和取回种子的天性。插图出自特米克和施雷各的著作（Temminck & Schlegel, 1845–1850）。

很早以前人们就开始养一些小型鸟类，它们最吸引人的地方是会耍一些小把戏。在欧洲最有名的一个例子就是金翅雀能把拴在绳子上的装有水或食物的小桶拉上来供自己享用，老普林尼最先记述了这个趣闻，后来 17 世纪的德国画家亚伯拉罕·米尼翁（Abraham Mignon）为此绘制了精美的画作。

另外一个很受欢迎的把戏是让小鸟给人算命。在日本，杂色山雀是一种常用的算命鸟，它们能够完成一些非常复杂的表演。算命过程很像祭拜神龛：小鸟从驯养人那里取一枚硬币，投进一个小盒子里。然后它一路跳到微缩神龛的上面，拉响一个铃铛。打开神龛的门之后，小鸟跳进去，从中衔出一张折好的字条，然后再从甬道跳回来。它能够把包裹着签文的红纸撕开，然后依照指令将其中的字条翻转数次。最后，小鸟衔着字条飞回驯养人身边，驯养人会奖赏小鸟，并将签文递给算命的客人。[21]

我们之所以如此热衷于让鸟或其他动物表演把戏，是因为这迎合了我们作为人类身处自然界的优越感。有趣的是，在人类历史上绝大部分时间里，我们曾努力将人与其他动物区别开来，证明我们比它们聪明许多，可是我们却喜欢聪明的动物！会表演的动物赢得了人类的赞叹与尊重，而它们的“聪明”拉近了人与动物之间的距离，让我们将它们拟人化并赋予它们情感。

不同种类的鸟有不同的学习能力，而现在我们从自然选择的角度，以学习（耍把戏就是学习的结果）的脾性和趋向对其加以分析。金翅雀会玩拉小桶的把戏曾经被认为是因为它们具有“智力”，而实际上这只是它们在自然环境下的行为的延伸：它们会用两爪将草茎拉过来，以便够到顶端的种子。同样，杂色山雀算命的表演与其在野外的行为也非常相像，它们会将种子藏起来以便日后找出来食用，也会撕开纸状的种子外皮来获得食物。山雀有着复杂的认知能力，它们的空间记忆力极佳，因此能记得种子都藏在什么地方。[22]

鸟类的这些把戏令前人如此费解，原因之一在于当时人们用于描述鸟类的术语完全是混乱的，这必然导致困惑。“先天”和“本能”（从字面上来理解就是“发自自身的”）这两个词的定义相对较为清晰，人工饲养的鸟儿能够筑巢，也完美地印证了这一点。而“智能”和“理性”这样的词就会导致误解（至今依然如此），老普林尼关于鸟类筑巢这一**聪明本性**的陈述就很有代表性：

> 燕以泥筑巢，以稻草加固。若泥剥落，则以身吸水，再将羽上之水抖落于干泥上。其以羽绒羊毡垫于巢内，使卵保温，并使幼雏孵化时巢不过硬过糙。[23]

过去，当鸟类或其他动物表现出合理行为，比如建造精美的巢和耍聪明的把戏时，这些行为常被认为是由智能或理性主导的。今天我们会将筑巢解释为适应性，并不特别强调这种行为是不是与生俱来的。问题的麻烦之处在于，到底学习是一种“智能”还是本身具有“理智”的证明。曾经有人认为这应当是一个连续谱，一端是天性（一般认为是由基因决定的），另一端是学习、理性和智能；也就是先天和后天。用达尔文的话来说：“居维叶以为本能与智能互成反比。”[24] 而实际情况则复杂得多，达尔文也认识到了这一点。过去我们曾按照动物在这个连续谱上的位置对它们进行评判：越靠近理性端的离人类越近，也就注定越有价值。

鸟类表演的所有把戏之中，没有比学人说话更让人赞叹的了。雷和威路比曾这样写道：

> 禽鸟多聪颖驯服，以其善拟人声音，言谈口齿清晰，即可见之：四足动物尚无至于此者（以吾所见所闻）；然四足动物之器官似更为适合（言谈），较之更近于人。[25]

他们在其鸟类大全中提到了数个关于鹦鹉说话的记录。其中法国植物学家和探险家卡罗卢斯·克卢修斯（Carolus Clusius，即 Charles de l'Écluse）曾提到过一只鸟，你逗它说“笑吧，鹦鹉，笑吧”（Riez, perroquet，riez），它就会发出笑声并说“哦，大傻瓜，你真好笑”，惹得围观的人哈哈大笑。康拉德·格斯纳在 1555 年的百科全书中记述的另一个故事，描写了鹦鹉经常能够说出恰合时宜的话的神秘本领——当时普遍认为这是一种智能。亨利八世养的一只鹦鹉一不小心从威斯敏斯特宫的窗户跌落到了泰晤士河里。这只鹦鹉正好记起之前刚学过的一句话，大喊“来条船啊，出二十镑一条船”。结果它被路过的船夫救起并送还给了国王。[26] 这个故事大概是伪造的，但是鹦鹉能够将特定的场合与适当的语言联系起来，这种能力确实让人着迷。博物学家、哲学家和布丰作品的译者威廉·斯梅利（William Smellie）在 1790 年记述了一个更可信的事例，并这样评论道：

> 与诸证相似，此一例甚明，其（指鹦鹉）意识能赋形以音。循循导之，此种联系可有何发展尚未可知。然以此法，鹦鹉已能学言，辞于人名物名甚丰。然至动词或其他，其智约有不及。[27]

两个世纪后，有一位科学家像斯梅利说的那样给予了一只鹦鹉足够的耐心与教导，从而揭示出，鹦鹉的认知能力大大超出了格斯纳、威路比、雷和所有其他人的想象。

约翰·雷认为鸟类和其他动物与人类没有本质上的不同，这一观点开始赢得更多的支持。这主要得益于巴伦·冯·贝尔诺、约翰·佐恩和约翰·伦纳德·弗里希（Johann Leonard Frisch）等鸟类学家在 18 世纪早期的著作，这些人都深受《上帝之智慧》的影响，他们对鸟类的行为进行观察和记录，并试图做出解释。在哲学的阵地上也有进展，杰出的哲学家大卫·休谟（David Hume）对笛卡尔的观点开炮：“余以为，鸟兽与人同样具思智，此乃事实，确凿无比。”科学史学者菲利浦·格雷在 20

世纪 60 年代这样写道：

> 有趣的是，在那些人们仅仅将动物当作利用对象的地区（休谟所在的英国则并非如此），从来没有做出过关于动物行为的重大发现，也罕有关于人类行为的重大发现。[28]

人们曾将本能与学习相混淆，哲学家埃缔耶纳·德·孔狄亚克（Étienne Bonnot de Condillac）就是一个很好的例子。在《论动物》（*Traité des Animaux*）中，他认为本能行为由“从经验中发展而来的后天习得的能力”组成。他的意思就是说，直觉是学来的——这充分证明了关于动物行为的很多误解都是定义不清造成的，而就孔狄亚克而言，他彻底搞混了本能与学习的概念。[29]

威廉·斯梅利在 18 世纪晚期出版的《博物学哲学》（*Philosophy of Natural History*）中给本能行为制定了相对合理的分类，这个系统从“纯粹”的本能（如避开粪尿、打喷嚏等），到那些“能使其适应非常规情况”的行为（如在有猴子居住的地方，鸟类把巢筑在树枝的最末端），再到“依据观察经验改进的本能”——这其实指的就是学习了。除名称之外，斯梅利其实已经将本能和学习区分得很清楚，不过他也特别指出，学习能力可能受遗传因素的影响。可惜的是，当时几乎没有人注意到斯梅利的洞见。[30]

18 世纪中期，朱利安·奥弗雷·拉美特利（Julien Offray de la Mettrie）渴望就人与动物到底是否有本质上的不同这一问题给出终极答案。他决定训练动物，看看它们到底能学会多少。结果显示动物的学习能力很有限，这让他确信人类和非人类的动物有根本性的区别。[31] 但是另一个人对其结果给出了不同的解释。路易十五的狩猎官查尔斯·乔治斯·拉罗伊（Charles Georges Leroy）指出，拉美特利的训练结果并不出人意料：动物只需要学习它们特定的生活方式所需的技能就够了，指望它们追求更高的目标是不现实的——这个解释非常现代，具有演化的视角。

查尔斯·乔治斯·拉罗伊是博物学家、思想家和作家的完美合体。拉罗伊在狩猎圈与巴黎的学术圈之间游刃有余，布丰认识他，并引用过他的论述。最重要的是，他很了解动物，狩猎时对动物的观察使他对动物的行为有着深刻的洞悉。1870年，他的著作《以哲学角度论动物之智能与完善》(*The Intelligence and Perfectibility of Animals From a Philosophical Point of View*)被翻译成英文，但是他的很多（包括一些非常激进的）观点最初发表于18世纪60年代，当时使用的是笔名"纽伦堡博物学家"。这本书以系列书信的形式写成，收信人是他"相熟的一位女士，安吉维勒伯爵夫人"（至少在英文版的前言中是这样说的）：

> 夫人，自汝垂询纽伦堡博物学家论禽兽与人之信札，已有时日。此本应为举手之劳，吾甚少作难至此，然现今终可呈上，吾心甚慰。汝知吾对兽类之本质亦有薄见，令吾并呈。如汝所愿……特于博物学家信札外，另附吾之拙作数篇……[32]

1979年，比尔·索普（W. H. [Bill] Thorpe）在他的动物行为学史著作中称拉罗伊是一位重要的人物，很大程度上是因为拉罗伊最早提出"行为谱"(ethogram)的概念，行为谱即关于一个物种所有行为的摘要。[33] 这对于动物行为学研究的先驱来说是一个根本性的概念。尽管拉罗伊的表述稍有不同，但含义是明确的。"吾欲为所有禽兽立传"，他这样写道。了不起的是，他也注意到了本能（他称之为"一种遗传的适合性或对某些行为的倾向性"）和学习在动物行为中都起到重要作用。他彻底反对笛卡尔的自动机器说这一在当时还颇有一些人支持的观点："若汝对多种禽兽详加研究……定将驳斥自动机器说所谓禽兽仅为机械。"他还说，如果动物只是自动机器，它们在面对同一情况的时候就应该做出完全相同的举动。它们并不这样，可是人们认为它们的举动是一样的，因为人们没有像拉罗伊那样认真地观察："此（行为的）一致性并非如初见时一般明显；吾等自持观察详甚，然断之谬矣；或吾等缺乏良法，无以为明论。"[34]

拉罗伊书名中的"完善"指的是动物通过经验来改善它们的行为，以此"提高"自身能力，就像人类那样。他也能够看到动物的行为是适合它们自身生活方式的，换言之就是行为具有适应性。达尔文曾读过拉罗伊的书，但极少提到，这很令人惊讶，因为拉罗伊已经预见到了达尔文提出的一些概念，包括适应性和雌性选择配偶的观点，这正是达尔文的性选择观念的核心。拉罗伊也预见到其他一些重要的观点，比如这段引人注目的文字中提到了自私的基因这一概念：

> 于某些物种而言，双亲之关切仅限于一巢之内，此外并无同类之情；换言之，若非血亲，其敌意甚深……如鹑类雌鸟精哺其雏，然若非亲生，格杀无赦……[35]

比尔·索普推崇拉罗伊的另外一个原因是，拉罗伊十分重视认真细致的观察：

> 除猎手外，无人能尽识鸟兽之智慧。欲明究竟，必与之为伍；而鲜有哲学家能如此……猎手对鸟兽察识甚多，却少有时间抑或思智予以综述，而哲学家则穷极思考而少有观察。[36]

拉罗伊对后人影响最深远的概念是，很多动物行为都是"理智的结果"，也就是说，其中包含一些近似于主观意识的成分，可能正是因为这样，达尔文才没有对他的概念加以评论。阿尔弗雷德·拉塞尔·华莱士曾给拉罗伊的书写过一篇不痛不痒的书评，他说拉罗伊是一位"热情的自然研究者，有独立的观察和思考，其诸多理念远超过同时代的哲学家"。[37]

埃尔温·施特雷泽曼则没有那么积极，他批评拉罗伊促成了对动物行为的一种不必要的浪漫观念，导致后人的著作，如施特林（Scheitlin）发表于1840年的《动物心灵之科学》（*Science of Animal Souls*）一书，声称“同情、共情、爱憎、感恩、虚荣、敬畏、自负和骄傲”都在动物行为中得以体现。原本是为了反对笛卡尔的观点，结果却矫枉过正了。施特雷泽曼失望地表示，这些概念被“浪漫的新一代囫囵吞下，他们自诩为动物保护的新生力量”。[38]

达尔文于1859年出版的《物种起源》结束了人与动物泾渭分明的时代。关于本能与智能的混淆依然存在，但是达尔文的概念给雷一个半世纪以前开创的动物行为研究注入了新鲜的血液（当然也引发了巨大的争议）。不出所料，达尔文对于本能的观点是有局限性的。他承认有很多本能，包括自我保护、抚养后代、交配行为以及哺乳动物的哺乳行为，对于人类和非人类的动物来说是共同的，他也不加质疑地认可很多“低等动物与人相类，明显能感知喜痛乐悲”。[39]不过，达尔文并没有像施特林和其他一些人那样陷入拟人论的泥淖之中，他巧妙地避开了本能与智能之争，指出本能与智能成反比的说法过于简单化。[40]

达尔文指出我们其实都是动物，这也许不可避免地使人们对自然界产生浪漫化的想象，尤其是对鸟类。英国的乔治·罗马尼斯（George Romanes）收集了无穷无尽的荒唐逸事，作为证据来显示人与动物之间相似的智慧。德国人艾尔弗雷德·E. 布雷姆（Alfred E. Brehm）也大致如此。他的父亲，备受尊敬的学院派鸟类学家克里斯丁·路德维希·布雷姆（Christian Ludwig Brehm），是1820年至1850年所谓野外鸟类学黄金时代的活跃人物。[41]老布雷姆是一名乡村牧师，和雷一样，他将鸟类的结构与功能之间惊人的关联视为上帝的智慧：“我们的心越虔诚，那遮掩着上帝神迹的面纱从我们浑浊的双眼前揭开得越多。”现在我们可能会对宗教启发并促进了鸟类学发展的说法嗤之以鼻，但老布雷姆关于鸟类结构及其适应性特征的研究确实为鸟类学做出了巨大贡献。他的儿子艾尔弗雷德则有着完全不同的世界观。小布雷姆是施特林的拟人论的追随者，并热衷于沽名钓誉，他宣称鸟类具有性格、理智、智力和情感感知能力。他认为鸟类能够**学会**筑巢等**本能**活动，其结果就是将一直以来关于本能与学习的迷思越搅越浑。小布雷姆对于鸟类行为研究的贡献最多只能说是好坏参半。好的地方在于他鼓励人们对鸟类产生共情与兴趣，不过他其实借了19世纪上半叶博物学流行的东风。小布雷姆自己也很矛盾：一方面他提倡达尔文的观念，而另一方面他的浪漫主义与鸟类学的科学发展格格不入。一位当代德国心理学家曾评价小布雷姆的研究是"山寨心理学"，而当埃尔温·施特雷泽曼写到艾尔弗雷德·布雷姆感情泛滥时，我们几乎都能听见他发出的叹息。[42]

艾尔弗雷德·布雷姆身上有着达尔文主义与拟人论的奇异组合，这导致他与德国鸟类学会的主席伯纳德·奥图姆（Bernard Altum）直接产生了冲突。奥图姆早期受训成为教士（后来当上了圣保禄主教座堂[Munster Cathedral]的助理牧师），自然是不遗余力地反达尔文主义的。但是他也反对小布雷姆在鸟类学上的浪漫主义："禽兽无思考察己之力，亦不为自身立志，因此但凡有目的之举，定另有其人代为思考。"换言之，鸟类是没有伦理或理智的，它们任何似乎有意识的行为一定都受了上帝的指点。除开这些宗教观点不说，奥图姆其实是一位不错的研究者。他对达尔文的反感是徒劳的，但是他对布雷姆浪漫主义的憎恶却有助于将关于本能的研究拉回到扎实的科学基础上来。[43]

艾尔弗雷德·布雷姆启发了一批新一代的鸟类学家。无论有多少缺憾，他卷帙浩繁的著作与富有情感的行文激起了后人对鸟类真实行为的兴趣。这些人中首先要说的是奥斯卡·海因洛特（Oskar Heinroth）。海因洛特曾任柏林动物园水族馆馆长，他提出一个新颖的论断：像鸭子的求偶炫耀这样的本能行为，为物种之间的演化关系提供了线索（就像解剖结构能揭示亲缘关系那样）。[44] 这个观点的提出在鸟类学发展史上是具有里程碑意义的。在雷死后近两百年中，鸟类的系统分类和行为研究分

如图中所绘的黑顶林莺一样，在求偶季节很多雄鸟会对雌鸟或情敌表演各种各样的求偶炫耀，这促使早期的鸟类学家去探究这些行为到底是天生的还是习得的，以及鸟类到底会不会产生类似于人类的情感。插图出自霍华德的《英国莺类》（Howard, *British Warblers*, 1909）。

道扬镳，一直互不往来。而海因洛特提出的观点联结了鸟类学这两大领域，创造了统一的机会。然而历史重演，最终又是别人领了功劳：这次是康拉德·劳伦兹。人们将提出行为能够成为分类工具这一观点的功劳归于劳伦兹，然而他承认，是海因洛特为他提供了灵感。

海因洛特与劳伦兹的研究为鸟类学这两个分支的联姻铺平了道路，而最终成功完成这一伟业的人却是埃尔温·施特雷泽曼。施特雷泽曼慧眼识英才，很早就看出劳伦兹的潜力，并说服他放弃医学院的学习，转向行为研究。这一切绝非偶然。这条路走对了，动物行为研究澄清了几百年来的争论与困惑。早期行为学家关于本能的大部分理论都被淘汰了，但他们对鸟类和其他动物细致的观察和精心的实验却促使行为研究遍地开花，一直延续至今。[45]

劳伦兹的名声并没有像他的两位诺贝尔奖伙伴那样经久不衰，其中有很多原因，包括他在“二战”期间曾是纳粹的支持者，而且从未为此致歉。劳伦兹的很多理论早就过时之后，他依然自以为是地坚持这些理论，而他那种在圈养条件下研究动物的方式，现在也被认为是不科学的了。从那以后，研究工作体制化，而且更加专业化。但不可否认的是，通过和灰雁、寒鸦以及其他鸟类建立紧密的联系，劳伦兹具备了一种对动物行为的微妙性无可比拟的敏感，而在我看来，这种方法在探索鸟类行为的研究中依然大有可为。[46]

尼古拉斯·廷贝亨的名声更为持久，部分原因是他确认了几个行为研究的核心问题，从而对整个领域进行了定义。这些问题被称为廷贝亨的“四个为什么”，其中有两个是关于机制的：1. 是什么导致了行为？2. 行为在动物的一生中是如何发展的？还有两个是关于演化的：3. 行为的演化史；4. 行为在适应性上的重要意义。[47]

听到大苇莺的叫声，我们首先会问，是什么导致了这个行为？是哪些内在的机制（激素、神经元、肌肉系统或是大脑功能）和外界因素让这只鸟鸣唱？第二，我们可以问，为什么这只大苇莺会这样唱？这只鸟的个体发育是如何影响它鸣唱的方式：这鸣声是从另外一只大苇莺那里学来的，还是“天生”的呢？这个问题主要聚焦于大苇莺成长过程中行为的发展模式。第三，我们要问，这只鸟这样叫，为什么听起来和水蒲苇莺更相似，而一点也不像鹪鹩呢？这就是海因洛特提出的行为反映鸟类演化历程的观点：水蒲苇莺和大苇莺的鸣声更为相似，是因为它们有共同的祖先。最后我们可以问这种行为的功能是什么：鸣唱如何提高这只鸟留下后代的概率？这个问题是关于行为的适应性意义的——约翰·雷在 17 世纪就已经认识到其重要性，而今天这个问题成了一代研究人员（包括很多鸟类学家）工作的核心，人们称之为行为生态学。[48]

廷贝亨使动物行为研究专业化，成为一个受科学界尊重的学科，其内容不再是趣闻逸事，取而代之的是从巧妙的野外观测或实验室研究中得出的扎实结论。这充分表明了自廷贝亨时代以来动物行为领域取得的发展。如今研究人员已经有足够的自信去重拾那些曾被视为禁忌或过于艰深的课题——最引人注目的就是智能和个性，而这具体体现在乌鸦制造和使用工具的能力上。

新喀鸦*经常将树枝或棕榈叶改装成钩状工具，用来从树洞里掏昆虫的蛹。这是一种非常复杂的行为，就连大猩猩都相形见绌。如果给圈养环境下的新喀鸦一截笔直的金属丝，它们虽然很可能在野外从来没见过这玩意，也能够将其弯成一个钩子，用来掏食物。为了测试这种鸟到底有多聪明，研究人员给它们一截大概长 10 厘米的直铁丝，并将一小块肉放在小桶里，再将小桶放在一个竖直的透明有机玻璃管的底部，不用铁丝是碰不到肉的。乌鸦们迅速地分析了情况，将铁丝改造成一个钩子，再用钩子将小桶从玻璃管中拉上来，拿到了食物。[49]

这些乌鸦为什么这么聪明？一种解释是，它们有一个负责指导制造和使用工具的大脑模块，与负责拉绳子、筑造复杂的巢或朝着同一方向迁

* 生活在南太平洋（法属）新喀里多尼亚岛的一种乌鸦。——译注

鸣唱是一种令人瞩目且容易观察的鸟类行为，它促使早期的鸟类学家去探究雄鸟（如图中的这只大苇莺）是如何获得洪亮而多变的鸣声的。鸣唱的目的和原因分别是什么呢？插图出自霍华德的《英国莺类》。

徙等其他一些“聪明”的鸟类行为的大脑模块稍有不同。有趣的是，并不是所有的新喀鸦都能够解决研究人员设置的谜题。与此相似，并不是所有的金翅雀都能够使出拉绳子的伎俩：在圈养情况下，大概有四分之一的金翅雀是“创新者”，在没有看过别的鸟这么做的情况下，也能解决拉绳子的问题；还有四分之一是“模仿者”，只有在看到别的鸟拉绳子之后才能解决问题；余下的是“笨鸟”，无论如何都学不会这套把戏。[50]

这些观察和对新喀鸦进行的简单实验揭示了认知能力的复杂性，也引出了令人着迷的问题：这些鸟是如何获得使用工具的技能的？针对另一种使用工具的鸟类——加拉帕戈斯岛的拟鹀树雀（著名的达尔文雀中的一种）的研究提供了一些新的线索。拟鹀树雀会用树枝或仙人掌的刺（不是钩子）来剔出树洞里或树皮下面昆虫的蛹。并不是所有的成年拟鹀树雀都会使用工具——它们中间也存在我们在新喀鸦或金翅雀中间见到的个体差异性。但有意思的是，不会使用工具的成年拟鹀树雀就算看过别的鸟使用工具，也还是学不会。与之形成鲜明对比的是，如果让圈养环境下的亚成体拟鹀树雀摆弄树枝和仙人掌刺，它们不管看没看过其他鸟使用工具，成年之后都掌握了使用工具的技能。这个引人注目的结果表明，拟鹀树雀具有一种进行试错学习的遗传特征，让它们在发育过程中一段敏感期内获得使用工具的技能。[51]

新喀鸦、金翅雀和拟鹀树雀中间出现的这种个体差异性，其实也可以称为个性差异。劳伦兹曾在他养的灰雁身上看到过类似的差异：有些灰雁很害羞，有些很自信。不过一开始他没有看出来，直到优秀的演化生物学家恩斯特·迈尔向他指出这一点：

> 1951 年，格瑞道 * 与我一同前往威斯特法伦的布尔顿 ** 拜访劳伦兹。我们进行了数次长谈，甚至产生了一些争论。在这个时期，劳伦兹

* 迈尔的妻子。——原注

** Buldern，位于德国西发里亚（Westphalia）迪尔门市（Dülmen）的一个镇。——译注

说到他的灰雁时总是带有一种严格的类型论的意味。而我却坚持认为每只灰雁都是不一样的。“如果一只灰雁丧偶，”他说，“它就不会再次配对了。”我问他这种情况他见过几次，他却含糊其辞。不过，我坚持认为每只灰雁都应该被当作个体来研究，这最终促使劳伦兹雇了一位助手来专门观察雁群中每个个体的活动。他给每只雁建了档案卡，并且每天记录。不用说，第一年他就发现一两只雁“再婚”的情况。通过对个体进行观察，其他很多关于灰雁的以偏概全的观点都被推翻了。[52]

即便此后，劳伦兹也从未对“个性”差异进行深究，大概是因为他担心被扣上拟人论的帽子。但是如今动物行为学研究已经更加成熟，视野更广，“个性”陡然间变成了一个热门的话题。任何人只要在生活或工作中曾经与动物朝夕相处，就会知道不同个体的差异通常非常明显，尤其是在对待人类的态度上。其中最明显，可能也不那么令人愉快的一个例证，来自19世纪捕捉和笼养鸣禽活动中的发现。想要以漂亮的金翅雀或红腹灰雀赢得养鸟比赛，关键在于培养出性格“沉稳”的鸟——这只鸟要能够骄傲挺拔地站在栖杆上，自信地检视每一个从面前走过的人。这种品质是可以通过训练得到提高的，但是养鸟人都知道，有些鸟天生比别的鸟更稳妥。在20世纪初，英国所有的笼养鸟几乎都是从野外捉来的，人们用一种简单粗暴的方法来筛选最镇定的鸟。据说，当完成一轮捕捉之后，人们会用力摇晃装鸟的笼子，看哪些鸟还能在栖杆上站稳。能站住的就留下，站不住的就放掉。养鸟人大概从未使用“个性”一词来描述这种特性，但他们都知道，每只鸟的行为特征都是大不相同的。赫维尤克斯先生（Monsieur Hervieux）在18世纪出版了第一本关于（笼养）金丝雀的专著，他提及“金丝雀的几种性情和倾向”，形容有些鸟很忧郁，有些则很淘气。驯隼人、养鸽子与养鸡的人也都知道，鸟禽个体之间的差异可能相当大。

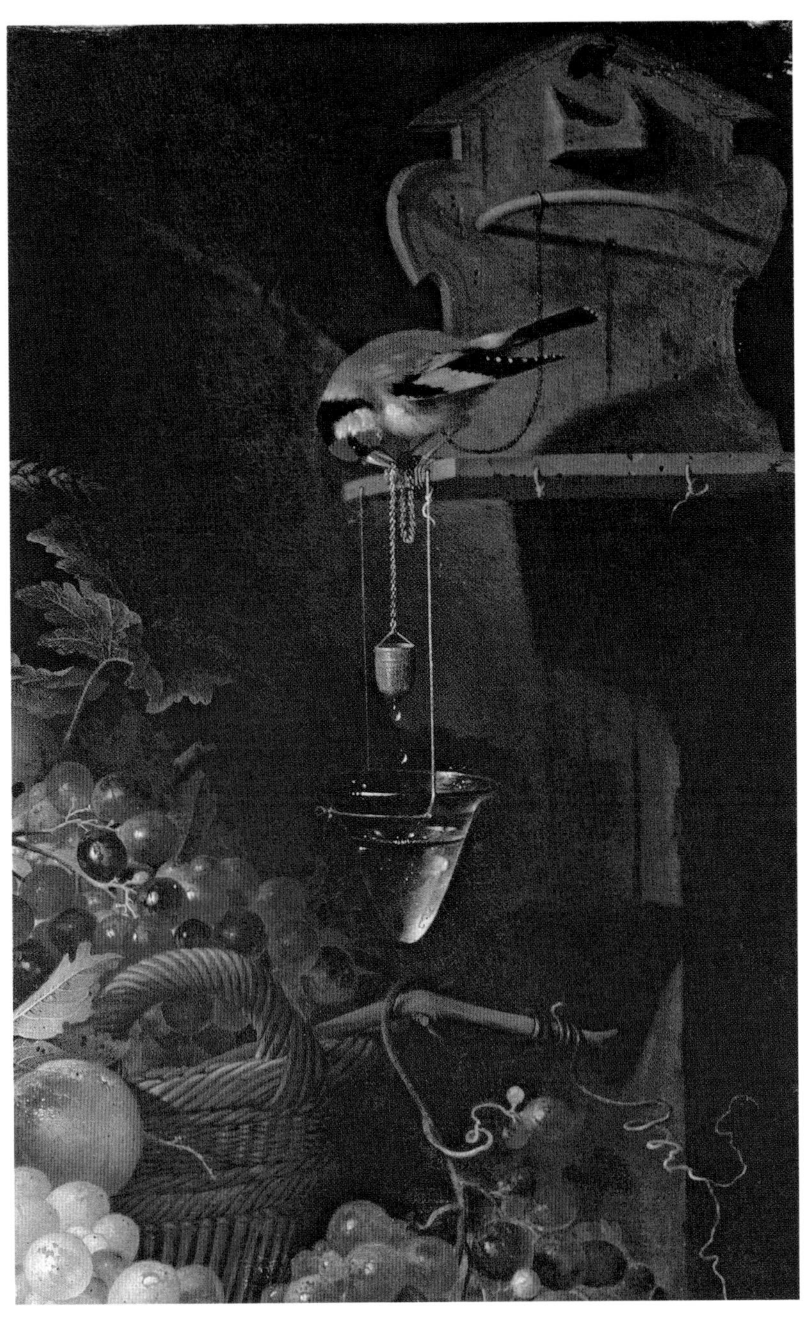

流行了一千多年的把戏：金翅雀拽着一只拴有细链的小桶，从玻璃容器中打水喝。17世纪德裔荷兰画家亚伯拉罕·米尼翁的作品局部。

对于20世纪30年代以后的大多数动物行为学研究者来说，物种特有的行为被看作一种整体的适应性特征，而个体差异则成了干扰性的噪声，使那些整体特征模糊不清。不过在劳伦兹进行他那著名的灰雁实验的时代，心理学家们几乎都是靠研究人的个性吃饭的。那么，为何在当时人们愿意研究人的个性，却忽略了动物的个性呢？

我认为原因在于，心理学家和动物行为学家各踞一方，互不来往。对于动物行为学家来说，研究个性这类含糊的问题似乎太主观，而且是向拟人论的倒退，要知道，早年的动物学家付出多大努力才与之划清界限啊。

心理学家常常通过询问一些问题来分析研究对象的人格，判断他们是否外向、健谈、精力旺盛、有同情心、害羞等。一个很明显的趋势就是某些特性经常同时出现，自我感觉精力旺盛的人基本上也很健谈，反之亦然。心理学家把这些组合称为“性格维度”，并且这些特性似乎是普遍适用、不受文化背景影响的，因此普遍被认为具有遗传基础。这一点在人类身上很难得到验证，但是最近一些针对其他动物，尤其是鸟类的研究，可信地显示了个性是可以遗传的。这并不意味着环境因素不重要，后天肯定是很重要的。说个性是“遗传的”，只是意味着其中有基因的因素。

荷兰生态学研究所的一组研究人员曾经分析过大山雀是胆大的还是害羞的——这是一种简单的性格特质，通过研究对象在新环境下接近新事物的快慢程度，就能轻易地做出判断。在研究中，一只大山雀被放到一个陌生的鸟舍中，里面有一些它从未见过的物品，如塑料玩具等，然后人们会记录它要过多久才会去检视这个新物品。不同的大山雀个体显示出了迥然不同的行为模式，而对于同一只鸟来说，无论试多少次，结果都相当稳定，人工选育实验也证明了这些差异是可遗传的。

进而，这表明不同的个性类型都有某种适应性价值，否则经过漫长的演化，不同个体早就被同化成一种“最佳”个性了。研究大山雀的好

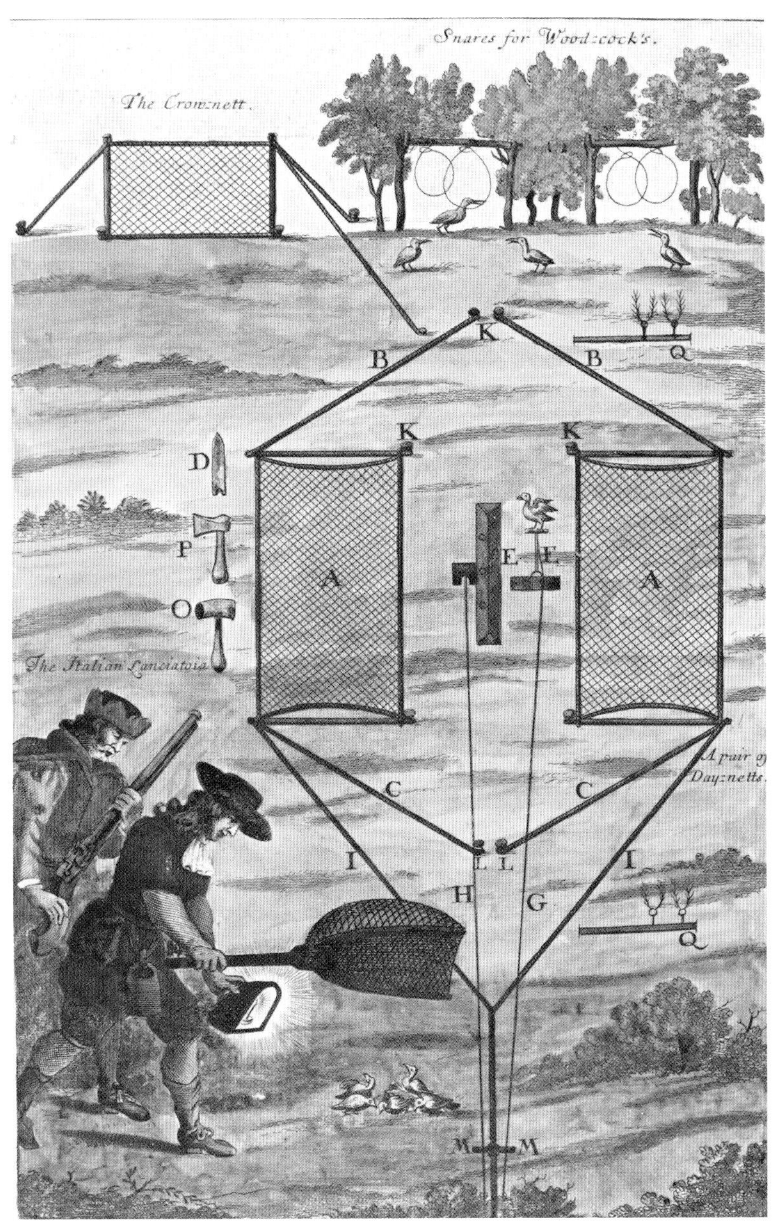

捕鸟人通过与鸟类近距离接触，知道同一种鸟的不同个体之间有很多行为差异。图中描绘了捕鸟的不同方法。这幅插图出自塞缪尔·佩皮斯收藏的《威路比鸟类学》（Ray, 1678）上色本，原图出自奥里纳的作品（Olina, 1622）。

处是，把鸟从野外捉回来进行性格测试，几个小时后就可以把它们放回去，监测它们在野外的繁殖情况和存活率。这个巧妙的研究显示，每年生态环境的变化其实给了不同的个性延续的机会。当山毛榉果实这类冬季食物充足时，胆大的雄鸟和胆怯的雌鸟存活的概率最高。但是当食物短缺时，胆怯的雄鸟和胆大的雌鸟就更容易存活。性别间的差异是缘于大山雀中雄鸟相对雌鸟来说总体上是占优势的。当冬季食物充足时，取食压力没那么大，因此多数个体都能够存活，结果来年春天雄性之间对繁殖领地的争夺就更为激烈。在这种情况下，胆大的雄鸟占优势是由于它们更有攻击性，能够盘踞更大的繁殖领地。另一方面，雌鸟就很悠然自在，冬季食物充足，它们免除了取食的冲突及其带来的压力和限制。而当冬季食物短缺时，死亡率升高，胆怯的雄鸟就占据优势，因为争夺繁殖领地的竞争对手少了。可对于雌鸟来说，冬季食物短缺，争强好胜有助于确保生存。[53]

像不同个体一样，不同的物种也有着非常不同的脾气或者说个性，而有两类鸟显得尤其“聪明”，那就是乌鸦和鹦鹉。它们有哪些特殊之处呢？答案是它们生活的环境都很复杂，因而行为上的灵活性成了存活的关键。事实上，从行为的角度来说，乌鸦和鹦鹉不太像鸟类，而与灵长类动物，比如猴子和大猩猩更相似。它们面临着相似的生态问题，在严酷的环境下生存，吃的食物种类非常多。它们也生活在复杂的社会群体中，并且幼鸟需要双亲长时间地喂养。恰似哺乳动物，鸦科鸟类（乌鸦、喜鹊和蓝鸦等）和鹦鹉都比其他的鸟类具有更大的前脑、更复杂的认知能力，行为上的灵活性也更强。

有史以来最著名的鹦鹉大概就是亚历克斯了，2007 年 9 月，就在本书即将完成时，这只非洲灰鹦鹉去世了，享年 31 岁。* 亚历克斯的主人是艾琳·佩皮尔伯格（Irene Pepperberg），她是从哈佛大学化学专业开

* 非洲灰鹦鹉的预期寿命能达到 60 岁。——译注

非洲灰鹦鹉能做的远不止于模仿人的声音。历史上最著名的非洲灰鹦鹉亚历克斯具有相当于四五岁儿童的智力。插图出自弗里希的作品（Frisch, 1733–1763）。

始学术生涯的，后来转为关注动物的交流，以研究鹦鹉的认知能力而著名。研究鹦鹉的奇妙之处在于，我们可以训练它们说话，从而揭示其思维活动。佩皮尔伯格和亚历克斯合作了二十多年，尽管亚历克斯的词汇量没什么特别，但了不起的是，和大多数鹦鹉不一样，它通常能以语言表达它的想法。佩皮尔伯格训练亚历克斯通过颜色、形状和材料识别一百多种物体。比如给它一个托盘，上面放有不同颜色的物体，然后问它其中有多少个绿色的球，它能够做出正确的回答，这表示它能够理解颜色和形状的概念，并能将这两者联系起来。通过变换物体的数量、类型和颜色，佩皮尔伯格清楚地证明了亚历克斯是可以理解此类问题的。除人类之外的其他动物，包括哺乳类和鸟类，没有谁能够做到这一点。亚历克斯的智力近似于四五岁的儿童，而佩皮尔伯格说它在情商方面会表现出"负面的、自我中心的行为，相当于人类两三岁的儿童"，这也说明了为什么会有"那么多被主人抛弃的鹦鹉"。[54] 引人注目的是它们与人类婴儿的发展具有相似性：幼儿通常要经历几个认知阶段来发展追踪逐渐离开视线的物体或人的能力，然后才能在大脑中构建出有关隐匿物体的虚拟图像。鹦鹉非常擅长这一点，乌鸦也是，它们都能够找到先前藏起来的食物。

能够储存食物的鸟类都极其擅长记忆它们藏食物的地点，比如北美星鸦（鸦科的另一种鸟类），能够记住几百个藏有食物的位置。更令人惊讶的是，一些鸦科鸟类居然知道一些食物腐烂得更快，只有在一定期限内找回来吃掉才划算。剑桥大学的尼基·克莱顿（Nicky Clayton）对西丛鸦进行了测试，发现它们有一种不可思议的能力，能够在一定的时间之后找回不同的物体，这表示它们掌握了"在哪里""什么东西"以及"何时"这些概念。但是它们的潜力还不止于此，远远不止。西丛鸦有时候会悄悄记住别的鸟把食物藏在哪里，之后去偷吃。知道有人偷看自己埋食物的西丛鸦会换个地点重新藏，不过，只有那些本身也会偷吃的鸟才会这么做。从来没有偷过别人食物的西丛鸦，就算知道被偷看了，也不

鸦科的鸟被认为是最聪明的鸟类。这张插图是亚历山大·威尔逊（Alexander Wilson）的作品，引自威尔逊和波拿巴的作品（Wilson & Bonaparte, 1832）。图中描绘了四种北美的鸦类，分别是冠蓝鸦（左上）、暗冠蓝鸦（中）、西丛鸦（下）以及灰噪鸦（右上）。

会去重新藏。这些有趣的结果说明，西丛鸦能够记住过往行为的社会影响，从而调整自己现在的行为，以最大程度降低食物被盗的风险——这就是说，它们能够预先计划，将从偷吃中学到的经验运用于防盗！还有，它们能够记住是哪只鸟在偷看自己藏食物，从而采取相应的保护措施；它们会特别保护那些被竞争者看到过的食物埋藏地点。与之形成对比的是，如果是被配偶（通常都是持续一生的）看到自己藏食物，它们就不会花力气再去藏了，因为一般情况下配偶之间会共享储存的食物，而且它们会联合起来保护这些食物不被偷吃者发现。[55]

我们不得不承认，像鹦鹉和乌鸦这样的鸟类具有学习特定事物的预适应性——尤其是对于与生存密切相关的事物。那些令人好奇的现象曾让早期鸟类学家穷尽一生去探寻奥秘，而近年来关于鸟类行为的研究让我们终于能够给出合理的解释了。这些研究也显示，先天和后天之间没有明显的分界线：我们无法快速明确地划分本能行为和通过学习获得的行为。行为是一个连续谱，受到环境因素的影响和塑造。在简单温和的环境下，本能反应和基础的试错学习对于鸟类来说已经足够维持生息繁衍。但是在另一个极端，对于那些有着复杂的社会结构，生存在严酷环境下，甚至需要使用工具才能获得食物的鸟类（比如橡树啄木鸟、鸦类和鹦鹉）来说，自然选择就会偏向于更大的脑容量和更强的行为灵活性。

约翰·雷和其他很多人都赞叹过鸟类行为与它们的生存环境之间近乎完美的匹配，这种匹配其实是基因和环境之间复杂的相互作用的结果，而不是上帝的神迹。对于这一点，没有比迁徙更好的例证了，下一章再说。

大部分在欧洲繁殖的白鹳都会迁徙到非洲越冬。这幅图出自约翰·古尔德（John Gould）的《大不列颠的鸟类》（1873年）。

4. 幻象终将消逝——大迁徙的浮现

此刻我坐在一座中世纪的小城堡中，这里位于德国南部安静的小镇拉多夫采尔的近郊。外面很冷，冬日的斜阳透过窗外一片冰封的苹果园，向屋内投下长长的影子。从外表可能很难看出，城堡里有一家著名的鸟类迁徙研究所。[1] 我面前的电脑屏幕以像素模式显示出非洲大陆的轮廓。在大陆的中部，一个还没有句号大的小点正以和我的心率差不多的频率闪烁着。看上去还真像是心跳，但那其实是电波信号，是从一只静立于炙热的大草原上的白鹳身上携带的发射器中传输回来的。五个月前，在这只白鹳离开它在德国东部的巢穴之前，人们在它的身上装了一个微型发射器。现在，每天都有人通过穿越高空的卫星信号对其进行几次监测，准确确定它的位置、体温，以及它是否在飞行、行走或站立。这只白鹳几乎不在任何人类的视线之内，但我们能毫不费力地"看到"它，这让我感觉又惊奇又敬畏。只需轻点几下鼠标，我就能重现它南迁的旅程：它一天天地陆续穿越东欧、伊斯坦布尔海峡、土耳其、埃拉特、苏丹，最后飞到了乍得，在欧洲的冬季时节，它已经在那儿停留了好几个星期。再点一下鼠标，我就能看到另一只白鹳。它也是在德国同一地区进行环志的，不过却继续向南飞到了开普敦附近越冬。等这只白鹳来年春天回到德国时，它将完成 24,000 公里（接近 15,000 英里）的往返旅程。现代科技使我能这样观察鸟类的生活，可真是个奇迹，然而相比鸟类迁徙本身来说，这个奇迹就显得微不足道了。目前的卫星发射器只适用于大型鸟类，比如信天翁、雕、天鹅和白鹳等，但是相信不久的将来，随着技术的革新，以太阳能为动力的发射器将能用于追踪燕、雨燕、崖燕等鸟类的迁徙，* 以及它们往返穿越撒哈拉沙漠的史诗旅程。

当约翰·雷撰写《上帝之智慧》时，他毫不怀疑鸟类会迁徙这一事实，然而他非常想知道它们是如何迁徙的，以及为什么要这样做：

> 然其缘何能年年复还一处？目标地或为甚小之岛，如（北）鲣鸟归至爱丁堡河口之内**，其于途中尚不能见，因而（视觉）无以为据。季节更替约为其远去之故，然陆生禽鸟能飞越无边重洋，仍为无解之谜：吾等或臆测，其于汪洋、溺水之惧及风云莫测应胜于食欲。且未及于途中如何判断方位？有罗盘之先，人亦难断，更何况其目的地遥不可及。以鹌鹑论，其能眺至地中海彼岸否？且其去意大利后，直飞非洲，疲则歇于海船。依此而言，此禽飞渡往复，并非难事，且与吾等目睹之事实相符；然若非有理智，或受超然智慧之指点，则实不可为之。[2]

当年雷的设想，即北鲣鸟、西鹌鹑和莺类能够迁徙，时至今日已是尽人皆知的常识，然而在 17 世纪，大多数人都不能接受这一观点。每当夏末鸟儿们消失时，很多人都以为它们是藏到池塘底下泥巴的空隙里冬眠去了，而不是飞到了大海的另一边。这是很令人费解的，因为要知道，事实上从公元前几百年开始就有人推测并观察过鸟类的迁徙。

就一些种类的鸟而言，迁徙是很明显的事实。比如白鹳冬天会消

* 在原书出版至今的数年间，鸟类追踪设备一直在不断发展。可回收式的 GPS 追踪器、光敏地理信息（geolocator）追踪器等设备已经用于追踪雨燕等鸟种，而装有卫星或其他形式的通信模块的追踪器的体积也在不断缩小，正在朝着追踪小型鸟类的目标快速发展。——原注

** 大约指苏格兰的福斯湾（Firth of Forth），为福斯河的入海口。——译注

失，来年春天再回来。它们体形很大，并且经常集群飞行，非常引人注目，因此古人可以直接看到它们迁徙。鉴于它们强壮的体格和有力的飞行姿态，人们丝毫不怀疑它们能够飞越汪洋。

不过对于迁徙的猜测并不仅限于大型鸟类。公元前6世纪有一首诗歌，据传是古希腊诗人阿那克利翁（Anacreon）所作，诗文中证实了人们很早就相信鸟类会迁徙。雷还在世时，托马斯·史丹利（Thomas Stanley）就将其翻译成了英文。翻译成中文为：

颉颃燕燕，人皆知之
年年别去，年年还之
春之归，碌碌筑巢
及冬至，远归于南
孟菲斯塔，尼罗河畔，往还乎逍遥。[3]

其中的“孟菲斯塔”指的是古埃及的首都孟菲斯，而尼罗河则佐证了燕子从希腊飞到非洲的事实。

三个世纪以后，亚里士多德再次确认了关于鸟类迁徙的共识：

鸟兽知冷暖，如人冬入温室，或人之富庶者，夏至阴凉，冬归暖地，凡力所能及，鸟兽亦因时易地……或迁……至秋分则去……（去）寒地以避严冬，至春分后，自暖处返，以避酷暑。[4]

上千年来，猎人和一些善于观察的人对鸟类季节性的出现和消失都很熟悉。春天，家燕、白鹳和夜莺是打头阵的先遣队，但它们冬天去了什么地方却一直是个未解之谜。而当以色列人在饥荒之地因一群及时降落下来的迁徙的（西）鹌鹑而神奇得救时，这些鸟的出现被赋予了浓厚的宗教意义：“到了晚上，有鹌鹑飞来，遮满了营。”[5]

亚里士多德关于迁徙的观点简直现代极了，然而，冬眠的说法又是从哪来的，又为何两千年挥之不去呢？

第一个问题其实要怪亚里士多德自己。虽然已经对迁徙做出了清晰的描述，他却在《动物志》中补充说：

> 多有鸟冬季隐藏，而非通常所谓迁至暖地……燕，常有人见之于穴，毛羽褪尽……不论爪之弯直，甚多禽鸟轮回休眠，如白鹳、乌鸫、

白鹳、鹤和鸭子在海上迁徙。原图出自腓特烈二世的《驯隼艺术》，创作于13世纪。引自索尔等的著作（Sauer et al., 1969）。

神圣罗马帝国霍亨斯陶芬王朝的腓特烈二世是一位狂热的驯隼人。他的著述中包含很多极佳的关于鸟类生活的观察和推论。插图出自索尔等的著作（Sauer et al., 1969）。

斑鸠、云雀，皆如此。数斑鸠最为人知，若云见于寒冬，实不可信；初眠，其体丰，间或换羽，然丰满不减。鸽亦能眠；余禽则迁，时与燕同。鸫与椋鸟眠；弯爪之鸢鹗，仅眠数日。[6]

其实，亚里士多德和其他博物学家的混淆也是情有可原的。他们知道，包括蝙蝠在内（直到16世纪人们还将蝙蝠当作一种鸟），一些哺乳动物会冬眠，而天气转暖时则会苏醒过来。[7] 有时人们偶尔会在缝隙里发现休眠或是死去的鸟，于是自然而然地认为鸟像蝙蝠一样，也是冬眠的。而且，这种误解中其实存在着一丝真相。有一些鸟，比如家燕和普通楼燕，在食物短缺或是天气寒冷的时候确实能够进入休眠状态，而回暖之后则会恢复过来。[8]

13世纪，神圣罗马帝国的皇帝腓特烈二世是一位狂热的驯隼人，他让人将亚里士多德的著作翻译成拉丁文，却有意忽略了其中关于冬眠的论述，就像忽略当时标准的博物学教材中世纪动物寓言集一样。更为“疯狂”的是，腓特烈对教会的哲学也不买账，他坚持通过亲自观察和归纳推理来掌握博物学知识。他自己见识过鸟类的迁徙，因而对此深信不疑。

腓特烈二世对白颊黑雁季节性的出现与消失有很好的理解，这反映了他所具备的常识。当时人们都以为这种鸟是从海上的浮木中长出来的——这一流言始于中世纪威尔士的传教士杰拉尔德（Giraldus Cambrensis），圣戴维斯主教戴维·菲茨杰拉德（David FitzGerald）的侄子。杰拉尔德在1185—1186年与约翰王子一同到访爱尔兰时，得知了这个故事。他在《爱尔兰地形志》（*Topographic Hibernica*）中写道：

此地有大量鸟，称作 Bernacae*：其为自然造物，然有诸多特征皆

* Barnacle Goose 中第一个词的拉丁形式，意思是藤壶。——译注

rapaces sub se comprimant, ut bistarde. Et que dicuntur anates campestres similes sunt bistardis, sed longe minores, et in estate turpem sonum faciunt ad desiderium coitus. Per volatum suum multipliciter se defendunt aves. Nam alie per longum volatum querunt evadere, ut grues; alie per velocitatem ad veniendum ad locum defensionis sue, ut perdicum et coturnicum modi; alie per diuturnitatem et per cessiones quas faciunt in volando, ut modi ayronum, cornices, upupe, vanelli, pice et plures alie. Alie vero per volatum ad altiora se querunt defendere, et hoc duobus modis. Aut enim directe ascendunt, ut columbi, coturnices, anates campestres. Aut in gyrum circumvolando ascendunt ad defensionem sui, ut ayrones, qui sicut quidam est duplici utuntur defensione: per volatum diutinum scilicet et ascensus. Et omnes que per volatum querunt defendere se ascendendo, ideo ascendunt quod non possunt superari et vinci ab avibus rapacibus, ut magis ascendendo. Alie sunt que querunt defendere se volando versus loca de quibus timent rapaces quoniam

uis ad ea non descendant, ut anseres, anates et plures alie de riviera que volant circiter loca in quibus sunt aque magne, nemora, calami et canne, de quibus locis timent aves rapaces; ad huiusmodi enim loca timent descendere et accedere. Alie ad maiorem securitatem sui volatum suum faciunt in crepusculis et in nocte, ut nocture, bubones et luerzini, qui pro eo quod sunt timorosi nocte volant securius.

De modo defensionis

De modo autem defensionis quem habent aves refugiendo ad loca securiora dicendum est quod universaliter omnes aves ad plus, si possunt, refugiunt ad loca nativitatis sue vel ad similia illis. Ille siquidem que nate sunt apud aquas ad eas confugiunt, quarum quedam natando in eas solum habent defensionem, ut pellicani; quedam submergendo se penitus sub aquis, ut modi mergorum, anatum et aliarum plurium; quedam non penitus submergendo se, sed in parte, ut cigni et anserum modi. Aves vero que non natant neque sunt aquatice, timore avium rapacium ad aquas confugiunt, sciunt enim quod

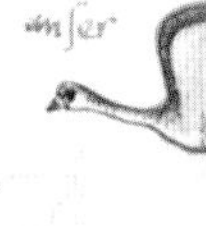

腓特烈二世《驯隼艺术》手稿中的两页，微缩版，梵蒂冈图书馆存。引自索尔等的著作（Sauer et al., 1969）。

关于“藤壶雁”从海上浮木中长出来的信念留存数世纪，部分是因为这让牧师在大斋节期间可以吃雁肉。

为反常。其形似沼雁*，却较之更小。自浮于海面之冷杉木上生出，初时状如树胶。之后以喙悬于浮木上，形如黏着于木之海草，外覆硬壳，以利生长。假以时日，羽被渐丰，或坠于水中，或翱翔于空。取食树汁或于海中觅食，营养甚为神秘而大有意趣。余时常于海滨亲眼目睹数千此鸟附着于木，硬壳紧覆，已然成形。其无繁育、产卵、孵化等事，大不似寻常鸟类，亦无人见其于任何地界筑巢。因而爱尔兰当地之主教、信徒等人遇饥荒则大啖此鸟，以其无血肉，亦非血肉之躯所生之故。[9]

腓特烈二世认为这完全是胡说。他说，这些雁只是在遥远的地方繁殖，然后到繁殖季节结束时才现身。[10] 这种关于白颊黑雁的谣言其实很容易被破除，然而它却使牧师在大斋节期间也有借口吃雁肉，久而久之，这则故事就变得越来越有声有色，并且配上了很多精美的插图，使

* 原文为 Marsh Goose，具体指称的是哪种雁不明确，有可能指灰雁（*Anser anser*）。——译注

其更深入人心。以至于在16世纪时，威廉·特纳给康拉德·格斯纳写信说他（有保留地）相信这种说法，因而格斯纳将其收录进他的百科全书中；阿尔德罗万迪也这么做了；约翰·杰勒德（John Gerard）在1597年出版的《本草学》（*The Herball*）中讲述他是如何见证了鸟在藤壶壳中长出毛茸茸的羽毛，还附了一幅插图，描绘雁是如何从藤壶中孵化的。这些博物学作者都只是附和前人的说法，复述陈词滥调。由于没有相反的证据，反对白颊黑雁是“藤壶雁”反倒像是谬误。

有趣的是，大阿尔伯特曾质疑这种说法：“或有云此禽（白颊黑雁）为海上朽木所生……且坚称从未有人目睹其交配产卵。如今忖之则荒谬至极，如前书所言，吾与数友人皆曾见其交配产卵，亦见其喂养幼雏。”[11]这其实很奇怪，因为大阿尔伯特虽然指出了“藤壶雁”一说的荒谬，然而很明显他说见到白颊黑雁交配，却显然是弄错了。正因为从来没有人见过它们在极北地区的繁殖地，“藤壶雁”的谣言才经久不衰，直至1596年，德国探险家科雷特·德·维尔（Gerrit de Veer）发现白颊黑雁在斯匹次卑尔根群岛*繁殖，才终结了谣言。[12]腓特烈二世关于遥远的繁殖地的说法最终得到了证实，但是由于他的著作直到18世纪80年代才被世人发现，他提出的合理观点在关于白颊黑雁的争论中并未起到作用。[13]

除了对白颊黑雁之外，许多中世纪动物寓言集的作者都认为迁徙是毫无疑问的。燕子“飞渡汪洋，于远方越冬”；白鹳是“春之使者，人之善友，蛇蝎之死敌，其能越洋迁徙，成群结队，径直飞往亚细亚”；关于西鹌鹑则有“其于夏末飞渡重洋”。大阿尔伯特更是强调迁徙这一概念，当时有人说白鹳在东方某处越冬，而且“亚细亚有一个平原，其集结于彼”，他批评了这一观点，认为这是不正确的，往东迁徙并没有什么价值，因为那里的气候是一样的。关于西鹌鹑，他写道：“人多以为此鸟飞离时飞越重洋。”[14]

* Spitzbergen，位于挪威北部，靠近北极。——译注

至此似乎一切都很好。然而一不留神，大阿尔伯特又令有关鸟类冬眠的说法死灰复燃，他说戴胜是一种“常见之鸟，冬眠，与蝙蝠类似”。[15]

这余烬又无声无息地烧了两百年，直到瑞典乌普萨拉大主教欧劳斯·马格努斯（Olaus Magnus）于16世纪点燃战火，引起鸟类学史上历时最久的争论之一：

诸多博物学者皆有记录，冬季临近时燕将迁徙至温暖国度；然而北方水域时有渔民网出甚多燕鸟，其悬聚如大块凝结。[16]

燕子藏在泥里的景象对于早期部分优秀的博物学家而言很有吸引力，[17]而另一些人则持怀疑态度。17世纪60年代，伦敦皇家学会令其成员之一，波兰天文学家约翰·赫维留（Johannes Hevelius），去查明燕子越冬的“真相”：它们既然在水底下结群越冬，那么如果把它们捞出来放在火堆旁边，是否就能苏醒呢？对此，赫维留给出了令人吃惊的答案：

确然，燕于秋季自沉于湖……有多人亲睹燕与鱼出自一网，置于火边则复苏。[18]

给赫维留提供错误信息的应该是他的一位笔友，瑞典乌普萨拉大学的教授约翰·谢弗（Johannes Schefferus）。谢弗依然忠于自己的同胞欧劳斯·马格努斯及其陈词滥调。一个世纪之后，布丰提到这件事还满腹牢骚，除了恼火赫维留倾向于休眠说而不是迁徙说，他还认为皇家学会应该选一个更具有独立思考能力的人（并且应当是博物学家而不是天文学家）来给出可靠的答案。[19]

有了皇家学会撑腰，家燕、楼燕和崖燕等鸟类在水下越冬的说法就越发牢不可破了。另一些卷入这场争论的人则声称，他们目睹过这种现象，而且曾看见燕子从水里休眠的地方飞出来。[20]

用网捕捞鱼和燕子。欧劳斯·马格努斯1555年的记录中所附的这幅木版画，使得燕子在水下冬眠的说法深入人心。从画中可以看到，斯堪的纳维亚湖泊冰面上的渔人拖着满满的一网鱼和鸟。插图出自马格努斯的著作（Magnus, 1555）。

而聪慧的鸟类学家没有被蒙骗。贝伦根据一手的经验，知道鸟类是会迁徙的。托马斯·布朗爵士也知道这一点，他在17世纪60年代关于诺福克郡鸟类的笔记中写道："寻常禽鸟长年盘桓于兹，此外亦有多种于隆冬可见，其能迁徙，依季节易地。春季飞禽大多自南而来，秋冬至者则由北而来。"[21] 布朗是一名医生，他对待自然现象以不轻信盲从的态度著称，并且一直与约翰·雷保持通信往来。不过，当雷在17世纪70年代撰写《鸟类学》时，他对于迁徙依然不是非常确定，至少在燕子是否迁徙的问题上不太确定。最后他选择用一种粗糙的折中方式列举出所有的可能性：

> 冬季燕飞往异国抑或于树洞等处休眠，博物家对此既无共识，亦甚犹疑。于吾等而言，飞往异国之说似较为可信……若非如此，则或藏身于树洞、石穴或旧宅之中，或如欧劳斯·马格努斯所言，藏于北方

关于戴胜，13世纪博学的大阿尔伯特称："此常见之禽，及冬则眠，颇似蝙蝠。"这幅画由约翰·沃尔瑟作于1650年左右。

冰面之下。[22]

然而三十年后，在《上帝之智慧》中，雷已经摈弃了休眠说：

> 禽鸟能自炎热之地飞至凉爽之地，反之亦然，依年中四季转换迁徙，犹如天性。吾不明其理，然其中神妙令人赞叹。其何以辗转易地？[23]

燕子和其他一些鸟在水下冬眠的传言直到18世纪还非常兴盛，乃至伟大的林奈也相信这一点，至少有个学生问他的时候他是这样回答的。[24]

不过我们先别急着嘲笑当时的人们天真轻信，须知当时科学还处于雏形；放血治疗是家常便饭，很多人还相信独角兽和龙的存在，所以人们认为鸟会冬眠也不是什么奇怪的事。[25]

实际上，到18世纪中叶，人们已经普遍认可，秋天消失的大部分鸟类确实迁徙了。然而燕子和相似的鸟种（崖燕和雨燕）却是例外，正是因为看上去有很多证据支持冬眠的说法。不过，关于这件事的争议渐渐有了头绪，这要归功于三个人。

第一个人是英国律师以及皇家学会的成员戴恩斯·巴灵顿（Daines Barrington），他坚信燕子是不会迁徙的。他认为事情很简单：燕子是不会冒这个风险的，这不合逻辑。[26]

第二位是托马斯·彭南特（Thomas Pennant），他是一位富有的地方官，有着丰富的旅行经历，所著的《不列颠动物学》享有盛誉。彭南特对于鸟类有着浓厚的兴趣，而且是约翰·雷的崇拜者，他12岁的时候就拥有一本约翰·雷编著的《鸟类学》。相比巴灵顿，他对于鸟类有更多实践经验，大概也正因为这样，他坚定地支持迁徙论。[27]

这个奇妙的三人组合中最后一位是吉尔伯特·怀特，一位彬彬有礼的乡村助理牧师（大概和约翰·雷气质相像），他的《塞耳彭自然史》（*Natural History and Antiquities of Selborne*）的基础就是他与彭南特和巴灵顿的通信，此书于1789年首次出版，最终成为史上最畅销的图书之一。[28]

这是一个奇特的三人组合。身为律师的巴灵顿能把黑的说成白的，说得更糟糕点，他能把休眠说得比迁徙更合理。彭南特支持迁徙并对自己的观点坚信不疑，而怀特则夹在中间迟疑不决。不过这并不是一个三方的讨论，交流主要发生在怀特和另两位之间。

巴灵顿的宗旨是，如迁徙这一类的生物学谜题可以借助逻辑来解决：

> 或有人答曰：欲证伪某体系或假设者，无须另立体系；然吾私以为燕（或其他禽鸟）冬眠，亦无不可。[29]

巴灵顿个人的任务就是收集关于迁徙的证据并证明其何其不合逻辑。而对于彭南特来说恰恰相反，燕子出现在出海的船只上已经是充分的证据。克里斯托弗·哥伦布（Christopher Columbus）在第二次航行中，距离西印度群岛的圣多明各还有十天航程时，不是看到了一只燕子吗？还有法国植物学家米歇尔·阿丹森（Michel Adanson）在《塞内加尔旅行记》（*Voyage to Senegal*）中描述道，在距离非洲海岸150海里的地方，四只燕子落在船的桅索上，人们将其捉住，并认出是英国的燕子。18世纪初英国海洋军事部的第一任部长查尔斯·韦杰（Charles Wager）爵士，曾记录在进入英吉利海峡时一大群的燕子落在桅杆上，于是“绳索皆立满（燕子），挤于一处，甲板船缝亦为填平：其相饥疲，仅余羽包骨矣，然一夜后即启程”。[30]

你大概会觉得这就是迁徙的确凿证据了，然而巴灵顿拒绝承认，并且振振有词：“依此，禽鸟无可能飞越重洋，其亦从未曾尝试，因之筋疲力尽，而见海上航船，则忘其恐惧，奋力飞向船夫。”[31] 接下来，巴灵顿还批评阿丹森没有认真检查看到的那些燕子是不是欧洲的燕子。他声称，如果仔细看的话，就会发现那些燕子都是非洲的燕子，它们只是从一处岬角飞到另一处而已。最后，巴灵顿还补充道，如果燕子会迁徙的话，那么肯定会有更多的人在海上看到它们，而现在却只有少数一些记录。

迁徙说的支持者们则反驳说（当然，他们是正确的），燕子停留在船只上是因为遭遇到了不利状况而体力耗尽，一般来说，燕子都飞得很高，而且很可能是在夜间迁徙的，因此人们并不是经常看到。巴灵顿对此也有答复，他挖苦说，鸟儿确实能够飞得很高，查尔斯·莫顿（Charles Morton）在《哈利杂记》（*Harleian Miscellany*）中不是还说鸟类飞到月亮上去越冬吗？[32] 并且，在仔细研究过鸟类到底能飞多高之后，巴灵顿得出这样的结论："吾甚疑今人见禽鸟飞至圣保罗堂之两倍高，乃至极高……并无确证。"他还质疑道，高空空气"稀薄"，于呼吸不利，如果鸟类能够飞那么高的话，它们平时也会高飞，而事实上是它们并没有这样做。他还认为夜间迁徙也是非常荒谬的，因为尽人皆知，鸟类晚上是要睡觉的，如果被惊扰，它们经常会在黑暗中乱飞，"因而夜中长迁之说难以令人信服"。

现在我们已经知道了（主要归功于第二次世界大战期间的雷达分析），很多小型鸟类都会在夜间迁徙，飞行高度则相对较低，大约在 2000 英尺（700 米）左右。还有，在白天进行的"可见的迁徙"也被人们广泛接受。[33]

巴灵顿反对迁徙的论证和措辞，往往很有说服力。然而他关于休眠的论证则恰恰相反，乏善可陈。甚至他自己也承认："余未曾亲见此态（指休眠）；然闻述之多，足已消余之存疑。"他还说："为何人皆惊异于燕之冬眠，而视蝙蝠冬眠为常态？"

更令人费解的是，巴灵顿根本没有提到布丰的问题：燕子如何能在水下生存六个月？[34] 他也没提到一些研究者如约翰·亨特（John Hunter）发现的事实：他们曾经把燕子沉入水中，几秒钟内燕子就会淹死。[35] 布丰曾做过实验，他把燕子放在冰室内，看它们是否休眠。它们并没有休眠，但是巴灵顿并不接受实验结果，他自以为是地解释道："冰室之名令人闻之生畏，然吾冬月二十三于海德公园角附近之冰室中置温度计，二日后，水银标示四十三又二分之一华氏度（6.4 摄氏度）。”这显然不够冷，他在这样的气温下还曾看到周围有燕子飞舞。巴灵顿还火上浇油地讽刺布丰，说他做实验的时间不对，这时候燕子还没有准备好休眠。

为了博取读者的理性认可，巴灵顿使出了终极杀手锏，他说尽人皆知拉普兰*也有燕子繁殖，然而如果这些燕子是南飞到非洲越冬的话，返程中它们会经过很多适合繁殖的区域，怎么可能还要飞回拉普兰去呢？他声称答案是燕子根本就不迁徙！[36]

巴灵顿似乎面面俱到。理查德·梅比（Richard Mabey）总结道，巴灵顿有“一点点自以为是——就好像他总是对大自然感到失望，因为大自然不能遵循他认为理所应当的那种整齐划一的道德规则运行——而且他关心的是理论体系，而不是造物本身”。[37]一点点自以为是？巴灵顿是如此彻底地傲慢自大，而且他像很多聪明人一样，对别人的观点横加挑剔，而对自己的看法则完全缺乏反思。

托马斯·彭南特对于迁徙深信不疑，却选择用一种更为简洁的方式来表达自己的观点。他在《英国动物学》中写道：

> 于此三说（迁徙、休眠或是沉水）中，迁徙无疑最为可信；其随太阳移动而迁移，以便持续觅得适口之食，确保适体之温。于欧罗巴之燕，此乃确凿无疑……[38]

吉尔伯特·怀特夹在两位通信友人之间，对于燕子是否迁徙仍然犹疑不决。1769 年 2 月 28 日，他在写给彭南特的信中说道：

> 去年秋晨，吾起身时见诸多燕与崖燕聚于烟囱与邻舍屋顶，心甚

* 芬兰最北部的一个行政区。——译注

除了燕子和崖燕之外，没有哪种鸟的季节性出现曾引起如此大的争议。在人们意识到其他鸟类会迁徙之后很长一段时间，燕子仍然被认为是冬眠的。此图为乔治·爱德华·柯林斯（George Edward Collins）绘制的作品。

喜，而兼有抑郁；喜之，因彼鸟惹人怜爱，兼具意志与精确性，为其迁徙或休眠之劲力，造物之伟，尽在其心；郁之，因自察，吾等纠结求证，尚未明其去至何处；更有甚者，亦有禽鸟全不迁徙。[39]

在1771年写给巴灵顿的信中，他又说道：

吾深知君于迁徙一说不以为然；且各处目证皆与君之论相符——燕有冬季不迁者，藏匿若蝠虫，静止休眠以度数月严寒……然依予见，吾等尚不可否认迁徙之实；因迁徙于多处可见，舍弟身在安达卢西亚，即曾以此告吾。[40]

怀特的弟弟约翰1750年7月被牛津大学开除，起因是他参加了一场婚礼——新郎是一位平民绅士，而新娘是名声不佳的"瓦林福德的羔羊"旅馆老板的女儿——随后和新娘以及新娘的妹妹在他的宿舍里发生了不轨行为。被基督圣体学院逐出门外，意味着失去了通过上大学来谋生的可能，约翰不得不放眼四野，他选择了去驻扎在直布罗陀的边防军当随军神职人员，并于1756年在那里遇到了他的妻子。在接下来的15年里，约翰利用前所未有的良机亲眼目睹了鸟类的迁徙，并将观察记录寄给怀特。其实对于怀特来说，除了亲眼看到燕子和其他鸟类飞越直布罗陀海峡，再没有比这更好的证明迁徙存在的证据。[41]然而他却一直坚守着燕子休眠的信念。《塞耳彭自然史》中充斥着关于休眠的叙述，怀特年复一年地记述在刚刚回暖的早春看到燕子："……因之，吾等可依理断言，不列颠二燕（家燕和白腹毛脚燕）之所有个体，至少大多不离本岛，而似休眠之态……"他还说，当这些燕子复苏时，它们会在水面附近出现，以便能在倒春寒时"即刻回退"。他认为这种现象更贴合休眠说："此甚合理——休眠之地近在咫尺，因而其自当如此而非千里迢迢回迁至暖地。"然而怀特却忽略了，那些早春的先行者在遭遇倒春寒的时候很有可能直接冻死了！

怀特在博物学的其他方面造诣颇深，为何却执着于燕子冬眠的说法呢？我觉得理查德·梅比的推测很有道理：怀特对燕子、崖燕和雨燕的兴趣，更多是情感上的，而非科学上的。怀特喜爱燕子——它们经常出现在巢穴边，很容易被人看到，有人靠近时也不害怕；他大概只是希望休眠是真实存在的吧，这样在漫长而暗淡的冬日里，他也能够想象这些可爱的鸟依然在周围。[42]

由于怀特的《塞耳彭自然史》对"迁徙说"表示存疑，这场争论又拖延了许久，一直扰攘至19世纪。19世纪早期，英国博物学家、天文学家托马斯·福斯特（Thomas Forster）又一次对各种证据进行总结评估，并发问"是否此数种春现秋隐之燕……其（与其他迁徙鸟类）确实不同，而至冬眠否，尚有存疑……"。他还说道："若假设某些物种迁徙，而余者冬眠，则实难调和矛盾之见，尚不如认定特殊情形导致所有禽鸟冬眠。"福斯特对他信马由缰的论述做了总结："于此一争，研习之定论令吾确信，燕为迁徙之鸟，一如其余之候鸟，其亦年年固定造访。"[43]

欢呼吧！终于有了一个板上钉钉的结论。然而还是太早了，福斯特忍不住又狗尾续貂："……无疑，多数燕迁徙，然许有些许于夏日居住地左近休眠。"福斯特是最后一个对休眠说持保留意见并投赞成票的人，一两年之后，关于燕子冬眠的说法就彻底从所有鸟类学书籍中销声匿迹了。

表1. 鸟类学文献中赞同休眠说（或沉水说）和迁徙说的作者一览。转折点似乎出现在19世纪初期。

年代	作者	休眠／沉水	迁徙
1250 年	大阿尔伯特	+	+
1358 年	康拉德·冯梅根伯格		+
1555 年	欧劳斯·马格努斯	+	
1555 年	皮埃尔·贝伦		+

（续表）

年代	作者	休眠/沉水	迁徙
1597 年	本草学家约翰·杰勒德	+	
1600 年	乌利塞·阿尔德罗万迪	+	
1603 年	卡斯珀·施温克菲尔德（Caspar Schwenckfeld）	+	
1651 年	威廉·哈维	+	
1660 年	让·巴普蒂斯特·法奥特瑞尔		+
1660 年代	托马斯·布朗		+
1660 年代	约翰·赫维留	+	
1678 年	弗朗西斯·威路比和约翰·雷	+	+
1691 年	约翰·雷		+
1702 年	巴伦·冯·贝尔诺		+
1724 年	丹尼尔·笛福（Daniel Defoe）		+
1733—1763 年	约翰·伦纳德·弗里希		+
1742 年	查尔斯·欧文（引自 Garnett，1969）	+	+
1742—1743 年	约翰·佐恩		+
1743—1751 年	乔治·爱德华		+
1745 年	佚名		+
1747 年	马克·凯茨比（Mark Catesby）		+
1750 年	雅各·西奥多·克莱因（Jacob Theodor Klein）	+	
1750 年代	瑞尼·瑞欧莫（René Antoine de Réaumur）	+	
1758 年前后	卡尔·林奈（引自 Brusewits，1979）	+	
1760 年	彼得·柯林森（Peter Collinson）		+
1764 年	约翰·莱什（Johan Leche，引自 Brusewitz，1979）		+
1768 年	托马斯·彭南特		+
1771 年	奥布·冯·哈勒（Alb von Haller，引自 Roger，1997）	+	
1771 年	查尔斯·波奈（Charles Bonnet，引自 Roger，1997）		+
1772 年	戴恩斯·巴灵顿	+	
1774 年	奥利弗·戈德史密斯（Oliver Goldsmith）	+	+
1775 年	詹姆斯·科尼什（James Cornish）	+	
1779 年	布丰伯爵		+
1780 年	约翰·莱格（John Legg）		+

（续表）

年代	作者	休眠 / 沉水	迁徙
1789 年	吉尔伯特 · 怀特	+	+
1790 年	威廉 · 斯梅利		+
1795/1796 年	约翰 · 贝希斯坦（Johann Bechstein）	+	+
1797—1804 年	托马斯 · 比维克（Thomas Bewick）		+
1802 年	乔治 · 蒙塔古（George Montagu）		+
1805 年	乔治 · 居维叶	+	
1808 年	托马斯 · 福斯特	+	+
1812 年	托马斯 · 高夫（Thomas Gough）		+
1823 年	约翰 · 布莱克沃尔（John Blackwall）		+
1823 年	克里斯丁 · 路德维希 · 布雷姆		+
1824 年	爱德华 · 詹纳（Edward Jenner）		+
1829 年	约翰 · 纳普（John Knapp）		+
1830 年	罗伯特 · 米迪（Robert Mudie）		+
1832 年	萨拉 · 韦林（Sarah Waring）		+
1835 年	爱德华 · 史丹利（Edward Stanley）	+	+
1835 年	詹姆斯 · 伦尼（James Rennie）		+
1836 年	弗雷德里克 · 舒伯尔（Frederic Shoberl）		+
1837 年	詹姆斯 · 科尼什（James Cornish）		+
1846 年	莱昂纳多 · 杰宁斯（Leonard Jenyns）		+
1852 年	安妮 · 普拉特（Anne Pratt）		+
1859 年	弗朗西斯 · 巴克兰（Francis Buckland）		+
1871 年	詹姆斯 · 沃德（James Ward）		+

雷提出的有关鸟类为何迁徙、如何迁徙的问题，并未像我们所预料的那样由野外鸟类研究者来解答，而是由笼养鸟类研究者得出了答案。笼中的候鸟如夜莺和柳莺等，在春秋迁徙季节会明显变得烦躁不安。它们整夜在笼子里上下乱蹦，扇动翅膀，努力试图飞行。我猜想，雷虽痴迷于鸟类——或者正因为痴迷，所以他从未在笼中养过夜莺，但凡他这么

做了，就不可能不注意到这种季节性的躁动。而更让人惊讶的是从未有人告诉过他。也难怪，我能找到的最早记述这种“迁徙躁动”的文献来自1707年，也就是雷去世两年后。这本《夜莺论》(*Traité du Rossignol*)的作者未详，其中写道：

> 值二、三月或九月中，满月之时数日，房中或笼中鸟（指夜莺）烦躁不安，晨昏夜晚时反复撞玻璃或笼，似有吾不能察之感，促其远去；其余时辰则未见此举。天性与内具方位能引其乘风而去，飞至所欲去往之地。[44]

这位身份不明的作者有着不同凡响的洞见，他不仅描述了这一现象，而且认识到了原因：迁徙的天性受到了压抑。

逐渐地，大概是受了《夜莺论》的启发，其他人也开始做出自己的观察，布丰就是其中之一。他说，夜莺“尽人皆知为候鸟，且其天性之强，凡曾饲此鸟者皆知，其春秋至为不安，夜晚尤甚，此正当其迁徙之时……”布丰还描述了笼养的西鹌鹑在春秋正当野鸟迁徙的时节表现出的躁动，准确度之高表明他亲眼目睹过这一现象。[45]这些鸟变得焦躁不安，鼓动翅膀：

> 此种不寻常之躁动常见于迁徙季，且甚有规律，每年九月、四月各一次。躁动约三十日，日落前半时辰准起。彼囚于笼中蹦跳往复，扑向笼网，甚而时有用力过猛以致撞晕。无果挣扎整夜……[46]

1797年，优秀的德国业余鸟类学家、养鸟者和农人约翰·安德烈亚斯·瑙曼(Johann Andreas Nauman)描述了他鸟舍中数只金黄鹂的情形：“舍命鸣之，七月末八月初至晚皆如此。迁徙之季始，其甚焦躁，于笼舍中往复飞撞。此种情形直至冬月方止。以此象观之，可知此鸟迁徙距离之长，约能直飞非洲……至三月则复现夜中急躁不安。”[47]

如今，英语和德语中都用德语 Zugunruhe（即迁徙兴奋）一词来表述这种迁徙躁动。[48] 养鸟人不仅看到了 Zugunruhe 与迁徙时间之间的关联，而且能够从躁动的日常规律推测出这些笼养鸟是在夜间迁徙（如柳莺和西鹌鹑）还是在白天迁徙（如椋鸟）。

20 世纪 60 年代，在首次有人提出迁徙兴奋 250 年之后，德国叙维森的马克思–普朗克鸟类学研究所年轻的鸟类学家埃伯哈德（埃伯）·格温纳尔（Eberhard [Ebo] Gwinner）首次对这一现象进行了科学研究。他对这一课题十分着迷，他认为鸟类是借助内在的生物钟（最早大概是在 20 世纪 40 年代有人提出这一概念）来找到越冬地的。自亚里士多德以来，人们一直认为鸟类迁徙的欲望是与生俱来的。《夜莺论》的作者感性地写道："人或云未知其因何而易地（即迁徙），此禽及其他迁徙禽鸟有天赋之本能，依据自身之需而迁，吾等实不能解其奥妙。”[49]

基于瑙曼对金黄鹂的观察，格温纳尔认为这种“特定本能与倾向”是一种心理机制，产生的迁徙兴奋刚好能够使迁徙的鸟到达自己的越冬地，不多不少。为了检验这一假设，他选择了两种类似的柳莺进行研究：一种是在欧洲南部和非洲北部越冬的叽喳柳莺，迁徙距离不长；另一种则是在中非和南非越冬的欧柳莺，会进行长途迁徙。用今天的标准来评判，这个实验设计得相当粗浅，每组只选了很少的几只鸟，然而结果却如预想中一般泾渭分明：欧柳莺的迁徙兴奋比叽喳柳莺持续的时间要长得多。[50] 并不是所有人都赞成这一结果，有人批评说这些鸟躁动不安，只是因为它们并不处在自己的越冬区。针对这一点，格温纳尔进行了另一项巧妙的实验，他用飞机将一些柳莺直接运到了它们的越冬地，看迁徙冲动是否停止。答案是否定的，这完美地证明了所处地域情况对迁徙兴奋是没有影响的。迁徙兴奋持续的时间和迁徙距离之间的联系成为轰动一时的大发现，1974 年德国鸟类学会将首届埃尔温·施特雷泽曼奖授予格温纳尔，以表彰他的成就。但愿他发表获奖感言时没忘记感谢瑙曼。

19世纪时，约翰·安德烈亚斯·瑙曼发现笼养的金黄鹂在夜间变得躁动不安，这启发他去猜想它们在何处越冬。插图出自J. F. 瑙曼的著作（J. F. Naumann, 1905）。

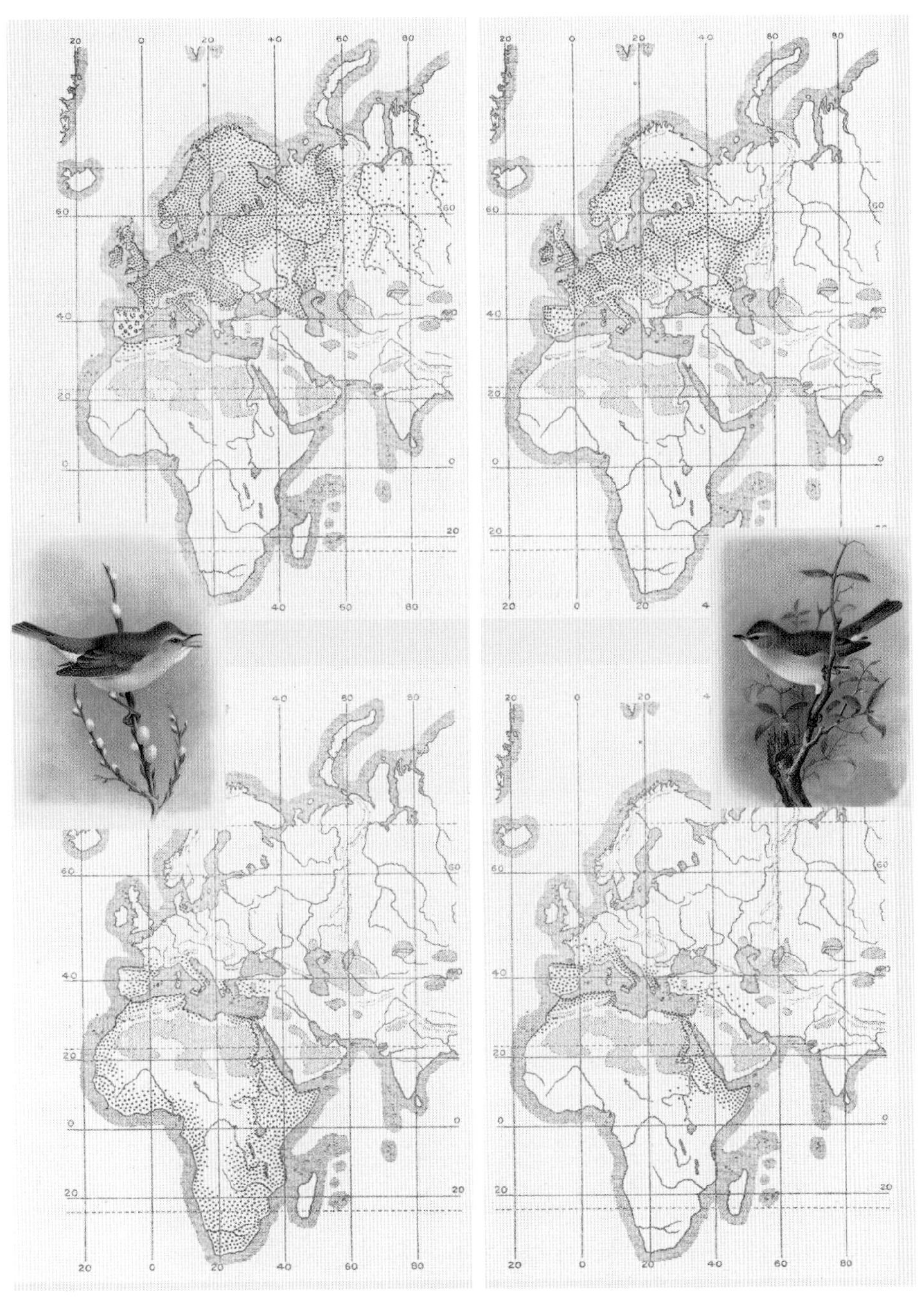

夏季（上方）和冬季（下方）欧柳莺（左）与叽喳柳莺（右）的分布图。如图所示，欧柳莺冬季在非洲的分布区比叽喳柳莺更往南。地图出自霍华德的《英国莺类》。

这一奖励的确实至名归。格温纳尔进而证实了，迁徙行为的触发和持续都依赖体内的生物钟。这个生物钟具体在鸟类脑部的什么位置还需要进一步的研究，然而我们已经知道了生物钟能够调节其他与迁徙有关的活动，比如候鸟在秋季迁徙前疯狂进食，从而储存大量的体脂，为迁徙飞行提供动力。[51]

在格温纳尔取得重大进展之后的数年里，人们一直认为只有迁徙的鸣禽（如柳莺和燕子）具有这种体内生物钟，然而一只滨鹬的出现改变了一切。20 世纪 90 年代，荷兰鸟类学家托马斯·皮尔斯玛（Theunis Piersma）发现了一只叫皮特（Peter）的红腹滨鹬，这只鸟作为宠物在一户人家生活了将近二十年。最初是在 1980 年，有人在荷兰的海岸上看见它折断了一只翅膀，不能飞行。尽管两条小腿跑得飞快，它还是被捉住并获救了。在中年夫妇雅普和玛普·布瑞斯尔（Jaap & Map Brasser）以及他们的黑狗布勒贴（Bolletje）的家中，它得到精心的照料，存活了下来。皮特被救助时已经成年，而具体年龄则不明确，数以百万和它一样的红腹滨鹬在格陵兰北极苔原繁殖之后会来到荷兰越冬。

皮特变得非常温顺，然而尽管雅普为它做了理疗，它也没能恢复飞行能力。晚上当主人们看电视的时候，皮特会站在他们中间，电视里野生动物节目中的声音会让它惊醒,否则它就睡觉。一鸟一狗变成了要好的朋友，在黑狗死去很长时间之后，播放录有布勒贴叫声的磁带，还会让皮特四处跑来跑去地寻找它的老朋友。

1997 年 3 月，雅普和玛普一方面担心饲养皮特的合法性，另一方面也想知道它能活多久，于是联系了皮尔斯玛。皮尔斯玛当时在荷兰是家喻户晓的“电视上那个研究滨鹬的人”，他拜访了布瑞斯尔一家，对皮特大为着迷，并且也意识到这是一个大好的研究机会。他招募雅普和玛普作为志愿者研究助理，每周五他们都会用一个邮资秤给皮特称重，并记录它羽毛颜色的变化。皮尔斯玛想知道皮特的体内是否也像鸣禽一样有一个生物钟，指挥着它每年体重和羽毛的变换。三年如一日收集下来的

20世纪80年代，一只翅膀受伤的红腹滨鹬被一对荷兰夫妇当作宠物收养，在它身上首次证实了除鸣禽之外的鸟类体内也有生物钟调节其年度周期，包括羽毛从红色的繁殖羽换成灰色的冬羽。插图出自塞尔比的著作（Selby, 1825–1841）。

数据明确显示了生物钟的存在：每年春天皮特的体重都会从 130 克增加到 190 克，与红色繁殖羽的生长是同步的。皮特的体重在秋季会相应地减小，红色羽毛也会随之脱落。这项研究简直是挑战公民科学的极限，在此之前，人们只知道鸣禽具有这种年度的节律。皮特很明显是有生物钟的，然而它的节律却很特殊：以 18 个月为一个周期，而不像在鸣禽身上通常见到的那样以 12 个月为周期。也许是因为年龄的缘故，或者是由于长期生活在室内，具体原因谁也说不清。滨鹬是社会性非常强的鸟，它们在冬季集结成一大群生活，而皮特与它的寄养家庭之间的联系，可能比它与季节变换之间的联系更紧密。也许正像它的传记作家写的那样，皮特“……产生了它自己的周期并且……尽可能长时间地保持红色的羽毛，希望雅普、玛普和狗能够像它一样变胖、换羽，然后一同飞向格陵兰”。[52]

18 世纪中期，约翰·伦纳德·弗里希对鸟类十分狂热，他位于德国的住所附近有一些燕子繁殖，于是他决定在它们身上进行一项大胆的实验：

> 为核实其冬季之去向，吾曾以红彩染绳，于燕离去前将其活捉，绳缚其脚。此绳与环志类似，然但凡燕于水中暂留，绳之色即浣去；来年春彼燕回巢，缚绳之红如初…… [53]

通过这样一种简单的方法，弗里希推翻燕子在水下越冬的观念，同时也证实了数世纪前人们就知道鸽子能做到而且猜测其他种类的鸟也能做到的事情：一些鸟似乎有着神秘的能力，能够年复一年地回“家”。

在弗里希的实验之前，已经有人做了一些零星的尝试来对鸟类进行标记。在古希腊，鸽子所携带的书信就是它们的标记，而中世纪的驯隼人有时会用金属环来标记他们所养的鸟。

1702 年，另一位鸟类爱好者巴伦·冯·贝尔诺提议切掉夜莺的一只脚趾然后将其放飞，以此为标记来判断它是否每年都能回到同一地点。据我们所知，要不就是他没有这样做，要不就是他的断趾夜莺没有飞回来，总之他没有写到这件事。[54] 因发明疫苗而闻名于世的爱德华·简纳尔也爱好鸟类，他把雨燕的爪子剪掉，以此来确认同一只鸟能够年复一年地回到同一个地方（手段只比切掉鸟的脚趾人道一丁点儿）。简纳尔很走运，他最初标记的一只鸟在七年之后被猫给逮到了。[55]

尽管有这些先驱者的尝试，对鸟类进行标记以研究其迁徙活动的方法在很长一段时期内都被认为是不切实际的。终于，在 1899 年，丹麦的一名教师汉斯·克里斯琴·莫滕森（Hans Christian Mortensen）给椋鸟戴上了他自制的带有数字的铝环。人们在距离遥远的地方再次捕捉到了其中一些鸟，这让他自己以及所有其他人都感到这一方法极具价值，从那时起，鸟类学进入了全新的时代。[56]

环志的应用明确了鸟类是可以识别方向的，而接下来的问题是，它们是如何做到的？

一次偶然的机会，德国动物学家古斯塔夫·克雷默（Gustav Kramer）注意到笼中的鸟跳跃的方向正是它们在野外迁徙的方向——这一发现改变了迁徙研究的方向。如此简单的事实，居然直到20世纪40年代才被人发现，这或许令人意外。此前人们已经对笼养鸟进行了好几百年的观察，怎么就没人注意到它们的躁动是有方向性的呢？发现这种现象之后，克雷默和他的学生打造了特殊的笼子来进行测量。这属于劳动密集型的低技术科学，观察员得躺在笼子下方的地上，以便记录笼中的鸟在栖杆上的位置和朝向。尽管在后期改良的设计中，栖杆上加装了微动开关，可以自动记录信息，这种"克雷默笼"依然有局限性——体积大，造价高，一次只能监测几只鸟，而且如果在室外使用的话，空气湿度会损坏微动开关。[57]

20世纪60年代，当美国生物学家史蒂夫·埃姆伦（Steve Emlen）还是密歇根大学的一名博士生时，他对大规模监测野生鸟类的迁徙很感兴趣，而克雷默笼的缺陷让他感到很失望。因此他发明了一种更经济、更实际的方向笼：

> 刚开始时，我尝试用很薄的铝板制作漏斗形底部的笼子，并从下方观察笼中鸟的行为。渐渐地，我发现很多种类的鸟都会表现出迁徙兴奋，它们会反复顺着漏斗笼的侧面向上跳，而跳动时常常正朝向迁徙的方向。这种漏斗笼很理想：它们很小，易于运输，不含对潮湿极为敏感的电子元件。然而问题在于，我们仍然需要从漏斗里观察鸟的行为。
>
> 1963年冬天，我从密歇根州安娜堡回到威斯康星州麦迪逊，与父母共度感恩节。其间我跟父亲聊起我那"大体上"成功的方向笼设计。我的父亲约翰·埃姆伦（John T. Emlen, Jr）是威斯康星大学德高望重的鸟类学家和行为生态学家。在热烈的讨论中，父亲建议用纸衬在铝板漏斗的内面，让鸟在纸上留下印迹。他的第一个建议——加装纸衬——很快就演变成了直接用吸墨纸来制作漏斗。吸墨纸足够硬挺，

20世纪60年代埃姆伦发明的用来记录鸟类迁徙躁动的漏斗方向笼，成本低且效果显著。鸟的爪子在笼底沾上墨水，在漏斗侧边上留下印迹，从而显示迁徙方向。

> 自身就能撑起漏斗，不需要铝板支撑。第二个建议——让鸟自己留下印迹——经历了数个过渡性的试验版（演草纸、复写纸、用蜡笔在书写纸上涂色，等等)，最终我们采用了打印机墨水，直接用墨版来做笼子的底部。[58]

这样一来，当鸟在迁徙兴奋期上蹿下跳时，它的爪子就会在笼底沾上墨水，并在吸墨纸上留下印迹。根据墨迹的密度和方向，埃姆伦能够量化记录鸟整夜蹦跳的数量和方向——这个简单巧妙的装置又一次给鸟类迁徙研究带来革新，研究人员终于能够对很多鸟同时进行实验了。

研究结果表明，许多小型鸟类生来就有朝着特定方向迁徙的能力。听上去很简单，然而保持特定的方向却是需要罗盘的。《夜莺论》的作者在 18 世纪早期就推测夜莺可能是借助月亮来为夜间迁徙导航的[59]，然而并没有证据。实际上，鸟类确实会利用星光。至少夜晚迁徙的鸟具备这样的能力。当鸟儿在白天迁徙时，太阳是它们的指南针，而鸟类体内复杂的白昼生物钟能够校准太阳的位移，从而形成导航系统。仅靠星光和太阳自身还不足以使鸟类维持航向。地球磁场和嗅觉也是重要的线索。[60] 你也许会好奇为何它们需要这么多套导航系统，这其实是保险起见。在特定条件下，一些信号比另外一些更可靠，这也是长期自然选择的结果，如果一套系统失灵了，还有备用系统可用。

亚里士多德、腓特烈二世和约翰·雷都曾认为迁徙是一种本能，这跟我们如今说迁徙含有遗传和基因的要素是一样的。支持这种观点的最有力的证据是，完全不具备迁徙经验的幼鸟在没有成鸟带领的情况下也能够找到越冬地并准确返回。20 世纪 50 年代，荷兰鸟类学家阿布·佩尔代克（Ab Perdeck）决心检验鸟类依靠天生具备的罗盘往返迁徙越冬的观念，为此他实施了史上规模最大的迁徙实验。

自 17 世纪起，荷兰的捕鸟人就开辟了一些捕鸟场，大量捕捉迁徙的紫翅椋鸟和其他小型鸟类，以满足人类的消费需求。虽然这类捕鸟活动在 20 世纪 30 年代已经终止了，但是佩尔代克没费太大力气就找到了捕鸟能人和工具，协助他捕捉实验所需的大量鸟类。从 20 世纪 40 年代末到 50 年代初，这项研究持续了数年，在此期间，研究人员在秋季迁徙季节捕捉到了超过 11,000 只椋鸟。他们对每一只鸟进行环志，并从羽毛推断其性别，从颅骨的发育程度推断其年龄（分为当年孵化的幼鸟和成年个体）——只要微微打湿鸟头顶的羽毛，就能够透过皮肤观察颅骨的发育情况。之后，捕到的鸟被装入纸盒，用摩托车运往阿姆斯特丹史基浦机场。下一步，它们被空运到瑞士放飞，继续迁徙的旅程——只不过，它们此时已向西南方向偏离原路线约 600 公里。佩尔代克想要搞明白：

它们是否能够像什么都没发生一样，继续完成迁徙，或者说它们是否能“知道”自己偏离了飞行航线，从而调整方向，准确地到达越冬地。反过来说，能够找到正确的越冬地意味着它们天生知道怎么迁徙，具备真正的导航能力。[61]

这个实验的成功离不开公众的支持。佩尔代克鼓励人们报告他们看到的带有环志的紫翅椋鸟，不管是死的还是活的。为了提高参与度，他对这项研究进行了许多宣传。最终研究人员得到了关于354只椋鸟的报告，由此揭示出非同寻常的规律。幼龄的椋鸟好像具有内置罗盘一般，飞到了比常规越冬地更往南的地方；而成年的椋鸟则准确地回到了以往的越冬地，显然校正了实验中偏移的距离。幼鸟和成鸟之间的区别说明，迁徙不仅需要天生的方向感，也需要实际的经验。对于缺乏经验的幼鸟来说，与生俱来的直觉为它们指明了方向和距离，听从这种直觉应当是演化为它们做出的最佳选择。成年个体具有更多的经验，当恶劣天气（或是鸟类学家）促使它们偏离航线时，它们似乎能够运用这些经验找回原定的位置。

佩尔代克持续对这些紫翅椋鸟进行观测，进而确认了这一结论。在“错误”的地区越冬之后，幼鸟开始了向东北方向的春季迁徙。惊人的是它们居然准确地回到了出生地，而不是东南方600公里之外。尽管在第一次秋季迁徙时被带偏了航线，它们却回到了出生地进行繁殖。然而，当这些个体再次飞向南方的时候，它们又飞到了错误的地点越冬！只有一个简单的理论能解释这个有趣的现象。幼年的椋鸟在成长过程中对出生地有了一定的了解，它们对这个地点产生了“印随”。第一次南迁时，它们听从体内罗盘的指引飞往特定的方向，然而，如果像在佩尔代克的实验中一样被带离了原定的路线，它们就不知道应该去哪儿了，只能按照直觉指示的方向和距离飞行，导致在“错误”的地点越冬。当春天来临时，内置罗盘和头年的经验共同作用，指引它们回到了正确的繁殖地。当秋季南迁时，它们又飞往“错误”的越冬地，因为此时它们已对这个地点产生了“印随”。

佩尔代克杰出的研究告诉了我们两个关于迁徙的事实：他进一步证实了迁徙的方向和距离是具有遗传性的；同时，当鸟类对一个地点产生印随，构建了思维图像后，在必要时它们也能够对天生的基因程序进行调整。

在这章的最后，让我们回到拉多夫采尔的城堡，与马克思-普朗克鸟类学研究所的所长聊聊迁徙。彼得·伯特霍尔德（Peter Berthold）体态敦实，拖着瑞普·凡·温克尔[*]式的大胡子，流露出条顿人[**]特有的自信。他毕生的目标就是研究迁徙冲动，对这些特性是否能够遗传这一问题给出终极的答案。

他选择以黑顶林莺作为研究对象。这种鸟在欧洲很常见，分为不同的种群，有的长途迁徙，有的短距离迁徙，还有的完全不迁徙——比如佛得角的种群。这是极具开创性的研究，然而也是非常吃力的，成本极高。伯特霍尔德很幸运，马克思-普朗克鸟类学研究所能够为这样的项目提供资助，这是难得的资源。

不同地区的黑顶林莺迁徙的方向和持续时间不尽相同，伯特霍尔德的第一个目标就是搞明白这些种群的迁徙冲动是否也有不同的规律。用于研究的种群之一是在本地捕捉到的，而另一个种群则会在加那利群岛之间进行局部迁徙。实验中的鸟必须是完全没有迁徙经验的幼鸟，所以最保险的方法就是从巢中捕捉幼鸟，然后人工喂养。有这方面经验的人知道，人工喂养幼鸟是非常繁重的任务，从日出到日落，每个小时都要喂食数次。这些幼鸟羽翼渐丰，开始显示出秋季迁徙的冲动，这时它们就被转移到方向笼中。正如预期一般，这两个种群显示出了完全不同的

* 19世纪美国作家华盛顿·欧文所著的小说《瑞普·凡·温克尔》中的主人公。温克尔在一次奇遇中喝醉，之后沉睡了二十年，其间他的胡子持续生长，醒来时变得极长。此处用来形容人物的胡子又密又长。——译注

** 古代日耳曼人的分支之一。后常用于指代说日耳曼语系的族群，此处应指代德国人。——译注

对黑顶林莺中的迁徙种群和非迁徙种群进行杂交，并对后代和亲鸟的行为进行比较，为迁徙的基因基础提供了证据。图中上为雌鸟，下为雄鸟。引自德雷瑟的《欧洲鸟类》（Dresser, 1871–1881）。

躁动方向和持续时间，这一结果为伯特霍尔德大开绿灯，让他开始筹备真正的实验。

他的计划是让这两个种群的黑顶林莺杂交，然后观察它们的后代在方向笼中的行为。这听起来挺容易：只要从每个种群中取一只鸟，让它们交配，然后等着鸟宝宝出生就行了。同一笼舍中的一对鸟自己会鸣唱、交配、产卵并孵出幼鸟，然而它们无法养活幼鸟。黑顶林莺在野外会捕食一些特定的昆虫，没有这些食物，它们是无法抚养后代的。伯特霍尔德想出了一个办法，他专门组织了一队研究助理，在附近的野外找了几十个乃至上百个黑顶林莺的巢。趁着圈养鸟产的鸟卵孵化前夕，将它们偷

夜莺是最为流行的笼养鸟之一，17世纪至18世纪，人们对笼养夜莺的观察为迁徙的生物学研究奠定了最初的基础。引自亨利·伦纳德·迈耶的《英国鸟类绘图》（H. L. Meyer, *Illustrations of British Birds*, 1835–1850）。

换进野外的鸟巢中。野生的亲鸟将圈养的幼鸟喂养至一周大时，研究人员再把这些幼鸟带回实验室的笼舍中。我只找到过两三个黑顶林莺的巢（我承认自己不够努力），而找到巢、查看卵的状态并换卵，以及换幼鸟，这一系列操作的确极费功夫。然而这一切都是值得的。研究的结果很完美——杂交后代的迁徙冲动显示出与父母双方都不同的规律，是两者的折中。方向是折中的，持续时间也是折中的，为迁徙冲动的遗传假说提供了强有力的证据。[62]

这一系列实验完成后，结果在 1982 年的莫斯科国际鸟类学大会上首次公之于众，当年我还是一名年轻的讲师。我还记得我那平日里一派淡定的博士生导师克里斯·佩林斯（Chris Perrins）参加那次会议回来后，带着极度的兴奋讲述伯特霍尔德的研究如何独占风头，并称之为有史以来鸟类学最了不起的成就之一。

彼得·伯特霍尔德的研究成果也解释了一个野外黑顶林莺的种群中出现的新的迁徙规律。20 世纪 70 年代，观鸟者逐渐发现越来越多的黑顶林莺在英国越冬，而不是像往常一样飞往非洲。在英国，冬季人们普遍通过喂食器对鸟类进行投喂，加之气候变化，这些黑顶林莺在这里能够顺利越冬。彼得发现，一小部分在德国捕到的黑顶林莺显示出向西北方向（而不是往南）迁徙的躁动，然而在英国越冬的大多数个体表现出了同样的规律。英国充足的食物和温和的天气使德国迁往英国的种群比南迁的种群更具优势。省了往返非洲的长途飞行，这些鸟越冬的存活率可能相当高，而且在春季时能更早回到繁殖地占据自己的领域，又比那些在非洲越冬的个体多了一层优势。在英国发生气候变化之前，少数朝西北方向迁徙的黑顶林莺，想来一定为延续后代而吃尽了苦头。[63]

5. 点亮探索之路——光与繁殖周期

夜莺是鸣禽中的终极歌者。它那美妙的歌声能令人热泪盈眶、诗情漫溢，捕鸟人也不惜深入密林寻觅它的踪影。那深沉微妙的音律如泣如诉、引人遐思，确实非同寻常。人人都想将这歌声据为己有，因而几百年来，无数夜莺落入陷阱，沦为笼中之鸟。笼养的夜莺只能给人带来短暂的享受，大多数个体在被捕后一两天就一命呜呼，幸存下来的，也只在每年春天短暂地唱上几个星期而已。

相比之下，金丝雀就好养得多。它性情温顺，在笼养条件下也能迅速繁殖，并且一年中大半时间都能听到它的歌声。金丝雀的鸣唱非常响亮、快活、富于变化，然而还是远远不及夜莺的歌声。从中世纪开始，养鸟人就幻想着对这两种鸟进行杂交，以结合它们各自的优点，虽然有人做出了大胆的尝试，但却屡试屡败。

不可思议的是，终于有人成功地结合了夜莺的歌声和金丝雀的耐受力。20 世纪 20 年代，一个名叫卡尔·赖克（Karl Reich）的德国人培育出金丝雀的一个变种，能发出夜莺般的歌声。那歌声足以乱真，连鸟类学家都上当了，以为赖克的寓所里真有夜莺。这些鸟儿获奖无数；赖克将它们的歌声录制下来出售，一时风靡世界，人人都想知道他的秘密。有些人对赖克的成功忌妒不已，就控诉他造假，不过，他唯一不老实的地方是不肯告诉竞争者他是如何培育这些卓越的歌手的。

养鸟的人很早就知道金丝雀的幼鸟善于学习，经过训练，它们几乎能模拟听到的任何声音，无论是别的金丝雀的叫声、赤胸朱顶雀的叫声，还是哨笛的声音。然而金丝雀模仿夜莺却是人们闻所未闻的，因为夜莺的鸣唱季非常短，等到金丝雀幼鸟孵化、离巢并准备高歌的时节，夜莺已经重归沉默了。

聪明的赖克发现了一个窍门，让夜莺能在金丝雀幼鸟开始学语的时节歌唱。他到底是如何办到的呢？诀窍就是改变夜莺的生活周期，将它们开始歌唱的时间推迟，拖延至夏季。为了平息非议，赖克公布说他是在一本古老的书里发现这个窍门的（这倒不假），不过在关键问题上，他却谎称办法是提高笼养夜莺越冬的温度。这个说法听起来很可信，大家居然都相信了，甚至没人想要亲自检验一番。不过老实说，想要检验并不那么容易：那本书确实很古老，出版于1772年，并且极为鲜见，不过但凡有人考证，就会发现书中其实描述了一种古老的驯鸟术——“停鸟”。[1]

“停”在此处的含义是停止光照。赖克没有公之于众的技术其实就是通过改变夜莺接受的光照量延迟它们鸣唱的时间。这是一种相当古老的技法，然而也恰恰是了解鸟类一年中生命周期建立机制的基础。

对于一只鸟来说，一年意味着一系列事件的发生，包括繁殖、换羽，对特定种类的鸟类而言，还有迁徙。在年周期中，这些事件发生的时机是很关键的，时机错误可能会导致灾难性的后果。在温带地区，鸟类通常在春季繁殖，秋季南迁，第二年春季再北迁返回，换羽通常是在迁徙前后，少数情况下会在迁徙时进行。鸟如何得知春天来了，该繁殖了呢？它们又怎样知晓何时落旧羽、长新羽，何时迁徙呢？解决鸟类在全年日

跨页图：

观察笼养鸟对鸟类学的发展做出了极大的贡献。这张埃米尔·施密特（Emil Schmidt）所作的插画描绘了来自异域的鸟类（左）与欧洲本土的鸟类（右），引自卡尔·拉斯（Karl Russ）于1888年出版的论养鸟的著作。

程表上不同事件中如何掌握时间节律的问题，是迄今为止鸟类学最主要的成就之一。

几百年来，捕鸟人都曾捕捉到秋季南迁的小型鸟类。最古老也最有效的工具就是拍网。古埃及人已经开始使用拍网，后来诸多古籍，包括雷和威路比所著的《威路比鸟类学》中也有记载。[2] 其实拍网本身并不好用，诱鸟（有时也称“媒鸟”）才是成功的关键。诱鸟分为两种。一种诱鸟被置于捕鸟区的中心，可怜的小鸟通过用软皮革或丝线制成的套甲拴在连接环和一根短绳的一端，另一端是通过一条长绳子来操纵的带合页的木棍。当迁徙的鸟群飞过头顶时，捕鸟人拉绳子使木棍翻起，将诱鸟甩向空中，等绳子松开时，木棍下落，诱鸟也扑扇着翅膀落下，看起来就像自然飞落一般。还有一种诱鸟被单独关在小笼子里，放在拍网周围，它们的任务是发出鸣唱（吸引同类）。迁徙和鸣唱通常发生在一年中不同的时节，所以想让诱鸟在野外同伴迁徙的时节鸣唱是个难题。如今，鸟类环志人员很好地继承了古代的捕鸟法，通常使用录音回放来吸引迁徙的候鸟入网。

“停鸟”[3] 这一驯鸟术的应用也许由来已久，然而最早的记录见于意大利养鸟人西撒·曼奇尼（Cesare Manzini）1575 年的记述：

> 除苍头燕雀外，红额金翅、赤胸朱顶、欧金翅等诸雀皆能于隆冬鸣唱，而其余鸟类，因换羽之故，无需割据领地时则止鸣。因而于五月初可以甜菜之糖调水饲之，次日喂甜菜叶一片，第三日将鸟置于地面，持续十日以菜叶饲之，每日将其从明处向暗处移数寸。十日后，再饲以糖水，置于暗盒之中。自此，晚间于旁置灯一盏，令其见光约一时辰。务使饮水洁净，每八日更换其啄食之大麻子，每四日复饲甜菜叶一片，每二十日饲糖水一次，苍头燕雀尤须留意，否则有失明之虞。为免遭瘟疫，每二十日须更换笼舍，浊秽可断其命。如此反复至八月初十，再以类似之法清其肠胃，使其逐渐见光，至八月二十止，切不可

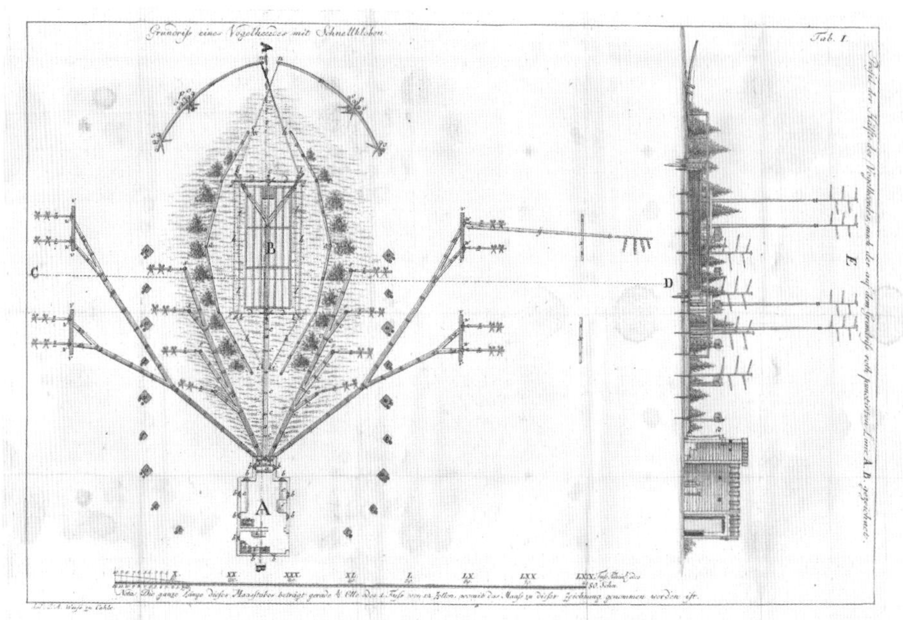

为了获得羽毛或是听鸟儿鸣唱，捕鸟和养鸟在欧洲曾经非常普遍。捕鸟人用鸣唱的诱鸟来引诱野鸟落入拍网。插图引自贝彻斯坦的著作（Bechstein, 1801–1822）（上）和博克那的著作（Birkner, 1639）（下）。

置于日光之下。如此，则九、十月猎禽之时大有用处……[4]

后文中还提到，用甜菜叶“清其肠胃”并非必需，最重要的其实是逐渐减少并最终“停止”光线，这能起到加速鸟的年周期的效果，迫使它们秋季换羽。三个月的黑暗期后，再逐渐增加光线，鸟就会在秋季出现“初春”才有的繁殖行为。

赖克对这一方法进行了一些调整，他让夜莺处于低光照的环境中，人为延长冬季时间，从而推迟换羽，这样它们就比正常晚两个月开始鸣唱。实际上，赖克擅长操控他所饲养的鸟儿的年周期，而且非常有效，能让夜莺在一年中任何时间歌唱。[5]

不管用什么方法捕鸟，善于鸣唱的诱鸟都是必备的，在曼奇尼之后几乎所有论养鸟的书都会介绍“停鸟”的技巧。[6] 有些涉及非常复杂的操作，然而即便轻微地减少光线也能够产生预期的效果。赖克很走运，这些“停鸟”的方法到 20 世纪初已经全都遗失了，这就是为什么他能守住秘密。

养鸟人的“停鸟”技术很慢很慢地向鸟类学家的圈子里渗透，等到渗透过来时，鸟类学家们自己已经发现了光线的效应。更让人惊讶的是，对于停止光照能影响鸟类繁殖周期的认识，在不同地区的养鸟人之间的传播同样十分缓慢。金丝雀养殖者要是早知道在一年中任何时候，尤其是冬季，都能让鸟儿歌喉全开，肯定会很开心，然而却好像一直没人发现停止光照与鸟儿鸣唱的关系。如果有人发现了，他们肯定早就培育出了能在暗淡冬日里歌唱的金丝雀。不过他们其实已经很接近了：18 世纪时已经有一些金丝雀养殖者知道，通过人工调节光照和温度，能让鸟儿在繁殖季节之外的时间繁殖：

金丝雀仅能于夏季产卵，似不尽如人意。常有人问能否令其于寒冬中繁衍。此实非异想，并已有成例。冬季育雏，于爱鸟人实有意趣。

然须知并非凡金丝雀皆可如此，另若无暖屋明烛，则徒劳无功。[7]

金丝雀养殖者从未明确指出光线是关键因素，从记述推测，他们认为温度更为重要。从事家禽养殖的人也持同样的观点。18 世纪中期法国的大博物学家瑞尼·瑞欧莫（René Antoine de Réaumur）曾受命对法国的家禽业进行工业化改造。给鸡舍增温后，他满心以为鸡会提早下蛋，结果却没有，于是他只好总结说低温并不是鸡停止下蛋的原因，换羽才是。如今我们知道换羽和产卵之间是一种能量分配与权衡的关系，而瑞欧莫当年也得出了相似的结论：

凡换羽期间，养分皆用于增殖新羽，消耗甚巨，雌鸡体内所余无几，无怪乎无卵可产。[8]

瑞欧莫还推测，如果能提早母鸡换羽的时间，就能让它们整个冬天都产卵。为了达到这一目的，他甚至还想过将鸡毛全部拔掉，并建议读者自己在家试验。瑞欧莫还提示说不能一次性拔光所有的毛，而应该“遵自然之律，循序渐进”。有意思的是，瑞欧莫博学多识，然而他显然不知道养鸟人用“停鸟”技术来让鸟类提前换羽，也不了解光线在调节时间节律上起到的作用。

第一个明确指出光线对鸟类的重要性的人，既不是养鸟者，也不是鸟类学家，而是芬兰诗人约翰·鲁内伯格（Johan Runeberg）。19 世纪 70 年代，他在病榻上观察鸟类，写了一首名为《云雀》的诗，其中有这样一句：

逐太阳之光，翔大陆汪洋，
归南境故里，还北国春乡。[9]

鲁内伯格写这首诗的具体时间已无从推测，然而《泰晤士报》上1874年发表的一篇匿名文章让鲁内伯格的洞见引起了一些鸟类学家的注意；读者来信如雪片般飞来，其中有一封信来自英国鸟类学家艾尔弗雷德·牛顿，他对鲁内伯格的观点大加抨击。其实也难怪牛顿会强烈反驳——虽然鸟类在更温和的气候下能找到更多食物，但是说它们南迁是为了寻求更长的日照时间，显然不太站得住脚。牛顿指出，很多候鸟在秋分之前就开始迁徙，所以它们其实是迁往日照时间更短而非更长的地区。这么说确实没错，然而牛顿错失了一个绝佳的机会。如果他站在鲁内伯格的肩膀上，而不是立足于他的观点，就很可能为鸟类学的这个领域带来一次变革。

鲁内伯格的“观点”（如果称得上观点的话）认为，光线是促成迁徙的渐进因素，而不是提示迁徙开始的信号。这两者之间的区别很微妙，然而也很重要，我们后面还会谈到。

牛顿成功地压制了鲁内伯格的观点，但在约十四年之后，著名的业余鸟类学爱好者和颇为成功的谢菲尔德的钢材商亨利·西博姆（Henry Seebohm）就涉禽的迁徙提出了几乎完全相同的观点。[10] 我们并不清楚西博姆是否看过鲁内伯格的诗和牛顿的书信，但应当是没看过，而且看没看过并不重要，因为他的理论同样无人问津。到20世纪初，生理学家爱德华·谢弗（Edward Schäfer）在爱丁堡博物学会的一次会议上做了一次报告，题为“关于光照作为决定性因素对鸟类迁徙的影响”，其中再一次提到光照、迁徙和演化之间的关系。谢弗出生于德国汉堡，就读于伦敦大学学院，后来因在生理学研究上做出贡献而被授予骑士爵位。1918年他更名为沙比-谢弗（Sharpey-Schäfer），以纪念他的好友、英国生理学之父威廉·沙比（William Sharpey）。我们无法断定谢弗是否对鸟类特别感兴趣，不过他痴迷于研究不同类型的激素以及它们对鸟类季节性行为的影响。谢弗那篇报告的主题其实是基于鲁内伯格和西博姆两人的观点：鸟类迁徙其实是因为光照而非食物。秋季南迁是为了寻求更长的

养鸟者曾试图让金丝雀在冬季繁殖，然而没能成功，因为他们着眼于控制温度而不是光线。图中描绘了人们培育出的多个金丝雀变种，插图出自弗朗西斯·史密斯神父（Reverend Francis Smith）于1868年出版的畅销书。

日照时间，而春季向高纬度迁移也是如此。谢弗自己可能都没有注意到，他的创新点在于不经意间说出，日照时间长短是指示迁徙开始的信号：

> 日夜之比始终为影响因素之一，而于此因素之感知，大抵即为化迁徙本能为行动之缘故。[11]

谢弗的灵光一闪太过简短，也隐藏得太深，以至于又过了三十年，鸟类学家才缓过神来，意识到日照长度应当就是触发繁殖和迁徙的季节性信号。令人不解的是，让人觉醒的信息不是关于鸟类的研究，而是一篇关于植物的文章，其中讲述了日照长度（作者称之为“光周期”）是如何提供触发花朵开花的环境信号的。1922 年，美国政府部门的植物学家怀特·加纳（Wight Garner）和哈里·阿拉德（Harry Allard）指出，通过让植物接受不同时长的光照，能让植物在一年中几乎任意时候开花——所使用的方法和赖克改变夜莺鸣唱季节的方法完全一样，并且几乎是在同一时间。

加纳和阿拉德的植物学研究终于让鸟类学家从集体的思想麻木中苏醒过来，开始思考季节的信号。然而鸟类学家们并没有取得多少进展，阿拉德十分失望，最终于 1928 年自己写了一篇论鸟类迁徙的文章。最先指出光线对鸟类的重要性的居然是一个诗人和两个植物学家，这一点让阿拉德很激动。他写道：

> 科学有着冷静、现代的视角与方法，因而常对诗歌的魅力嗤之以鼻，而诗歌中确有某种美感，这也许说明，诗歌那简洁的灵感多少有些正确性。[12]

如今，人们普遍认为加拿大生理学家比尔·罗恩（Bill Rowan）是研究日照长度与繁殖周期的先驱者。罗恩性格孤僻，做起研究来自辟一隅不问世事，显然对其他学者和养鸟人的成果一无所知。罗恩对鸟类迁徙的兴趣可以追溯到他幼年时；20 世纪 20 年代，他作为一名生物学家的职业梦想就是找到鸟类迁徙的外部诱因。经过一系列的逻辑验证，他提出假说，认为光线就是这个诱因；他排除了之前被认为最有可能的温度和气压等信号，并意识到唯一经年不变的稳定因素就是日照长度。玛丽安娜·格斯蒂尼·安利（Marianne Gosztonyi Ainley）在为罗恩所著的传记中写道："当时人们已经意识到光照对于植物生长和鸟类迁徙起到至关重要的作用。然而罗恩在没有渠道也没有时间去阅读别人著作的情况下，独立得出了同样的结论。"多年来，忙碌的罗恩只是持续积累越来越多的数据，而并不急于发表结论。然而在 1924 年的夏天，美国鸟类学会会刊《海雀》上发表了古斯塔夫·艾尔弗里戈（Gustave Elfrig）的一篇论文，迫使罗恩不得不行动了。艾尔弗里戈的论文题目中间接提出了光周期性（白昼时长）是否促使鸟类迁徙的诱因这一问题。加纳和阿拉德关于日照与植物开花时间的研究启发了艾尔弗里戈，他提出生理学上的假说，认为鸟类春季迁徙的动因是生殖腺的生长。

罗恩被惹恼了，他认为艾尔弗里戈大错特错。他自己的研究数据表明，白昼时长确实促使鸟类迁徙，也刺激生殖腺形成，然而这两者是相互独立的，并没有因果关系。罗恩是正确的，后续的研究显示，生殖腺被切除的鸟依然能表现出迁徙躁动。正如科学史上常有的事（即便早在 20 世纪 20 年代），罗恩担心艾尔弗里戈抢走了功劳，在竞争压力下，他于 1924 年启动了决定性的实验。当时情况相当不易。罗恩所在高校的校长没有批准他的研究计划，他的教学任务过于繁重，而经费又极其有限，使他无法捕捉足够的鸟来开展实验。罗恩咬牙坚持了下来，他在自家的后院里建了笼舍，期待能够人工增加日照时间，在秋季刺激鸟类的生殖腺，使之产生春季的行为。这样，当这些鸟被放飞时，它们会向北迁徙而非南迁。罗恩在重重困难中坚持开展实验，他仅有一盏 75 瓦的白炽灯用来增加光照时间，而结果却是惊人的。他狂喜地给一位从事鸟类学研究

灰蓝灯草鹀是北美的一种麻雀科鸟类，罗恩用这种鸟做实验，得出了日照时长影响鸟类繁殖周期的强有力的证据。插图出自奥杜邦的著作（Audubon, 1827–1838）。

的同行写信：

> 我已经通过实验成功地诱使灰蓝灯草鹀（北美的一种麻雀科鸟类）在圣诞节时出现了春季的发情迹象，这时后院中鸟舍的气温是零下52华氏度。它们一整天都在鸣唱……而且解剖结果表明睾丸出现了春季特有的增大现象……[13]

罗恩没能证实向反方向迁徙的假说，很大一部分原因在于，鸟被放飞时未必是朝真正的迁徙方向飞行——它们一般都直接飞到林下的灌丛中去了，因而难以观察。然而在20世纪60年代，当时在密歇根大学安娜堡分校的史蒂夫·埃姆伦用特制的方向笼和靛蓝彩鹀做实验，完美证实了罗恩的假说。结果表明，无论在一年中什么时间，鸟类在接受过模拟春季的人工照明后，都会向北方跳跃，而接受过模拟秋季的照明之后则会向南方跳跃。[14]

如果我们相信罗恩是在没有看过任何文献的情况下独立做出这一发现的，那么他没有听说过“停鸟”技术也就不值得大惊小怪了。当时几乎也没有鸟类学家知道“停鸟”技术，不过有一个人除外。20世纪30年代，在荷兰，捕鸟仍然是司空见惯的日常活动，一位名叫皮特·达姆斯（Piet Damsté）的年轻研究员决定以罗恩的实验结果为基础，弄清“停鸟”的内在机制。

达姆斯用笼养的欧金翅雀做实验，重复养鸟人的操作流程，他发现如果在五月时减少光照时间，鸟的生殖腺就会快速萎缩，停止产生精液，鸟儿也不再鸣唱。如果完全处于黑暗之中，鸟就会进行完全换羽，羽毛脱落后生长出新羽。而在八月时逐渐增加照明时间，鸟的生殖腺就会重新迅速增大，雄鸟三周内就能达到繁殖条件，产生精液，并整日鸣唱。不过出于某种原因，雌鸟在这些实验中没有表现出完全的繁殖行为或产卵，也许是由于缺少了未知的关键因素。不过达姆斯的实验已经完美地

20世纪60年代，史蒂夫·埃姆伦用靛蓝彩鹀做实验，证实模拟春季的光照会让鸟出现春季特有的反应和行为，并且在方向笼中向北跳跃，而模拟秋季光照则会让它们向南跳跃。插图出自马克·凯茨比的著作（1741—1743）。

展示了养鸟人几百年来的实践背后的机理（虽然养鸟人本身对此毫无兴趣）。[15]

很明显，光线就是信号，但是具体的机制呢？这就很复杂了，涉及一系列附加的问题。首先要考虑的是，鸟是如何感知光线的？最简单的答案就是用眼睛看，然而事实却并非如此。20 世纪 30 年代，法国研究者雅克·贝努瓦（Jacques Benoit）通过实施一系列在今天看来惨无人道的实验，发现鸟是通过它们的头骨来感知光线的。他先是证实了鸭子被切

20世纪40年代，荷兰的研究人员用欧金翅雀做实验，显示了养鸟人是如何用“停鸟”技术使鸟类在秋季而不是春季鸣唱的。这幅图出现于1650年左右，由约翰·沃尔瑟绘制。

断视神经或是通过手术摘除眼球后，依然能够对春季白昼时长的增加做出反应，表现出繁殖行为。接下来，贝努瓦将鸭子的半个头颅放在感光相纸上，证实了光（尤其是红光）可以穿透头部的皮肤和骨头到达大脑。这个结果既出乎意料，又意义重大，然而其实你自己也能观察到：把手掌紧贴在手电筒的发光处，就能看出光是可以透过骨肉的。多年以后，人们用光导纤维进行实验来点亮鸟的大脑里面特定的位置，结果显示能够感知白昼时长变化的接收器位于大脑中被称为下丘脑基底的部位，人类大脑也使用同一部位来调节体温、干渴、日周期与年周期。[16]

贝努瓦还做了另一个实验，对鸟类调节繁殖周期的机制问题做出重要贡献。他发现，雄鸭被关在全黑的环境中时，生殖腺依然会出现季节性的增殖和萎缩——春季增大、秋季缩小，这一结果令他自己都很惊讶。这个意义非凡的实验为后来生物钟的发现奠定了基础。贝努瓦的实验结果表明，控制鸟类的繁殖周期比之前任何人预想的都要复杂。除了白昼时长这一外部因素之外，还有体内的生物钟这一内部因素，两者共同发挥作用。这是个极为重要的发现，然而获悉此事的大多是生理学家或医生，鸟类学家并不知情。贝努瓦身为巴黎大学的教授，称得上是学术精英。他又自信又浮躁，热衷于开跑车，仗着有荣誉勋章的豁免而肆意超速驾驶。[17]他的研究成果本应让他赢得许多奖励，然而不知为何，法国的学术体制对他选择不予以嘉奖。对此我很困惑，也曾问过其他从事鸟类学研究的同事，似乎没人知道究竟是为什么。

接下来我又逐渐挖出了另外一连串的事件，大概称得上是鸟类学史上最灰暗的篇章吧。故事要从 20 世纪 50 年代末讲起，当时贝努瓦的实验室新来了一名研究员。这位“勒罗伊老头”* 从一开始就有些古怪。他不仅是一名耶稣会士，而且显得异常不合群。贝努瓦以为这是由于勒罗伊在中国待过很长时间所致，因此对他很是关照，特别指派他负责实验室

* 原文为 le père Leroy，借用《高老头》中主人公的名字 Le Père Goriot 来指称此处提到的人物 Leroy。——译注

的研究主线之外的一个项目，允许他单独工作。这个研究项目相当时兴，然而也具有很大的猜测性，研究者需要将一种鸭子的DNA注射到另一种鸭子体内，以期产生可遗传的变异。这其实是胜算渺茫的赌局，然而一旦成功就能够彻底改写传统的遗传理论。虽然就在几年前，也就是1953年，沃森和克里克（Watson & Crick）已经发现了DNA的双螺旋结构，然而还是有不少人相信后天获得性状（通过非孟德尔遗传*传递的性状）是可以遗传的，因此才会有这个关于鸭子的研究项目。

勒罗伊对这项研究表现出极大的热情，而且让贝努瓦震惊的是，他很快就宣布实验成功了：接受注射的鸭子产生的后代出现了黑色和粉色的喙，而不是像亲代那样的黄色的喙！当时做出重大科学发现之后的惯例是给法国科学院寄送密封信函，以便在其他人也声称做出发现时确保优先权。贝努瓦无法抑制心中的激动，当即记录下勒罗伊的实验结果，寄给了法国科学院。

不久后，勒罗伊来见贝努瓦并给他看了一篇剪报文章，显然美国的几位研究人员也得出了类似的结果：通过DNA注射能将一种鸟的羽色传递给另一种鸟的后代。贝努瓦惊呆了，急于保住优先权，他觉得别无选择，只能请求法国科学院拆阅之前密封的信函。这事非同小可，全国媒体都在跟进报道。一夜之间，贝努瓦成了炙手可热的科学之星。包括戴高乐总统在内，所有人都很激动，仿佛看见诺贝尔奖在不远处招手。

在做出声明之后，贝努瓦才设法与那几位美国的研究人员取得联系，结果却被告知这个所谓的新发现并不存在。这下子贝努瓦坐立难安、困惑不已，而他实验室里其他的研究员却洞若观火。这一切都是勒罗伊

* 奥地利遗传学家孟德尔发现的遗传定律是当代生物学与演化研究中最重要的理论之一，其核心概念是可遗传性状基于染色体上的单个基因，来自父体和母体的等位基因由显隐性关系决定表现性状。非孟德尔遗传指一切不遵循孟德尔遗传定律的遗传模式，具有多种形式。实验中如果鸭子获得外来基因并产生可遗传的变异，那就是父体和母体中被外来DNA感染的一方将特性通过细胞核外遗传传递给子代，即非孟德尔遗传的一种。现在看来这个实验是注定要失败的，事实上非孟德尔遗传的多种模式都有着更为复杂的机制。——译注

编造出来的。他假造实验结果，然后杜撰了新闻报道，迫使贝努瓦公布消息，连媒体的跟进都是他一手安排的。贝努瓦拒绝相信这一切，他无法接受一个耶稣会士会做出这样不诚信的事来，因此不惜搭上自己来替勒罗伊辩护。完全被愚弄的贝努瓦付出了惨重的代价，科学界始终没有原谅他。[18]

罗恩、贝努瓦和其他人的研究带动了研究鸟类繁殖节律的风潮。显然，在北温带地区，如英国和北美，鸟类在春季日照时间增长时进行繁殖。而所有的养鸟人也都知道，不同鸟类繁殖的时间是不同的，这表明不同物种对于光线强度的变化有着不同的响应机制。

罗恩的实验表明了光线是触发迁徙和繁殖的重要因素。贝努瓦展示了光线是如何透过大脑，并且通过这种方式刺激生殖腺增长，进而促使雄鸟开始鸣唱的。现在问题聚焦于大脑与生殖腺之间的联系，而答案就是激素。很长一段时间以来科学家都怀疑有化学信息素存在，其中以德国生理学家约翰·缪勒（Johannes Müller）的研究最为知名。而在19世纪40年代，阿诺尔德·贝特霍尔德（Arnold Berthold）在给公鸡做睾丸移植手术时证实了这些信息素的存在。因为贝特霍尔德并没有移植神经细胞或其他神经组织，因而实验有力地证实是化学物质在起作用。[19]19世纪末，法国生理学家夏尔·爱德华·布朗-塞加尔（Charles Édouard Brown-Séquard）将猴子的生殖腺提取物注射到他的病人体内，产生显著的回春效应。这个广泛报道的实验结果使他的病人和其他研究人员都深感振奋。[20]

到20世纪50年代，鸟类内分泌研究的基础已经奠定了：光线是重要因素；脑部直接接收光信号，导致脑垂体分泌激素（促性腺素），促进生殖腺的季节性生长。

在五六十年代间，新的激素被陆续发现，然而当时的技术手段有限，这些激素的作用机理尚不明确。想要测量鸟类内分泌腺的激素含量，就得在特定时期，比如繁殖期或非繁殖期进行解剖。操作的准确性很差，并且研究人员最希望了解的是某种激素分泌的速率，以这种方法显然是无法测量的。

激素是当时热门的研究课题，世界各地的研究团队都在暗中较量，谁先发现它们的作用机制，就可一举青史留名。伦敦圣巴塞罗缪医院有一个研究小组，以乔克·马歇尔（Jock Marshall）为首，成员有布赖恩·洛夫茨（Brian Lofts）和罗恩·默顿（Ron Murton）。马歇尔对这个领域产生兴趣，是1947年在剑桥大学师从鸟类繁殖周期研究先驱约翰·贝克（John Baker）攻读博士学位的时候。马歇尔是个颇有传奇色彩的人物，15岁时曾因一次射击事故而失去一条胳膊，然而他研究用的所有标本都是他亲自射猎所得。他在“二战”时期赴北非战场服役期间仍继续研究，把猎获的鸟类的生殖腺保存在烈酒中，后来带回给洛夫茨做博士论文研究材料。洛夫茨从未使用这些标本，而是保存在罐子里，放在书桌上，以纪念他杰出的导师马歇尔。[21]

美国的两个研究小组也在开展内分泌研究。其中一个小组由芝加哥西北大学的艾伯特·沃尔夫森（Albert Wolfson）带领，另一个由华盛顿州立大学的唐·法纳（Don Farner）领导。后来成为内分泌研究领域领军人物的布赖恩·福利特（Brian Follett）向我描述了1962年他在布里斯托的一次会议上见到唐·法纳时的情形，并称其气度不凡、充满活力。当时福利特对哺乳动物生理学很感兴趣，然而法纳告诉他，鸟类的繁殖可以通过光线来进行控制，就好像拨动开关一般，这让他感到非常着迷。福利特决定追随法纳开展研究，结果却发现他不得不亲自去野外抓实验用的白冠带鹀。整个研究的重点都放在雄鸟身上，这不是性别歧视，而是因为雄鸟在人工圈养条件下能出现繁殖行为，雌鸟却不能。福利特的工作是追踪垂体激素在整个繁殖周期中的变化。这一切都异常困难，血液中激素的含量是微乎其微的，就算“汇集了大量的垂体”也只能进行非常粗糙的估算，用福利特的话来说，“准确度低得吓人”。后来福利特转为研究鹌鹑，鹌鹑与家鸡不同，它对光周期异常敏感，而且能大规模养殖，更适合进行内分泌研究。

随着研究进一步开展，福利特和他的同事依然为无法准确测量而深感困扰。随后，在 20 世纪 60 年代末，一种名叫“放射免疫分析”的新技术的形成，给他们带来了曙光。这种技术可以用放射性碘对激素之类的物质进行标记，从而来测量。技术的发明者是美国科学家索尔·伯森（Sol Berson）和罗莎琳·雅洛（Rosalyn Yalow），后者因使用这项技术来测量人体胰岛素含量而于 1977 年获得诺贝尔奖。福利特与他的同事科林·斯坎尼斯（Colin Scanes）和弗兰克·坎宁安（Frank Cunningham）只落后了几周的时间：

> 1970 年，奇迹般的一天，真的是奇迹，我们首次获得结果，迈出了飞跃性的一步。一点也不夸张。在那之前，我们只是解剖鸟，取出生殖腺，测定含量水平，而准确率从来达不到 100%。化验试剂的灵敏性有限，需要 4000 毫微克 * 的激素才能做一次检定。只有一系列的鸟体内含量水平有足够大的变化，我们才能推测内分泌的变化。而放射免疫分析能够精确到 10 微微克 **，所以灵敏度提高了 40 万倍。这意味着我们可以从一只鸟身上取许多份 100 微升 *** 的血样，然后重复检测促黄体生成素的水平……正如通常所说的，在科学中技术突破是关键——我们知道需要测量什么，只是没有这个技术——对于我们和其他许多研究人员来说情况就是如此，放射免疫分析使内分泌研究面目一新。[22]

研究团队使用这种新技术获得显著成效，福利特与同事菲利普·迈托克斯（Philip Mattocks）和唐·法纳在 1974 年做了一个后来被视为经

* 1 毫微克 = 1 克的十亿分之一。——原注

** 1 微微克 = 1 克的千亿分之一。——原注

*** 1 微升是 1 升的百万分之一，100 微升差不多是几滴液体的量。——原注

典的实验，显示出鸟类具有内在的光敏感节律，而且只有当白昼长度和体内节律相吻合时才会分泌激素。

到20世纪70年代中期，人们已经基本解开了这个谜团：鸟类是如何感知光线并做出回应的。接下来的问题是，为何繁殖、换羽及迁徙等行为必须有如此精确的时间节律？牛津的动物学家约翰·贝克在四十年以前就提出这个问题，并且意识到，想要了解鸟类的繁殖周期，实际上要考虑两个不同类型的问题。第一，鸟类是如何“知道”何时进行繁殖的，这一点内分泌学家已经给出了答案。而第二个问题则是，鸟类在一年中特定时间进行繁殖的目的或益处是什么。[23]

贝克的这两个问题——如何，以及为何——具有极大的普遍性，因为这不仅关系到鸟类的繁殖季节，而且关系到生物学很多其他方面的问题。第一个问题是关于机制的，而第二个问题则是关于适应性特征的。贝克分别称之为近因和终极因。诗人鲁内伯格混淆了这两者，错误地认为光线是鸟类迁徙的终极因。到20世纪30年代，人们已经知道，光只是一个近因，也就是说，光是环境诱因，促发鸟类的繁殖和迁徙（季节上稍晚一些）。

另一方面，30年代时几乎没人对繁殖和迁徙的演化因（或终极因）感兴趣。这很奇怪，因为约翰·雷在《上帝之智慧》中已经讨论过这个问题，他写道：“鸟兽繁育之时节，乃食源与栖所皆便利之时。”而在他之前，三百年多前腓特烈二世就在关于驯隼的著作中解释过为何大多数鸟类都在春季繁殖：

> 此时气温均和，宜养精血，此二者过剩则致两性交合，及至物种生息。稍息春消夏至，更宜抚育幼雏……或有疑者曰秋日亦气候平顺，适于衔泥筑巢，吾不以为然，若禽鸟于此时行繁育之事，寒冬将毁其巢穴，伤其幼雏，因其羽翼未丰，不足御苦寒也。[24]

不同鸟类繁殖的时间节律直到19世纪才渐为人知，而最熟悉情况的往往是捡鸟蛋的人，而不是鸟类学家。图中都是一些欧洲莺类的蛋（从最上行起）：水栖苇莺、水蒲苇莺、芦苇莺、湿地苇莺和大苇莺（底部两行）。引自霍华德的著作（Howard, 1907）。

腓特烈二世和约翰·雷不约而同地得出了关于鸟类繁殖季节的结论，然而直到20世纪，居然也只有他们认真思考过我们今天称为适应性特征的问题。当然，雷的阐释是从上帝的恩赐这个视角来进行措辞的，然而究其始终，他讨论的依然是关于适应性的问题。

贝克的两类问题所指涉的绝不仅限于鸟类的繁殖季节，而实际上成为了生物学中的一个核心概念，对动物行为研究的塑造和界定尤其重要。这也将研究人员分为两个阵营：一派专门研究生理学（近因），另一派痴迷于生态学、行为和演化（终极因）。结果造成有很长一段时间，这两个阵营各自为政，极少交流。生理学研究常需要把鸟类关在笼子里做实验，而鸟类生态学、行为和演化方面的研究意味着在自然环境中进行观测，偶尔辅以实验。20世纪六七十年代时我还是个年轻的生物学者，热衷于在自然环境中观察鸟类，对生理学研究的理念没什么好感。

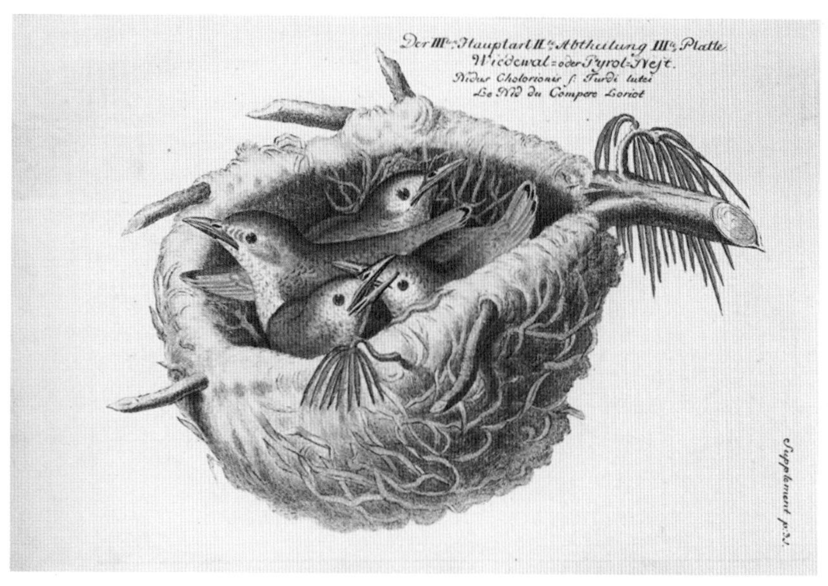

早在17世纪，约翰·雷就正确地推断出，鸟类把握繁殖时节是为了给雏鸟提供充足的食物。图中为金黄鹂的幼鸟，引自弗里希的著作（Frisch, 1733–1763）。

然而随着 90 年代鸟类学及相关领域如行为生态学的日渐成熟，将近因和终极因结合起来进行研究的呼声日渐高涨。[25]

达尔文观念的复苏启发了贝克，在 20 世纪 30 年代，他无疑是超前于时代的，他说："几乎没有哪个课题比关于繁殖季的研究更需要生态与演化视角。"[26] 并非每个人都赞同贝克的观点，他就这一里程碑式的观点撰写了论文，投稿给著名的鸟类学期刊《鹮》(*Ibis*)，却直接遭到拒稿，做出这一决定的编辑泰斯赫斯特（C. B. Ticehurst）是以思想保守知名的。戴维·拉克对此失望至极，给美国的恩斯特·迈尔写信表达他的不满，后者回信说："在英国有一些优秀的年轻人，完全能够迅速地扭转局面，然而却被旧势力缚住了手脚。如果能联合足够多的人……你完全可以开辟一片新天地。"[27] 受迈尔的鼓励，拉克后来果然开辟了一片重要的新天地。

1938 年，贝克的文章终于作为一个章节发表在为纪念英国动物学家古德里奇（E. S. Goodrich）而出版的一本新书上。如今看来，鸟类在育雏的最佳时间进行繁殖是再自然不过的事，然而"事后之明"总是很容易的，很多概念一旦得到明确的陈述，听起来都非常简单。贝克当时大概没想到，他的理论开启了 20 世纪鸟类学最重要的篇章。一方面，他激励布赖恩·福利特这样的生理学家去继续研究，探究激发繁殖行为的近因；另一方面他也鼓舞生态学家去探寻繁殖季节与适应性特征之间的关系。在这些生态学家中最耀眼的就是戴维·拉克。他的核心理论和当年雷的观点几乎一样，然而他却似乎从来没有看过雷关于鸟类繁殖季节的论述，这很出人意料，因为拉克一向以博览群书著称。

理解鸟类繁殖季节的关键在于，不同的物种在一年中繁殖的时间也不尽相同。从古代起，人们就有从野外捕捉巢中的幼鸟带回来进行人工饲养的习俗，因此至少在欧洲，很多鸟类的繁殖时间是长久以来为人所熟知的。的确，欧洲的大多数动物都在春天繁殖，这是显而易见的，以至于像贝伦、格斯纳和阿尔德罗万迪这样的博物学家在他们的百科全书中对此不屑一提。然而对于培育笼养鸟和驯隼的人来说，了解不同的鸟在什么时间繁殖很关键，只有这样才能在合适的时间找到鸟巢。人们从亚里士多德时代就已经掌握了夜莺的繁殖规律，这部分是因为雄性夜莺在春天归来时会发出响亮独特的歌声，同时也是因为养鸟人深知，如果要驯养夜莺，就只能在幼鸟刚孵化时将它们从巢中带回。格斯纳还发现，红交嘴雀筑巢的时间尤其早，通常在一月或二月，而很多其他的莺类直到五月才开始繁殖。

然而，直到18世纪初，随着园丁日志的出现，才有了第一份系统的物候记录。吉尔伯特·怀特从1751年开始写《园丁日志》，报告他的园艺工作和天气情况。林奈的《植物日历》是从1757年开始的，性质和农家历类似，记录了融雪、天鹅飞过、燕子沉入渗满水的地窖中（他其实是指它们在夏末消失）的时节，等等。戴恩斯·巴灵顿认为把数据列成表格就等同于科学，所以1767年他给吉尔伯特·怀特寄了一沓印好的表格，以便怀特做观察记录，这些记录后来成了《塞耳彭自然史》。[28]

吉尔伯特·怀特有一位忠实的弟子——伦纳德·杰宁斯神父（Reverend Leonard Jenyns）。杰宁斯曾就读于伊顿公学，是一位严谨而热切的博物学家。在杰宁斯拿到剑桥的学位后，他那身为伊利座堂*教士的父亲安排他到斯瓦夫姆·布百克**当助理牧师，此处紧邻他们在剑桥附近位于博蒂舍姆的家族庄园。和达尔文一样，杰宁斯对甲虫非常感兴趣。然而在交换标本收藏时，达尔文发现杰宁斯非常老派，古板而孤僻。杰宁斯有很多闲暇，又对博物学很感兴趣，做事极其谨慎，于是他从1820年开始在日历上记录“周期性的现象”。此后的十二年中，他记录下了一切与季节相关联的动植物生命：第一片橡树叶出现，第一朵紫罗兰绽放，鸟类繁殖的时间等。杰宁斯受过科学训练，知道这类现象存在很大的波动性，于是他计算了十二年记录数据的平均值，并记录下极

* Ely Cathedral，位于英国剑桥郡伊利的圣公会主教座堂。——译注

** Swaffham Bulbeck，英国剑桥郡的一个村庄。——译注

早期的鸟类学家已经知道，相对其他小型鸟类来说，红交嘴雀的繁殖季节非常早。图中左下角为红交嘴雀雌鸟，它们通常在二月白雪皑皑的时候就产卵了。插图出自佩皮斯版的《威路比鸟类学》。

限数值。[29]比如，苍头燕雀开始产卵的平均日期是4月28日，而在他记录的年份中，最早是3月17日，最晚是5月14日，足足相差两个月。而夜莺的变化则小得多，时间在5月8日至18日之间，平均日期是5月13日。杰宁斯的十二年记录首次对鸟类繁殖日期进行量化记录，这项研究清晰地表明在气候较为寒冷的春季，鸟类繁殖的时间要比通常更晚。杰宁斯还发现，无论气候状况如何，不同的鸟类开始繁殖的次序基本保持一致，说明它们受气候影响的程度是相似的。杰宁斯大约不善社交，但是他在量化研究方面的兴趣是远远超前于时代的。

一个世纪以后，鸟类的繁殖周期成了戴维·拉克的主要研究兴趣。他有一个宏伟的蓝图，包括研究鸟类的繁殖速率、寿命长度和种群数量波动的原因，而理解鸟类繁殖季节的演化是其中重要的一环。为了研究这个课题，拉克要回答的正是许多年前腓特烈二世和约翰·雷提出的问题：鸟类开始繁殖的时间是否恰好是幼鸟食物最为充足的时候？这个问题听起来很有道理，然而却很难做出确切的回答，因为在野外想要计算食物的数量是非常困难的。19世纪末德国鸟类学家伯纳德·奥图姆曾试图开展此类研究，结果却徒劳无功。[30]

拉克选择以大山雀作为研究对象，因为它们捕捉林地的毛虫来喂养幼鸟。拉克和牛津大学的昆虫学家合作，学会了使用蛀屑，也就是毛虫的粪便来估算林地中毛虫的数量，这样他就可以准确地估算大山雀整个繁殖季节的食物数量。研究结果很引人注目，也非常可信：大山雀产卵的时间刚好能够保证幼鸟孵化时毛虫的数量最为充足。接下来的研究还表明，大山雀对繁殖时间的选择不仅是可遗传的，而且会受自然选择的影响。[31]

想让雏鸟享受到最充足的食物是需要一番计划的；鸟类开始繁殖的时候得先筑巢、交配、为产卵积累养分，等等，要等好几个星期食物数量才会达到顶峰。这就把我们拉回“停鸟”术的问题上来了。拉克发现，大山雀之类的鸟并不是等毛虫的数量增多时才开始繁殖的。当它们在三月开始准备繁殖的时候，毛虫还处在越冬的卵的阶段。诱发鸟类繁殖的近因是白昼的时长。就是这样近乎残酷地简单，甚至不需要多想。那些在合适的日照条件下开始产卵的个体，雏鸟孵化的时间也恰到好处，这样它们就有更多的后代存活，这种在“正确的”时间繁殖的基因将被传递给下一代。而那些对错误的光照条件做出反应、过早或过晚繁殖的个体，就算有后代存活，数量也极少，渐渐地就成了演化史上湮灭的往事。

亚里士多德最先发现了每一对鹰都需要自己的领地。插图出自塞尔比的著作（Selby, 1825–1841）。

6. 野外研究创新——领域的发现

一百多年前，观鸟的人屈指可数，而如今已有数百万。早期的观鸟者被视为非主流，日子一定不好过。不仅普通人觉得他们古怪，就连职业鸟类学家也冷嘲热讽，公开蔑视诋毁他们在野外观察和研究鸟类的热情。在那个时代，"正宗"鸟类学的主要工作是命名和分类，由受过正规训练的人在博物馆里从事研究。有人曾带着嘲讽的口气概述这种境况：

> 大众普及之鸟类学更具娱乐性，其重在品味野外山林、绿野田园、河岸海滨、鸟儿鸣唱以及许多与户外大自然相关的迷人事物。而系统鸟类学研究，作为生物学，即关于生命的科学的一部分，则更加教条，因而更为重要。[1]

19 世纪 90 年代，在鸟类学反对野外研究的大环境中，埃德蒙·塞卢斯（Edmund Selous）决心逆流而上。塞卢斯的哥哥是一名被传奇光环笼罩的非洲狩猎者，相比之下塞卢斯就显得很古怪。他非常羞涩、内向、不善交际，更喜欢与鸟儿做伴而不是与人为伍。塞卢斯于 1901 年出版了《观鸟》（*Bird Watching*）一书，"观鸟"这项技术和名称都是他自己想出来的。然而塞卢斯当时所做的和如今人们认为的观鸟活动大不相同。他是因科学研究的目的而燃起在自然生境中观察鸟类的热情，正是因为塞卢斯和他的同伴开始向学术领域进军，那些博物馆派的鸟类学家才产生了危机感。

塞卢斯的第一篇科学论文于1899年发表在《动物学家》上，描述了他躲在接骨木灌丛后对一对筑巢的欧夜鹰进行的近距离观察。这是不同寻常的，此前（除猎人外）从未有人对鸟类进行过这样的观察，结果自然不同凡响。《动物学家》的编辑对塞卢斯独特的研究大加赞扬，《周六评论》声称塞卢斯对夜鹰的观察超越了吉尔伯特，并称他为“天生的博物学家”。[2]

塞卢斯并不仅仅观鸟。他有一个使命，并自视为先驱者。他想彻底改变鸟类学，使其远离猎杀、采集标本和命名分类：“明日之动物学家应当大不相同：今人皆不配有其称号。动物学家应当携带望远镜与笔记簿，步出户外，随时预备观察与思考。”[3] 放下猎枪，拿起望远镜，这个观点在当时确实是具有突破性的，难怪专业人士对他恨之入骨。

塞卢斯受到了达尔文的性选择理论的启发，这一理论认为两性在外表和行为上的不同是择偶竞争的结果。雄性演化出更大、更强壮的体形，这让它们在争夺雌性的打斗中更占优势。相比雌性，雄性具备更多装饰性的外部特征，这是因为雌性偏好这些特征，也更愿意与具备这些特征的雄性交配。我们知道，在当时，性选择像自然选择一样只是一个理论，而且主要是通过观察圈养动物得出的结论，因此塞卢斯想验证，性选择在自然环境中是否也存在。

在观察了一些个体差异极大的鸟，如秃鼻乌鸦和流苏鹬之后，塞卢斯认为性选择在自然环境中的确是存在的，他花了约三十年时间，写了好几本书来记述他的观察和思考所得。然而如今读这些书，你会很难确定塞卢斯到底发现了什么。的确，书中有很多关于行为的精确描述，塞卢斯无疑也有敏锐的观察力。然而他的行文常常过于夸张和啰唆，因此读起来很困难，更不用说弄明白其中有哪些普遍结论。比如，塞卢斯曾这样描述凤头䴙䴘的炫耀行为：

20世纪初期，埃德蒙·塞卢斯首次从隐蔽处观察并记录了鸟类的繁殖行为。他对图中所示的欧夜鹰进行的研究广受赞誉。插图出自迈耶的著作（Meyer, 1835–1850）。

> 其于性诱因之反应多为生理之故，然于此种诱因之下，此鸟所关注之部位忽显，为示其承袭之繁育优势，此种种变化时有出现，有如此繁育优势情形中可有之——如前述之部位。[4]

我不知道塞卢斯的文风在他同时代的读者眼中是否同样晦涩。在那个对冗长迂回的行文更宽容的年代，也许会有人赞赏。不过有一点可以肯定，塞卢斯启迪了后人。他是鸟类学野外研究的先驱，发起了整个野外鸟类学运动。戴维·拉克认为塞卢斯在鸟类学史上产生了极其重要的影响。不过塞卢斯的声誉更多地在于他所做的事，而不在于他做出了哪些发现。在某种意义上，除了在野外研究鸟类的新方法之外，他什么也没弄出来：没有事实性的重大发现，没有证明性选择的决定性证据，也没有自成一体的宏大理论——至少没有经得住时间考验的成果。[5]

要谈到影响了后世几代鸟类学家的人物，就必须提及另一个 20 世纪初的人。艾略特·霍华德（Eliot Howard）并没有那么出名，然而他提出并明确了鸟类领域的概念。他的《鸟类的领域》是 20 世纪最具影响力的鸟类学著作之一。虽然现在几乎没人记得了，然而此书当时在鸟类学界可谓轰动一时，书中提出的领域概念，后来成为鸟类生态学中最重要的概念之一。曾几何时，有人说全世界的鸟类学研究几乎都陷入了"领域狂热"的境地，而这一切都是因为霍华德提出的理论。不久后，伟大的演化生物学家恩斯特·迈尔稍稍更有节制地表达了他的观点，仅仅是评论霍华德的书"在鸟类学家中引发了极大的争论，同时代的出版物无出其右"[6]。我们稍后就会谈到，为什么说迈尔的保守评论言之有理。

艾略特·霍华德生活富足，业余喜爱研究鸟类。他 1873 年出生于英国中部的基德明斯特，先后就读于斯托克波吉斯的斯托克预备学校和伊顿公学，从少年时代就对博物学很感兴趣。后来他进入梅森学院（日后的伯明翰大学）主修工学，毕业后当上了伍斯特郡一家大钢材公司的主管，利用业余时间不断观察和研究鸟类。[7] 霍华德很幸运，他那位于克莱尔兰德的庄园坐落在塞文河畔，那里有适合鸟类的各种栖息地，从芦苇丛生的湖泊到高沼泽，吸引了各种各样的鸟，其中包括好几种鹀和莺。霍华德三十几岁的时候，认定莺类是最适合详细研究的鸟类，因此他开始系统地观察这些鸟在野外的行为。

这着实是个不错的选择，莺类作为一种候鸟，相对留鸟来说交配行为开始的时间更为明确，行动也更显著，对他的研究相当有利：

> 春季迁徙为利于繁殖之故，艰辛之旅千里迢迢，多半缘于生殖器官早期增长之刺激。另雄性较雌性更先抵达，对追踪研习其行为大有益处。[8]

霍华德比埃德蒙·塞卢斯小十五岁，受后者的启发，他热切地期待

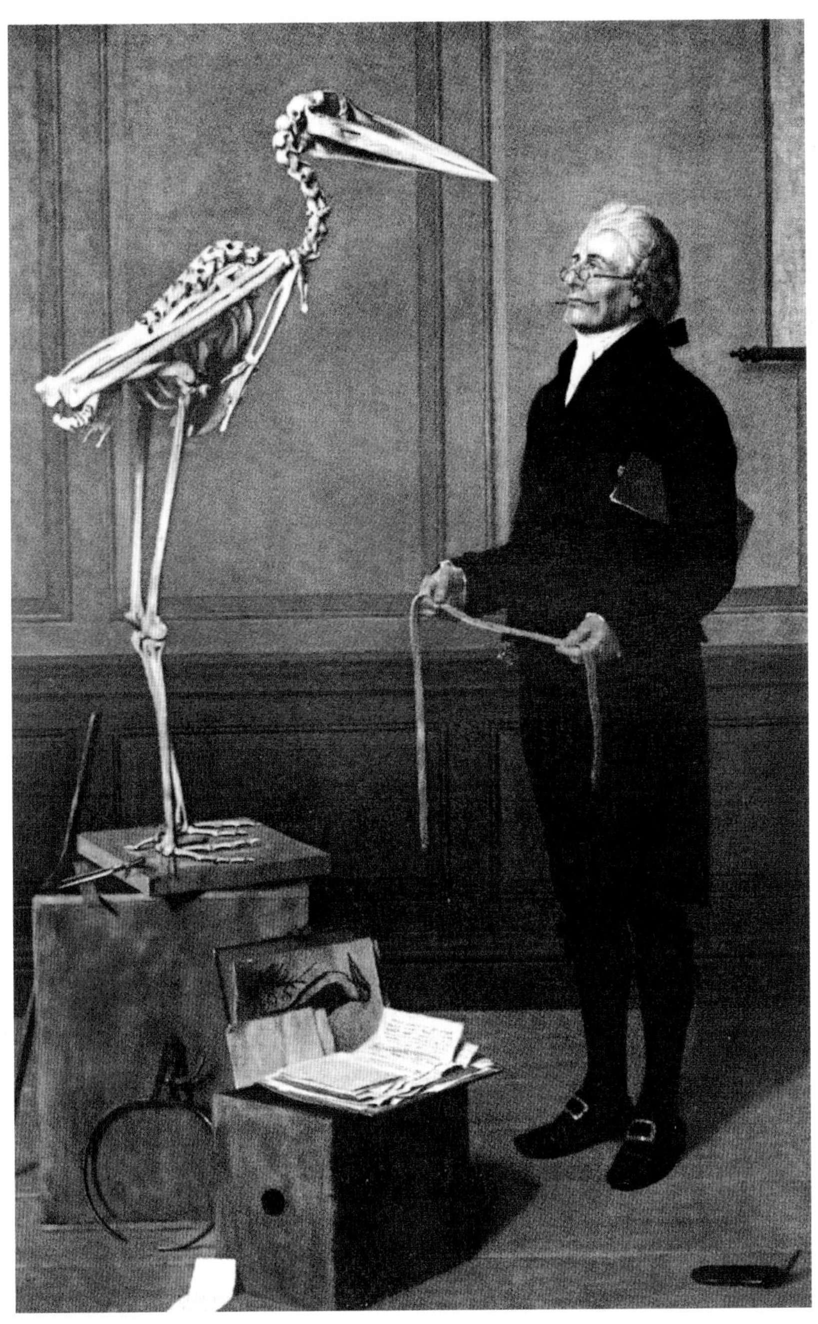

从1700年到20世纪早期，唯一正统的鸟类研究是博物馆鸟类学，而博物馆研究人员常嘲讽并排斥像塞卢斯一样的野外鸟类学家。这幅由亨利·马克斯（Henry Marks）于1873年绘制的画作题为《科学源于测量》。

打斗中的黑顶林莺。霍华德发现、扩充并推广了鸟类的领域这一概念。他的著作中有许多一流的关于鸟类行为的插图。这幅图中两只雄性黑顶林莺（还有一只凑热闹的叽喳柳莺）正在争夺领域的边界，插图为亨利克·格伦沃德所绘，出自霍华德的著作（Howard, 1909）。

能够在野外找到支持达尔文性选择理论的证据。霍华德对鸟类的交配行为尤其感兴趣，他的大部分观测着重于繁殖季节早期的情况，如配对、领域、求偶、最终的交配，他以一种古怪的方式记录下来，既有几分羞怯，又毫无避讳。霍华德深受达尔文的影响，然而他很失望达尔文竟然是基于像约翰·詹纳·韦尔（John Jenner Weir）和伯纳德·布伦特（Bernard Brent）这样的养鸟人提供的关于鸟类行为的二手知识来建构出性选择理论。霍华德的遗憾不无道理：直到20世纪早期，动物行为研究都基本停留于拟人论的奇闻逸事，而且多半是关于家养或半驯化动物，乔治·罗马尼斯的畅销书《动物智能》就是典型。霍华德认为相比"对野性自然中立的研究"，这类观测毫无价值。[9]

然而，随着霍华德对莺类的深入观察，他越来越怀疑他所谓的达尔文"美丽动人的性选择理论"。他没有观察到达尔文所说的雄性为争夺雌性而互相竞争，或是雌性在不同雄性之间做出选择。他观察到大多数雄性之间的争斗都发生在雌性到达繁殖地之前。雌性一旦到达，似乎就对雄鸟的炫耀行为完全无动于衷了。在1910年关于芦苇莺的记录中，霍华德写道：

> 但凡于繁殖季节对鸟类之习性有所留意者，定然能注意到同一物种雄鸟间之斗殴争夺。达尔文坚信此种现象之首要目标为争夺配偶，然而……依吾之见，于雄鸟而言领域之重要性远甚于此……[10]

比起塞卢斯装腔作势的啰里啰唆，霍华德关于莺类行为的早期描述读起来令人心旷神怡。他的文风简明而朴实，传达出一种不可言喻的热情，他对所见到的事物有着非凡的描述能力。霍华德痴迷于动物的想法，尤其关注个体之间的差异——这是很多其他鸟类学家忽略了的——他认为只有了解鸟类的思维，才能解释它们的行为。

霍华德想不出一个合适的术语来命名鸟类的思维这一概念，所以他咨询了一位专家——布里斯托大学学院的动物学教授康威·劳埃德·摩根（Conwy Lloyd Morgan）。摩根的第一部著作《习性与本能》（*Habit and Instinct*, 1896）中有大量鸟类观察，其中有一章题目是“交配季的某些习性与本能”。[11] 霍华德出了学校之后从未受过正规的生物学训练，摩根一直为他提供有益的建议。摩根也对思维很感兴趣，他第一个提出幼鸟乞食和鸟类迁徙这类行为是否可能成为本能，也就是经典的先天-后天之争的问题。摩根在动物生理上的先驱性研究，为鸟类学家，尤其是那些像霍华德这样进行野外研究的人，指出了很多激动人心的新方向。摩根指导了霍华德 25 年，让他远离拟人论和形而上学的混沌，鼓励他磨炼观察技能，保持科学性。然而摩根并没有完全成功，正如戴维·拉克在霍华德去世很久后所说，霍华德对鸟类“思维”的痴迷，使他“陷入了抽象的形而上学领域，至今都无人附和”。[12] 摩根也认识到，了解鸟类的思维，这一目标对于霍华德（实际上对任何人来说都是）过于复杂、庞大、困难，一个世纪后我们也只取得了一点点进展。

霍华德对莺类的观察记录集结成了九卷，关于黑斑蝗莺的第一卷于 1907 年出版。《英国莺类》是一部奢华的著作，耗费昂贵，插图极其精美。在霍华德的指导下，丹麦艺术家和博物学家亨利克·格伦沃德（Henrik Gronvold）用手绘和凹版照相法为此书制作了插图，我个人认为现存关于鸟类交配与打斗行为的插图中极少有比他的作品更优秀的。[13]

在 20 世纪初，动物学主流的研究方向主要包括胚胎学和比较生理学，野生鸟类行为研究还远没有一席之地。在那个时代，人们认为行为和演化一样，属于“哲学博物学”的范畴，其概念过于异想天开，和当时认为合理的事实科学（factual science）相差甚远。然而并不是每个人都这么想，有少数人已经认识到野外鸟类学开拓了新的地平线。其中就有印刷出版界的哈利·威瑟比（Harry Witherby），他在 1907 年创办的极具影响力的学术期刊《英国鸟类》，陆续发表了很多由霍华德的领域观念引发的争论。

这个时代另一个关键人物是朱利安·赫胥黎（Julian Huxley），他是动物学家托马斯·赫胥黎（Thomas Henry Huxley）的孙子。老赫胥黎因捍卫自然选择理论，尤其是在1860年英国科学协会于牛津召开的会议上与威尔伯福斯主教（Bishop Wilberforce）论战，而被称为"达尔文的斗犬"。朱利安·赫胥黎是天生的达尔文主义者，少年时就爱好观鸟，几年后，他受塞卢斯的《观鸟》一书影响，开始对鸟类行为，尤其是对关于鸟类行为的演化论阐释感兴趣。赫胥黎1909年毕业于牛津大学的动物学专业，然后在本校当上了动物学讲师。1912年的春天，赫胥黎利用复活节假期和弟弟一起到特林水库研究凤头䴙䴘的交配行为，当时他还尚未确定研究方向。这次研究的论文于1914年发表，论述之清晰堪称典范，并且成了动物行为研究的里程碑之一。我记得我是在读本科的时候听说这个研究案例，当时深受启发，因为赫胥黎选择的鸟种非常巧妙，凤头䴙䴘的行为都发生在开阔地带（与霍华德那些行踪不定的莺类形成鲜明对比），并且他在不到两周的时间里，为鸟类学的发展做出了有价值的贡献。

与塞卢斯和霍华德一样，赫胥黎也对性选择很感兴趣，他观察到的一些䴙䴘的行为与霍华德观察到的莺类行为相吻合。达尔文在论述性选择时曾认为，鸟类演化出求偶炫耀行为，是为了帮助雄性或雌性获得配偶，而赫胥黎注意到他观察的䴙䴘是在配对之后才进行求偶炫耀的，这与达尔文的观点相矛盾，也令人思索这些炫耀行为，包括奇怪的姿势、动作和鸣叫，真正的目的是什么。要对其进行达尔文式的解读，就必须找出这些行为的功能。赫胥黎得到的结论是，这些炫耀行为能够巩固配偶之间的关系。[14] 这个观点合乎逻辑，直到今天，当人们观察到配偶之间其他令人费解的行为时还会以此进行解释。然而在某种意义上这也是一个站不住脚的论述。说一种行为有利于巩固配偶关系，其实就等于说我们根本不知道这个行为的目的是什么。更有意思的是，后来我们知道，鸟类的配偶关系并不总像赫胥黎和霍华德当初以为的那样忠贞。直至今日还没人能够想出合理的解决方案，因而关于“配偶关系”这一概念的研究成了鸟类学中最大的空白领域之一。读者们有什么好主意吗?

霍华德在早期对莺类的观察中开始注意到领域的存在，1908年在关于叽喳柳莺的记述中，他第一次提到了领域:“于雄鸟而言，繁殖领域可谓重中之重，若二鸟欲争同一领域，则不免激烈缠斗一番。”[15]霍华德又对其他莺类进行持续的观察，逐渐精炼自己的观点，并意识到至少就莺类而言，达尔文还犯了一个错误：雄鸟争夺的是领域，而不是雌鸟。霍华德和摩根讨论了他关于领域和性选择的观点，后者立刻意识到相比霍华德关于鸟类“思维”的论述，朝这个方向努力更有可能出成果。于是摩根在1915年2月5日的回信中鼓励霍华德撰写“薄书一本以论述君之先进观点”。[16]

《鸟类的领域》于1920年出版，书中表达了一个清晰的观点：对于鸟类来说，领域是普遍规律，甚至是**法则**。霍华德再次请来格伦沃德，与另一位优秀的鸟类艺术家乔治·洛奇（George Lodge）一起为这本书绘制插图，这两个人都很擅长描绘鸟类的动态。霍华德关于领域的结论可以简述如下：好斗的雄鸟在春季占据并捍卫自己的领地，防止其他雄鸟入侵，这使雄鸟个体分布在田野各处，从而限制它们的数量。领地能够保证幼鸟的食物供给，从而维持配偶间的关系。领地所有者在自己的领地内几乎是战无不胜的；雄性竞争的是领地而不是雌鸟，而雄鸟的鸣唱既是对其他雄性的示威，也是吸引雌鸟的信号。

《鸟类的领域》受到了一些好评，然而大部分都是以居高临下的姿态——著名的鸟类学家弗朗西斯·乔丹神父（Reverend Francis Jourdain）称之为“甚有意趣并经深思熟虑之小研究”。[17]这本书当时对鸟类学圈子产生的直接影响微乎其微。霍华德一定很失望，然而科学发展史上的重要发现没有几个是立即就能赢得喝彩的。这对摩根来说也甚为讽刺，他当初鼓励霍华德写书就是因为感觉他的观点没有得到重视，可就算写成书也还是被忽略了。[18]然而摩根其实无须担心，当这本书最终产生效应的时候，甚至比他当初预期的还要波澜壮阔。只是需要稍假以时日罢了。生物学上的新观点通常要一些时间才能为人接受，大概是因为需达到某种临界认可度，研究者才能决定一个主题是否值得更深入的研究吧。通常，年轻一代对新观念都持有很高的热情，而年长些的人则更有经验，他们见惯了各种新观念的潮起潮落，深知研究中暗巷遍布，他们有如谨慎的恋人，要看好发展方向才会做出承诺。数一数在霍华德的著作出版前后相关主题学术论文的数量，我们就能看出人们对领域概念的兴趣产生了变化：从 1900 年到 1910 年，11 篇；1910 年到 1920 年，15 篇；而在著作出版后的十年里则是 48 篇，有所增加，然而比起之后的浪潮，这只是一个序曲而已。

实际上直到马克思·尼克尔森（E. M. Nicholson）在 1927 年出版的《鸟类如何生活》中宣扬霍华德的观点，领域概念才引起人们的注意。[19] 尼克尔森是博物学史上最激进的革新者之一。他敏锐、急切，更像政客而不是科学家，对观鸟的推广起到了极大的作用，他还和詹姆斯·费舍（James Fisher）一起，极大地拉近了观鸟和科学之间的距离。尼克尔森这本书的副标题叫“基于当代观察对鸟类生活的简明阐述”，而事实上他用整整一章的篇幅论述了领域的概念，让怀疑论者打消了疑问。领域突然间成了受人瞩目的课题，产生影响的速度大大加快。

尼克尔森论领域的章节不仅使业内人士注意到领域的概念，也让他们犹如鲨鱼见到血一般迅速地意识到霍华德的理论可能存在缺陷：“他（霍华德）无疑始终是首先意识到领域的重要性并充分研究的人，然而他本人的理论如果不经过大量修正，最终是否能被接受，还很成问

跨页图：朱利安·赫胥黎是研究动物行为的先驱。他在1912年复活节期间对凤头䴙䴘交配活动仅十天内的研究，成了历史上的经典。插图出自塞尔比的著作（Selby, 1825–1841）。

PLATE LXXIII.

REAT CRESTED GREBE.

1. Adult. 2 Young after 2nd moult.

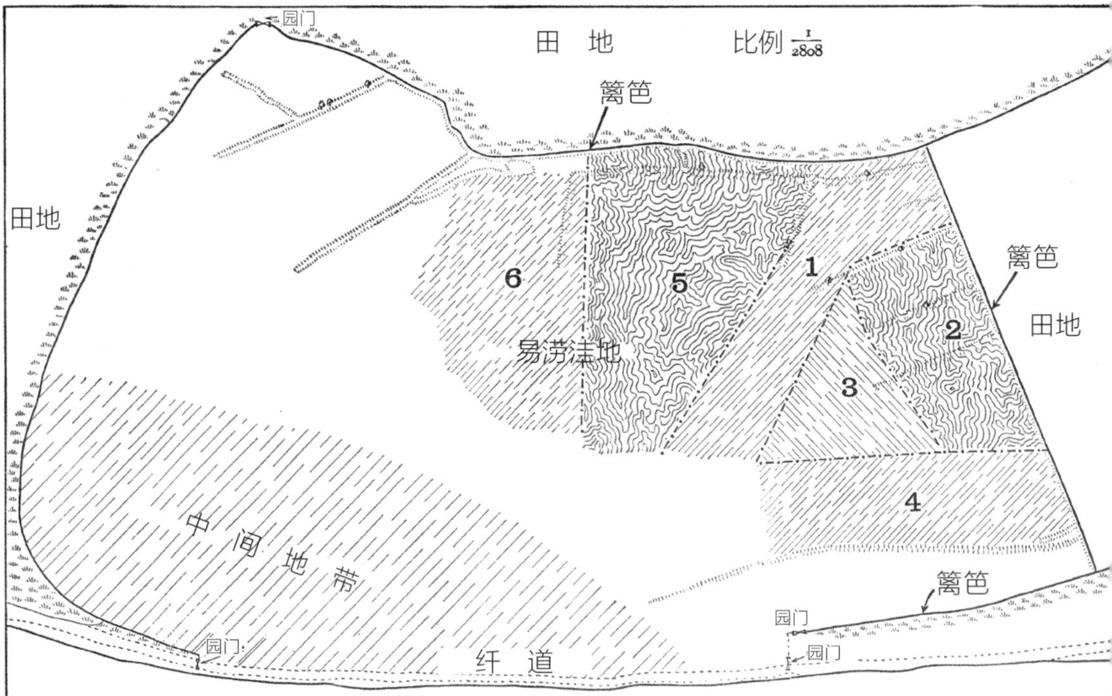

园门
田地
比例 $\frac{1}{2808}$
篱笆
田地
6
5
1
篱笆
易涝洼地
2
田地
3
4
中间地带
篱笆
园门
园门
纤道
园门
塞文河
→

题。”[20]很难弄清尼克尔森是否真正认同霍华德的观点，至少从他的叙述方式来看并非如此，然而后来当戴维·拉克攻击霍华德的观点，并将尼克尔森和霍华德视为一丘之貉时，尼克尔森却跳出来为霍华德辩护："我很骄傲能与这样一个人站在同一战线上，在我看来，他对鸟类学的推动至少比尚在世的其他人做的要更多。"[21]

业内人士开始提出各种各样的疑问：霍华德以什么证据来支持他的理论？对于领域现象，还有没有其他可能的解释，比如避免疾病传播？他的理论站得住脚吗？他所说的领域到底是什么？说霍华德是领域研究的先驱者是否合适？科学家对优先权是锱铢必较的——之前会不会已经有其他人曾提出某些同样的观念，然而被忽视了？这些都是 20 世纪 30 年代初职业鸟类学家——其中不乏星光闪闪的大腕——开始探寻的问题。

其中一位最受人瞩目又高效多产的鸟类学家是玛格丽特·莫尔斯·尼斯（Margaret Morse Nice），通常称为尼斯夫人。她是当时为数不多的女性鸟类学家之一。尼斯夫人最为人称道的成就是她对歌带鹀的生活史进行了出色的研究。基于自己的野外观测，尼斯夫人很快对霍华德的著作及其引发的争论做出回应，并撰写了数篇关于领域概念的综述。从其中一篇文章中，我惊讶地发现埃德蒙·塞卢斯居然没有读过霍华德论领域的著作，而是另辟蹊径进行论述，然而尼斯夫人认为塞卢斯的做法过大于功。[22]我怀疑塞卢斯大概是出于嫉妒；他本人的工作为后续研究奠定了基础，然而他并没有提出任何像领域这样的重大主题。

在 20 世纪 30 年代，还有一个人注意到了领域的观念，那就是戴

左页图：1916年，霍华德绘制了六对凤头麦鸡在湿草甸中的领域边界，这片草甸位于他在舒尔兰德的庄园，邻近塞文河。下图出自霍华德的著作（Howard, 1920）；上图凤头麦鸡引自古尔德的《大不列颠鸟类》（Gould, 1873），绘图者为古尔德的妻子伊丽莎白。

维·拉克，当时他还在剑桥大学攻读动物学。在完成学业前的最后一年，也就是 1933 年，戴维·拉克和他的父亲（一位外科医生）联名在《英国鸟类》期刊上发表了一篇关于领域问题的综述。拉克最初接受霍华德的观念，然而他那位对鸟类研究越来越感兴趣的父亲认为领域理论有问题，并说服拉克和他一起撰文对霍华德的理论大加批判，反对领域是普遍现象而且存在的目的是为幼鸟提供食物这一说法。戴维·拉克本人的观点是，领域只是“雄鸟自己的事，真正意义仅在于为其提供多少比较便利且独立之区域，使之能鸣唱或炫耀”。[23] 换句话说，领域没什么大不了的，霍华德夸大其词了。然而拉克父子有些过于尖刻，霍华德的很多观点后来都被证明是合理的。不过从另一个角度看，拉克父子的文章也极其重要，因为它给鸟类学家提供了批判的对象，并认清了哪些问题是需要研究的。正如戴维·拉克本人后来所说，这篇论文“引起了不小的骚动，人常归功于敝人，然而做出原创思考的实为家父”。[24] 拉克这么说其实过谦了，他在剑桥的导师比尔·索普曾评价他“相对他的年纪来说极为博学且经验丰富”。[25] 十年后，当戴维·拉克积累了一些关于领域的一手观察经验之后，他开始意识到霍华德的理论比他原先认为的要扎实得多。拉克很大度，他在《旅鸫的生活》（*Life of the Robin*）一书中写道：“虽然之前也有一些作者多少涉及他（霍华德）的部分观点，但确立领域在鸟类生活中的重要性，必然完全归功于他。”[26]

在玛格丽特·尼斯和戴维·拉克之前，关于领域性和霍华德观念的第一篇评论来自年轻的德国生物学家威廉·梅斯（Wilhelm Meise），他是埃尔温·施特雷泽曼的一个学生。大概是因为文章是用德文写的，这篇发表于 1930 年的文章几乎被英国学界忽视了。此外，文中提到了更早研究领域性的一些人，而且还给出了一些重要的信息，直到恩斯特·迈尔多年后旧事重提，这些信息才大白于天下。梅斯用霍华德关于芦鹀的记录阐释了领域概念，但同时也指出：“研究者多以为霍华德开领域研究之先河……虽非意图轻视当代学者之功，然公平起见，须知半世纪前伯纳德·奥图姆就诸多生物学问题（包括领域在内）皆有超前于时代之论述。”[27]

迈尔对奥图姆、塞卢斯、霍华德和尼克尔森的研究都有涉猎，他1929年在新几内亚规划未来的研究课题时就已经认识到了领域的重要性。他将“对（霍华德、尼克尔森）领域理论的判决性实验”列为研究的要点之一。[28] 1930年他搬到纽约后依然保持着对领域的兴趣，然而直到1935年4月，他才就这一问题发表了第一篇论文，其中肯定了奥图姆的关键作用。[29] 迈尔将这篇论文寄给霍华德一份，霍华德回信中那整洁的反斜字迹揭示了他一贯内省的性格：

> 余一贯之基本观点为，雄性占据领域并无法容忍他者入侵，为其天生之特性。海鸽占据崖壁一隅并驱逐入侵者，其时距产卵尚早，此与流苏鹬于打斗场占据方位之举，愚以为并无本质区别，皆为天性也。[30]

霍华德无所不包的领域观念最终被证明是正确的，美国两栖爬行动物学家格拉德温·诺贝尔（Gladwyn Noble）于1939年对领域的定义做出形象的表述：“任何被防卫的区域”。如今这已经得到普遍认可。[31]

翻阅完这些历史记录，我的感想是，鸟类学界也许又恼怒又失望，因为最先发起领域革命的居然是一位业余爱好者。拉克父子的观点一定深深地伤害了霍华德。至少在我看来，霍华德完全不了解历史文献，他独立地得出了结论；奥图姆的工作，或者之前其他任何人就这一主题做出的思考，对于霍华德来说都是闻所未闻的。

霍华德后来闭口不谈领域研究的历史，然而在他去世8年后，也就是1948年，朱利安·赫胥黎和詹姆斯·费舍决定再版《鸟类的领域》一书以纪念他的成就时，认为有必要对历史背景做一些介绍。赫胥黎和费舍都是英国鸟类学界深受欢迎、声名显赫、无比自信的人物，然而他们却未必是撰写这份导言的最佳人选（玛格丽特·尼斯或者戴维·拉克可能更合适）。赫胥黎是极为成功的公众人物，20 世纪 30 年代曾被列为英国最聪明的人物之一。[32] 詹姆斯·费舍也很出名，他撰写的《鸟类观察》一书畅销近三百万册，为普及鸟类研究和搭建专业与业余鸟类学家之间的桥梁做出了很大贡献。[33] 有人说他是“典型的英国上流阶层的子弟，和其他拥有相似背景的人物一样，既有无与伦比的自信——有时甚至有傲慢之嫌，也有与三教九流打交道的能力”。[34]

在再版的霍华德《鸟类的领域》一书的序言中，赫胥黎和费舍指出，虽然亚里士多德曾经提及鸟类的季节性变化，然而“自古以来全部典籍之中，最早提及某些鸟类于繁殖季节占据领地的文献”为 1622 年乔瓦尼·皮埃托·奥里纳（Giovanni Pietro Olina）关于夜莺的描述。这其实是牛津的鸟类学家、藏书家亚历山大（W. B. Alexander）在 1936 年阅读雷的《鸟类学》一书时发现的：

> （奥里纳说）此鸟既来，则据一方领地为己有，除配偶外断不许其余夜莺侵入。[35]

有趣的是，亚历山大还注意到这段话是雷加入英文版《鸟类学》中的几处增补之一。最初 1676 年的拉丁文版中并无此说，推测应当是雷后来又回去重读了奥里纳的著作。[36] 更有趣的是，雷引用奥里纳的文字时，故意漏掉了夜莺“常于其领地内鸣唱”这一句，忽略了鸣唱与领域之间至关重要的联系。

奥里纳关于养鸟的那本奢华巨著《鸟类》（*L'Uccelliera*）出版于 1622 年，那时正处在文艺复兴时期热爱科学和客观性的浪潮中。这本书是为他的雇主卡西亚诺·德尔·波佐（Cassiano dal Pozzo）写的，实际上波佐本人也写了一部分，波佐后来凭借这本书当选为意大利最高科学学会猞猁学会（Academia dei Lincei）的会员。[37]

刀嘴海雀在悬崖峭壁上为了争夺几平方厘米的领地大打出手，充分显示了领域在鸟类生活中的重要性。插图为乔治·洛奇所作，出自霍华德的著作（Howard, 1920）。

然而奥里纳的书远远算不上原创。直到19世纪，抄袭对于各个领域来说都是家常便饭，鸟类书籍也不例外。为了编写《鸟类》一书，奥里纳和波佐广泛地“借鉴”了安东尼奥·瓦利·达托蒂（Antonio Valli da Todi）于1601年出版的一本鸟类学著作，而且经常是一字不改地照抄原文。而达托蒂的书，则又以更早的西撒·曼奇尼的著作“为基础”。不幸的是，我们对达托蒂和曼奇尼都知之甚少。到底是谁先“发现”了领域呢？为了寻求答案，我对比了这三本书中的相关记录。

结果很明显，关于夜莺领域性的说法是从达托蒂的书中来的，曼奇尼的书中完全没有提及 。[38]

以下是达托蒂关于夜莺的描述：

> 归来之时，其既择定一方领土，除配对之雌性外不容其他夜莺进入，凡有入侵者，即于领土之中高歌，距所筑之巢约一石之遥；其绝不在巢旁鸣唱，唯恐巨蛇猛兽知其方位……[39]

所以，最先记录鸟类领域性的人是瓦利·达托蒂，而不是奥里纳，达托蒂还注意到了领域和鸣唱之间的关联。值得注意的是，达托蒂是一名捕鸟人（同时也养鸟），他有着观察和捕捉夜莺的一手经验。然而，我怀疑达托蒂也不是第一个注意到这些现象的人；古希腊的捕鸟人似乎早就知道夜莺的领域和鸣唱，只是不知道怎么没有人告诉亚里士多德。

不过，亚里士多德注意到了其他鸟会为了保证食物供应而捍卫一小片领地。在《动物志》中，他说："成对雄鹰据有其域，同类之禽无犯我土。然当猎食则远翔，非于己域之内。"类似地，他还说过："缘狭窄之地食源不足，仅有单对渡鸦，于同类相隔甚远……"[40] 同时代的古希腊文学家、亚历山大图书馆的馆长泽诺多托斯（Zenodotus）曾说过"一林不容二鸲"，暗示人们很早就知道欧亚鸲会为了领地而互相攻击。[41]

后来又有很多人复述过达托蒂关于夜莺领域的描述，都没有标注引文来源。不过，达托蒂描写夜莺的领域半径为"一石之遥"，这一说法在后世文稿中屡屡出现，可见抄袭之猖獗：

> 夜莺为独居之鸟，唯鸾凤之谐能令其结合。四月末五月初始筑巢。雄性择址，御之以防同类侵入：一户一址，均不甚辽阔，其余同类无敢前来造访者，凡有侵入则不免激战一番。如此，一对夜莺所居之地半径不过一石之遥也。[42]

根据现在的估算，夜莺的领地面积在 0.3—0.7 公顷之间，相当于半径 31—47 米——非常接近"一石之遥"的平均距离。[43] 早期的捕鸟人不仅了解夜莺的领地，也认识到不同种类的鸟有不同类型的栖息地。比如夜莺，当时人们已经知道它们喜欢将领地建立在阴凉的水边林地上。[44]

另一种鸟疣鼻天鹅的领域行为也早就为人所知。疣鼻天鹅是英国王室的鸟类，15 世纪以来，泰晤士河下游所有的天鹅名义上都归代表皇家的内廷宫务大臣办公室以及两家专属公司，即御用酿酒公司和御用洗染公司所有。虽然疣鼻天鹅是野生的，能自由飞翔，但是它们受到精心的保护，在每年传统的“数天鹅”活动期间都有人给它们做标记，以标明所有权。这些鸟相对来说很容易接近和观察，所以难怪保护人对它们的行为了如指掌。1632 年约翰·威瑟灵斯（John Witherings）下令印发《关于天鹅的律令、法规和古代习俗》（至少是基于十年前其他人的叙述），其中第 21 节写道：

> 凡值育雏，或与他人掌管之天鹅配对，或据有领域之天鹅，不征得同意，调查官及相关人等均不得捕捉，以免惊扰其繁育。[45]

有趣的是，约翰·雷似乎没有注意到这段阐述。更奇妙的是，他在修订《鸟类学》时曾增补了一段关于夜莺领域的描述，然而却没有深究下去，后来也再没有提过。我猜测，由于雷既不是野外鸟类学家（在那个时代还不存在），也不会捕鸟，他从来没有亲眼目睹鸟类的领域行为，更谈不上发现其重要性。而对领域有所了解的则是那些实际下手操作的捕鸟人和天鹅守护者，普通人与受过教育的鸟类学家之间隔着一条巨大的鸿沟。

赫胥黎和费舍在为霍华德的书作的序中，用权威的口气写道，关于领域的研究在 18 世纪几乎毫无进展。其实这大错特错，因为当时有好几个人做出了卓越的贡献，其中有两位尤为重要。

17 世纪 90 年代，流亡的胡格诺派 * 教徒弗兰斯瓦·鲁戈瓦（François Leguat）被困在印度洋的罗德里格斯岛上两年，他饶有兴趣地对岛上的罗德里格斯渡渡鸟滑稽的繁殖行为进行了详细的观测，这些鸟体形巨大，不能飞行，外形特征有点类似于鸽子。鲁戈瓦注意到，这些渡渡鸟不能容忍同类靠近自己的巢 200 码（约 182 米）之内。体形较大的雄性只负责驱逐雄性入侵者，而雌鸟则负责驱逐雌性。它们的两个翅膀上各有一个火枪子弹大小的骨节，能够发出聒噪的咯咯声，在繁殖期充当警哨，直到幼鸟能够独立生活为止。罗德里格斯渡渡鸟在 18 世纪晚期灭绝了。费舍和赫胥黎遗漏了鲁戈瓦的论述倒是情有可原，因为直到 20 世纪 50 年代爱德华·阿姆斯特朗（Edward A. Armstrong）才重新发现了这段叙述并公之于众，他总结道："于是这种鸟的名字永远和它们那显著的领域行为联系在了一起。"[46]

更加难以原谅的是，费舍和赫胥黎完全无视了 1947 年埃尔温·施特雷泽曼发表在期刊《海雀》上的文章，文中论及巴伦·冯·贝尔诺对鸟类做出的卓越观察。冯·贝尔诺是德国科堡的罗瑟诺城堡的主人，富有且出身高贵，头脑敏捷又热爱鸟类。他在 18 世纪早期就观察到，一些鸟类如夜莺、欧亚鸲和欧亚红尾鸲表现出领域性，并且"不容同类接近，阳春时雌性除外"。也就是说，除了配偶之外，雄鸟会驱逐其他同类。冯·贝尔诺还认为，这一行为背后的原因之一是食物：

> 夜莺为觅食所迫，驱逐同类，若多数聚集一处，则食虫不足以维持，难免饿殍。故天赋其能，远离同类。[47]

然后他又提到苍头燕雀：

* 16 世纪至 17 世纪法国基督新教的归正宗（教派之一）的一种。1685 年，法王路易十四宣布新教为非法教派，此后大量胡格诺派教徒及其后裔流亡海外。——译注

很难想到一名海难幸存者能开展详尽的研究，但是这就是弗兰斯瓦·鲁戈瓦所做的：17世纪90年代，他在罗德里格斯岛上研究现已灭绝的罗德里格斯渡渡鸟。插图出自鲁戈瓦的著作（Leguat, 1797）。

> 苍头燕雀之雄鸟甚为有趣，阳春三月，日光渐暖，彼即特择一佳处，与其余鸟类并无二致，皆为树木几株，自其时起不容同类雄性现身左近。整日于梢头鸣唱，意欲吸引姗姗来迟之雌性飞落。[48]

冯·贝尔诺对野生小型鸣禽行为的了解不同寻常：他知道雄鸟在三月会占据领地，与其他雄性争斗，并用鸣唱来吸引雌性，而且单身的雄性比已有配偶的鸣唱会更卖力。这些对领域性的独特观察，正是冯·贝尔诺在鸟类生物学上卓越见解的一部分，20 世纪的评论者甚至认为他足可比拟当代的科学家。[49]

18 世纪还有几处关于领域行为的论述，表明到这时人们已经逐渐知道这一点。作者未详的《爱鸟人之消遣》一书中这样写道："据如今观察，夜莺与同类者水火不容。"[50] 埃利埃泽·阿尔宾（Eleazar Albin）也说过类似的话：夜莺"绝不容任何竞争者，无论禽或人"[51]。吉尔伯特·怀特在 1772 年写给戴恩斯·巴灵顿（发表于 1789 年）的信中提到"雄鸟妒其同类，于同一地域内互不相容"，还说"雄性间竞争颇多，因此不致相互拥挤"。[52] 托马斯·彭南特从捕鸟人那里得到了很多信息，他在 18 世纪 60 年代写到流苏鹬时说："雄性各占地几分"。[53]

赫胥黎和费舍提到了为数不多的几篇 18 世纪的参考文献，其中奥利弗·戈德史密斯（Oliver Goldsmith）的《地球与动物博物学》一书，大概是有史以来第一次真正用到了"领域"一词：

> 体小之禽鸟皆各据一片领域，不容同类停留其中，防之甚严，二雄栖于一处者至为罕有。[54]

虽然赫胥黎很可能聪明过人，但是他没有意识到戈德史密斯既不是鸟类学家也不是博物学家，所以他关于春季鸟类竞争行为的论述不可能是原创的。戈德史密斯虽然思维敏捷却甚是古怪粗糙，什么都敢翻译，什么都敢写，很显然自信有余而准确度不足，如今我们主要把他视为剧作家、诗人和小说家。戈德史密斯的朋友塞缪尔·约翰逊（Samuel Johnson）得知他要写一本关于博物学的书时这样说道：“彼若能辨牛马之别，已倾其所能。”[55] 然而这并没有阻挡戈德史密斯的决心，“乍眼看去，《地球与动物博物学》一书极为渊博”。这本书在当时可是最为流行的博物学著作，然而内容全部是从布丰的《鸟类博物学》和布里松（Brisson）的《鸟类学》中剽窃来的。[56] 正如一位传记作者所说，戈德史密斯“谙熟如何将别人的论述转化成……他自己的”。[57]

迈尔曾指出，霍华德的领域观念，早在半个世纪前伯纳德·奥图姆几乎就已全部提到了：

> 各对（鸟）之间若非保持精确距离则无法相安。缘由自是其须为自身及幼鸟取得足够食物……所需领域之大小，依各处育雏数量多少而不等……诸位或疑：鸣唱又与领域何干？……其日日鸣唱，晨昏尤为不止，其歌是以声张领域矣……然亦有禽鸟并无领域，一塔之上或可见数百寒鸦筑巢……[58]

奥图姆甚至指出“雄性为争夺雌性而打斗”这一说法是不对的：

> 虽彼未必明其究竟，雄鸟争斗是为捍卫领域，以择佳偶，无他。[59]

当年奥图姆提出的观念在德国相当出名，而英国人却毫无耳闻，足见其时信息之闭塞。霍华德与奥图姆得出的结论极为相似，不同之处只在于对群体筑巢的鸟类，如寒鸦等的领域性的看法。奥图姆认为这一概念只适用于那些捍卫大片的多功能领域的鸟，自然认为群体筑巢鸟类没有领域。霍华德则认为领域是一个普遍概念，对所有鸟类都一样，所以结群筑巢的鸟类也会捍卫其自身的领域，只是尺寸很小罢了（后来，尼古拉斯·廷贝亨和康拉德·劳伦兹都对群体筑巢的鸟类进行了研究，并证实了霍华德的看法)。不过在旁人看来，霍华德好像自相矛盾，认为领域既是普遍存在的，针对不同种类的鸟又各有不同。问题的症结在于霍华德没有对领域进行定义。但凡他这么做了，也许矛盾就解决了，或者至少情形会大不相同。

部分解决方案是将领域分为不同的类型。一贯思维清晰的恩斯特·迈尔首先提出了一套理论，他将领域分为四种：1. 全功能领域，为所有活动提供场所；2. 用于配对和孵化，但不包括喂养雏鸟的领域；3. 交配的场所；4. 巢周围的区域。分别对应的代表性鸟类是：1. 欧亚鸲、旅鸫；2. 雀鹰；3. 流苏鹬和其他有求偶场的鸟类（雄鸟会聚集在一处进行炫耀，等待雌鸟前来交配）；4. 大多数结群筑巢的鸟类，如海雀、鸥等。玛格丽特·尼斯认为格拉德温·诺贝尔对领域的定义"任何被防卫的区域"完美地概括了所有类型的领域，她进而对迈尔的分类进行扩充，增加了冬季领域（例如欧亚鸲）和栖息领域。[60]

不过鸟类学家们争论不休的并不仅仅是领域的定义。在领域的功能和适应性意义上，这些大腕对三个方面的问题尤为感兴趣。

第一个方面是领域在配对过程中起到的作用。霍华德很明确地肯定雄鸟并不直接争夺雌鸟，而是争夺领域。起初这一点似乎和达尔文的性选择理论不符，然而到20世纪30年代，尼古拉斯·廷贝亨解决了这个问题，指出"领域于雄鸟而言即潜在的'雌鸟'，若雌鸟曾在或即将于领域中现身，两者（在功能上）即完全等同"。雄性圈出领地，用鸣唱威慑别的雄鸟，并吸引雌性，这正好和奥图姆与霍华德的结论相符。[61]

第二个方面是关于霍华德认为全功能领域为育雏保证食物来源的说法。一贯持批判态度的拉克并不认可这个说法。玛格丽特·尼斯和尼古拉斯·廷贝亨研究的鸟的种类不同，因此在领域与食源方面得出的结论也有差异。而其他人，如热爱养鸟的塔维斯托克勋爵（Lord Tavistock）则公开反对这一理论，他坚持说在一只欧柳莺的领域范围内，就算人类

蜂鸟的雌鸟和雄鸟都会对有蜜源植物的领域进行防守，此外雄鸟还会防守很小的一片交配领域。图中为紫喉宝石蜂鸟（上）和白腹宝石蜂鸟（下）。插图出自萨尔文和戈德曼的著作（Salvin & Godman, 1879–1904）。

去找，都能找到足够一二十只鸟吃的食物，因此他认为这个问题是“食物存量的巨大假象”。[62] 很明显，很多鸟类都能在领域内找到繁殖季节所需的大部分食物，然而食物到底是不是鸟类对一片特定的区域进行防守的主要原因呢？这个问题至今依然没有得到解决。尼斯和廷贝亨基于大量的野外观测，认为对特定区域进行防守能使配对的鸟免受其他个体的干扰，包括交配方面的干扰。[63]

第三个方面的主要问题是领域是否使个体在区域内均匀分布，避免过度拥挤。1903 年爱尔兰的博物学家查尔斯·莫法特（Charles Moffat）最早提出这个想法：

> 随时间推移，适合繁殖之乡间完全由这些鸟成对分占，每片皆有其主；吾须指明此说仅指同种鸟类之间相争。一旦此种理想情形确立，之后每年雏鸟数量则为恒定；且无论冬季折亡多寡，此乡间之鸟类总数维持恒定。[64]

关于领域在约束种群数量上起到的作用，很难找到更为清晰的表述。莫法特认为，有一些没有领域的鸟会一直等着空缺，伺机而入。他的理由是，一般而言，如果猎人射杀了一对鸟中的一只，另一只会在几天内迅速重新配对。这种观点认为领域维持了自然界的完美平衡，起初确实非常有说服力，以至于后来有很多人深信不疑，其中包括艾略特·霍华德：“领域之确立得以调节对偶之分布，因而极小之区域能容纳极大数量之对偶。”马克思·尼克尔森在他的书中也对此观点表示赞同。[65]

戴维·拉克则完全反对，他在 1943 年关于旅鸫的著作中巧妙地总结了自己的观点：

> “最优间距”一说有误。自然选择乃通过个体生存而实现，且其结果未必对整个物种最为有利。领域之于每对配偶及其幼雏之价值方

是关键。[66]

然而这个理论实在太诱人，迟迟没有退出历史舞台，以至于后来变成了生态和演化研究中主要的问题之一。阿伯丁大学的动物学教授卫若·韦恩–爱德华兹（Vero Wynne-Edwards）就是最优间距和种群调节理论的主要支持者。韦恩–爱德华兹是一名敏锐的鸟类学家，他于1962年发表了一部巨著，阐释动物的社会行为，包括领域性，是如何调节种群数量的。[67]他的看法正是基于莫法特、霍华德和尼克尔森的错误前提，这也正是拉克所批评的。

戴维·拉克最终平息了关于领域是否起到调节鸟类种群数量之作用的争论，他指出一旦理解了自然演化是基于个体而不是整个群体的利益，领域之于种群数量的任何效应，自然都应被看作领域行为的结果，而不是功能。其中的区别很微妙，然而却至关重要。[68]

在20世纪的头30年中，鸟类学的发展日渐迅速，然而就领域研究而言，30年代更像是一场竞赛——1930年到1940年之间有三百余篇相关的学术论文发表。这也正是博物馆鸟类学和野外鸟类学逐渐合二为一的历史趋势的一部分，最初推动这一转变的是德国的施特雷泽曼，25年后则是英国的戴维·拉克和美国的恩斯特·迈尔。在英国，野外鸟类学的兴起很大程度上归功于塞卢斯，而确立野外鸟类观察的科学意义的，则是霍华德。

仅就其本身而言，人们很难感觉到霍华德和塞卢斯到底对英国鸟类学的发展做出了多大贡献。我认为他们能够成功地开创野外鸟类研究，正因为他们是业余爱好者，不在体制之内。这两位先生虽然经历不同，但却都是孤独的探索者：塞卢斯一直未能施展其全部才华，到晚年脾气变得很坏，不受欢迎；而霍华德则温和隐忍，“完全没有学者的自负”[69]，却具备了常识和谦逊，向当时顶级的科学家康威·劳埃德·摩根寻求建议。经过摩根明智的引导，霍华德确定并提出了生态、行为和演化上的一个主要概念。

因此，引领这场革命的终究是霍华德而不是塞卢斯；他激发了讨论，提出了许多新颖的生物学问题，并启发后来的几代鸟类学家走入荒野。最终，是恩斯特·迈尔意识到了霍华德的贡献，他在 1937 年 12 月给施特雷泽曼的信中这样写道："吾如今正为来年（1938 年）筹划，欲推选艾略特·霍华德为（美国鸟类学家联盟）荣誉会员。"[70] 1938 年，霍华德果然实至名归地当选，想来他本人一定非常高兴。1959 年，霍华德去世多年之后，戴维·拉克在英国鸟类学家联盟的百年纪念活动中将霍华德的《英国莺类》列为他心目中五本最有影响力的鸟类学书籍之一。[71] 如今，成百上千的野外鸟类学家遍布世界各地，这也要归功于霍华德。

7. 林中合唱者——鸟鸣

1943 年，一位名叫约尔根·尼克来（Jürgen Nicolai）的 18 岁的鸟类爱好者应募入伍，加入了德军部队。他的军旅生涯相当短暂，在 1944 年圣诞节期间一场对俄战役中就受伤了。在医院待了一阵子之后，他被派回前线，然而途中却又被英军俘获，随后交给了比利时人。作为战俘，他在比利时的煤矿干了好几年苦力，直到 1947 年才被释放。回到家乡后不久，他在报纸上看到了一则广告，有人在出售一只饲养的红腹灰雀。尼克来买下了这只鸟，从此一生痴迷这个物种。他详细研究了红腹灰雀的歌唱学习能力，这恰好结合了他对养鸟与科学研究的热爱。

红腹灰雀具有传奇般的能力，会学习人用口哨教的曲子，尼克来对此非常着迷。50 年代时他开始在美因茨大学学习，后来成为了康拉德·劳伦兹的博士生。尼克来很有养鸟的天赋，童年时就繁育过哈茨金丝雀*。他非常了解已经流行了一百多年的“会唱歌的红腹灰雀”的传统：在德国中部的福格尔斯贝格地区，护林人会从巢中取出幼鸟，带回来亲手喂大，并用口哨吹小曲教它们唱歌，一连重复几个月。驯养人通常会同时把曲子吹给二三十只幼鸟听，逐渐它们就能够精准地重复听到的曲调。这种训练过程很烦琐，而且由于当时护林人不知道要区分幼鸟的性别（一般不会鸣唱的雌性占一半，并且并不是所有的雄鸟都能唱得流

* 一种笼养金丝雀的变种，源自德国哈茨山区。——译注

红腹灰雀若在雏鸟期经过训练，能够唱三种不同的民间小调。这些会唱歌的鸟曾经是风靡一时的宠物。它们对主人极其依恋，而且能借助非凡的学习能力使歌声日臻完善。图为K. 施罗瑟画作局部（K. Schloesser，绘于1890年左右）。

利)，训练得到的回报是不稳定的。当时这些会唱歌的红腹灰雀是风靡一时的宠物，常被贩卖到欧洲各地。当商家意识到会唱英国小调的灰雀比唱德国或荷兰曲子的鸟更值钱后，伦敦就成了最大的市场，维多利亚时代的人们爱极了这些会唱歌的红腹灰雀。它们身价昂贵，买主通常非富即贵。受前拉斐尔派*艺术家膜拜的超级模特伊丽莎白·西德尔(Lizzie Siddal)有一只，给维多利亚女王的红腹灰雀画过像的野生动物艺术家约瑟夫·沃尔夫(Joseph Wolf)有一只，俄皇尼古拉二世家族也有一只。[1]

红腹灰雀并不只是因为叫声好听才如此招人喜爱。其雄鸟称得上是小型鸟类中最美丽的种类——头部黑色，肋部白色，翅膀钢蓝色，胸部则是漂亮的玫粉色，它们的英文名称 Bullfinch 正是德语中 Blutfink 或者 Blodtfinck 的错误变形，意思是“血色的雀”。红腹灰雀的性情极其可爱。在野生环境下它们几乎完全遵从一夫一妻制，一对配偶会多年相守。如果其中一只飞离了视线，它们会互相呼喊，一旦重聚，雄鸟就会哺喂雌鸟，将嗉囊中储存的食物塞进雌鸟的口中。笼养的红腹灰雀也拥有惊人的识别能力，在长时间分别后还能认出不同的人，很可能也能认出其他的红腹灰雀。亲手喂养的红腹灰雀会与主人产生深厚持久的情感，等同于同配偶的关系。

尼克来用来做实验的鸟都是很便宜买来的，基本上都是护林人不要的鸟，它们无法唱出完美的曲调，但却已经对人类产生了印随。尼克来很快就发现，在没有雌鸟的情况下，笼养的雄鸟会对主人产生强烈的印随，并且这种关系会在幼鸟接近一岁时固定下来。尼克来的导师劳伦兹对印随有着强烈的兴趣，因此他特别注意这一点也并不意外。一只对尼克来产生了印随的雄鸟每天早晨看见他穿外套就知道他要出门，于是开始鸣叫。这只鸟会在嗉囊里储满食物，直到尼克来回家之后接受“配偶”的喂食——用手指接受它反刍的食物。[2]

* Pre-Raphaelite Brotherhood，由三名年轻英国画家于 1848 年发起的一个艺术团体。——译注

画中描绘的红腹灰雀大概是一只温顺的雄鸟，为阿尔布雷希特·丢勒（Albrecht Dürer）的画作。此画一度属于西班牙国王腓力二世，现藏于马德里郊外的埃斯科里亚尔修道院。

至少从中世纪以来，人们就知道红胸灰雀非同寻常，能学会一两首不同的曲子，偶尔能学会三首。威廉·特纳在1544年曾写道："此鸟最为好学，能精仿笛声。"[3]

从某种意义上来说，红胸灰雀会唱歌并没什么值得大惊小怪的。其他一些小型鸟类通过训练也能唱出新曲子。然而红胸灰雀的特别之处在于它们自身并无歌可唱，然而却有认知能力和动机去学习人类教授的复杂曲调。老实说，红腹灰雀是有鸣声的，不过却非常原始，动听程度跟一架吱嘎乱响的独轮车没什么差别。然而和别的鸣禽不同，红胸灰雀的这种鸣声并不是用来守卫领域的，因为它们并没有领域行为。雄性红胸灰雀只为自己的配偶歌唱，而且是以一种非常低调谨慎的方式。正是歌声中那种温柔与亲密，再加上纯净的音调，让红胸灰雀成了如此受人欢迎的宠物鸟。

总体来说，红胸灰雀是一种相当奇特的鸟。尽管它们在分类上属于雀科，然而鸟类学家至今仍然无法确定红胸灰雀与其他真正的"雀"（如金丝雀和朱顶雀）之间的亲缘关系。20世纪60年代，牛津大学爱德华·格雷研究所的伊安·牛顿（Ian Newton）详细研究了一些雀科的鸟类，得出的结论是红胸灰雀无论在行为上还是生态上都与其他"雀"有极大的区别。[4]首先，别的雀科鸟类不会产生如此强烈的情感联系，无论是对配偶还是对饲养者。其次，欧洲的鸟类环志人员都很了解，红胸灰雀非常神经质，被捕捉的红胸灰雀在环志过程中很容易无缘无故地死掉，即使笼养的红胸灰雀也非常脆弱。我曾经养过好几年红胸灰雀，的确感觉它们非常迷人，但与此同时也深有挫败感：哪怕只是换个笼子，本来好端端的一只鸟就可能命丧黄泉。再次，雄性红胸灰雀的睾丸极小，就算相对它们的体形来说这样小的睾丸也是很少见的，这意味着它们产生的精子数量很少。这种繁殖特征也许和红胸灰雀亲密的配偶关系有关，因为结为夫妻的一对鸟中雌性是完全忠诚的，所以雄性只需要产生很少的精子来用于受精。[5]至今还没有人研究过红胸灰雀的父系关系，所以我们也不清楚是否会出现“婚外父权”（extra paternity），然而我个人的看法是红胸灰雀的确遵循极其严格的一夫一妻制。最后一点是关于红胸灰雀的大脑。红胸灰雀能够学习曲调，这使它们在会学唱歌的鸟类之中也是佼佼者。红胸灰雀的生活方式如此偏重于这种认知能力，对此我们又该如何看待呢?

尼克来探讨了训练红胸灰雀鸣唱民谣曲调的传统，从而试图解答这个问题。最主要的任务是弄清它们是如何学会歌唱的。尼克来毕业于1956年，在几年的博士研究期间，他使用录音和声波图比较了驯养者用口哨吹出的曲调和红胸灰雀鸣唱出的曲调。结果显示红胸灰雀是彻头彻尾的完美主义者，它们会反反复复地练习，直到比驯养者唱得更好才罢休。它们还具有一种离奇的感知力，能够理解一支曲子应当如何起调和收尾。[6] 尼克来结束关于红胸灰雀的研究并转向其他课题后很长一段时间，研究人员继续探索红胸灰雀学习歌唱的本领，其中一项结果揭示了它们的喉部与呼吸系统之间复杂的协调关系，这种关系加强了红胸灰雀完美重复哨音曲调的能力。[7] 关于这种神奇的鸟类，有待发现的还有很多，我猜测红胸灰雀的大脑一定有超群之处。

因为很多小型鸟类经过训练都能学会唱歌，所以人们很早就知道，鸟类鸣唱显然是通过学习得来而非出于本能——后天而不是先天。18世纪早期冯·贝尔诺就说过：“须知任何禽鸟之幼雏，若非耳聆同类年长者或左近雏鸟，则无法善习其天然鸣声，其鸣甚谬。”[8]

一个世纪后，戴恩斯·巴灵顿通过亲自研究鸟鸣，做出了同样的判断，这应当是独立得出的结论：

> 须知禽鸟与人相似，非生而能言，若其身体健全且常能听学，余者即全凭饲主教养。[9]

巴灵顿的大多数实验都是用赤胸朱顶雀做的，因为它们与红胸灰雀

早期欧洲常见的两种笼养鸟：因鸣声婉转动听而被豢养的金翅雀（下），以及常被用来进行鸣唱比赛的苍头燕雀（上）。出自弗里希的著作（Frisch, 1743–1763）。

不同，从几周大起就很容易分辨性别（看翅膀上白色羽毛的多少），这样就不必在雌鸟身上浪费时间。巴灵顿通过让不同种类的鸟喂养赤胸朱顶雀的雏鸟，发现这些雏鸟无一例外，都学会了“养父”的鸣叫声。这是一种不同寻常的现象，我本人就发现过。我曾经有一对黄雀，它们和一些金丝雀在同一个鸟舍中进行繁殖。第二年春天，唯一的一只雄性黄雀幼鸟成年后开始鸣唱，我很吃惊地听见它发出的全是金丝雀的叫声。尽管我很清楚这种影响，然而看到一只外表和音色都是黄雀的鸟唱出另一种鸟的歌声，还是怎么也习惯不了。像冯·贝尔诺和巴灵顿这些早期研究鸟类鸣声的先驱者一定也会对这一现象感到惊奇。尼克来就曾记录过一个非常极端的例子，他养的一只雄性红胸灰雀学会了它的金丝雀“养父”的曲调，后来这只红胸灰雀与同类的雌鸟配对，它们的后代，以及后代的后代，都只会唱金丝雀的曲调！[10]

巴灵顿研究中用到的黄雀，在他开始喂养的时候已经三周大了，所以有可能听过亲生父亲的鸣唱。因此，巴灵顿意识到他的实验不是毫无缺陷的。他曾说过，理想状况下应当更早捕捉到幼鸟，或者最好在其孵化前就拿到人工环境下，这样幼鸟就无法听到自己的“母语”。然而他也知道，从一只小鸟刚孵化就开始喂养，是极其困难的，“欲饲至成年，几无可能”。不过在他遇到的两个案例中，雏鸟是从两三天大的时候开始养的，结果与他的观点一致。第一个案例来自伦敦的一位药材商人养的黄雀，这只鸟唯一会发出的声音就是“pretty boy”*；第二个案例是巴灵顿本人经历的，他在威尔士边境散步时路过一栋房子，听到里面一只金翅雀的鸣叫，一开始他还以为是只鹪鹩。这只金翅雀非常幼小时就被人收养了，巴灵顿推断它一定是偶然听到鹪鹩的叫声，于是就学会了。让巴灵顿忍俊不禁的是，这只金翅雀的主人完全被蒙在鼓里，不知道它唱的不是自己本该唱的曲调。[11]

* 意为“这孩子真漂亮”，应是主人常对宠物鸟说的赞美之词。——译注

巴灵顿也知道，鸟类的鸣唱是需要练习的：他在学术界主要的对手布丰曾经描述，夜莺从能自己觅食起就开始颤鸣，并且歌声是逐渐进步的，到十二月间达到顶峰。鸣唱研究针对的主要模式物种之一是苍头燕雀，通过对其进行研究，逐渐揭示了幼鸟需要经历几个明显的学习阶段：开始是低声细语、咿咿呀呀、没有什么特征的"次鸣"，成熟后慢慢变成"弹鸣"——很接近"完鸣"，但还欠缺次序。"次鸣"听起来就像是幼鸟在悄悄练习，然而又不想让人听见。这也是实情，幼鸟实际上是在唱给自己听——一边听一边分析并完善自己的曲调。聆听自身的鸣声是很重要的，成鸟阶段致聋还能继续正常鸣唱，而在"次鸣"阶段致聋的幼鸟就学不会正确的鸣唱。[12]

为了使读者认识到学习鸣唱的重要性，巴灵顿用人类对音乐的欣赏进行了类比：

> 虽有自相矛盾之嫌，吾以为居伦敦者能通音律，远甚于人，岛中其余各地之和尤不能及。

巴灵顿认为，比起乡下人，伦敦人听过更高质量的歌剧音乐，这在某种程度上催生了街头的小提琴手和民谣艺人。他很谨慎地解释道，这并不表明乡下人在感知音乐的生理结构上和伦敦人有什么不同，他们只是没有向演奏者学习的机会。[13]

很明显，不管归之于学习能力还是环境影响，巴灵顿深信后天因素在鸟类学习鸣唱的过程中决定了一切。一旦确立自己的观点，他就很难再接受新的理论了，这一点从他对燕子冬眠的说法深信不疑就能看出来。大部分追随者似乎也毫不怀疑鸣禽的鸣唱是通过学习得来的。然而布丰的心态总体来说更为开放，也令他更有洞察力。在《鸟类博物学》一书中，布丰条理清晰地陈述道："音美及曲调皆本质也，于禽鸟为五分天赋，五分习得。"他认可鸟类能学会特定的音调，但他认为"天生"的部分是不会改变的，我怀疑他其实是说，鸣声的核心特质是由先天决定的。[14]

20世纪60年代，剑桥的动物学家比尔·索普通过在禽舍中隔离饲养苍头燕雀，最终证实了鸟鸣的核心特质是先天的；尽管这些隔离饲养的苍头燕雀的鸣声一点也不像它们原本的鸣声，然而从音质上还是可以听出是苍头燕雀。实际上很早就已有证据表明，鸟类鸣声中一些特定的方面是天生的，具有遗传基础。当时，德国养金丝雀的人集中精力试图培养出一只能唱特定曲调的鸟。通过精心选育再加上早期训练，哈茨山的养鸟人培育出一种金丝雀，能发出独特的柔和而抑扬顿挫的鸣声。[15] 尽管也有一些野生鸟类，如大山雀的鸣声是天生的，[16] 但巴灵顿饲养的那些鸟——苍头燕雀、金翅雀、云雀和夜莺——都是通过后天习得鸣唱技巧，这也说明了他为何固执己见。

巴灵顿对于鸟类如何发出鸣声也很感兴趣，18世纪70年代，他曾请著名的外科医生约翰·亨特爵士帮他检查一系列不同种类的鸟的鸣管：

> 余寻获夜莺、雄鸡、雌乌鸫、雌雄秃鼻乌鸦、雄赤胸朱顶雀及雌雄苍头燕雀各一，亨特先生乃声名显赫之解剖家，愿相助，余嘱其尤为留意各禽可助发声之器官。[17]

根据亨特的报告，声音娇美的鸟类，如夜莺，“喉部肌肉”普遍较为发达，而雄性又甚于雌性。他还描述了鸟类体内的气囊*，并推测其在鸣唱中起到的作用：

> 此呼吸器官之构造有助于鸟鸣，其作用之大，不容忽视；如金丝雀，其鸣响亮持久，无需换气，盖出于此。[18]

* 鸟类的气囊是呼吸系统的延伸。它们形成由薄壁组成的透明囊袋，像风箱一样将气体吸进鸟的体内，然而并不参与气体交换。——原注

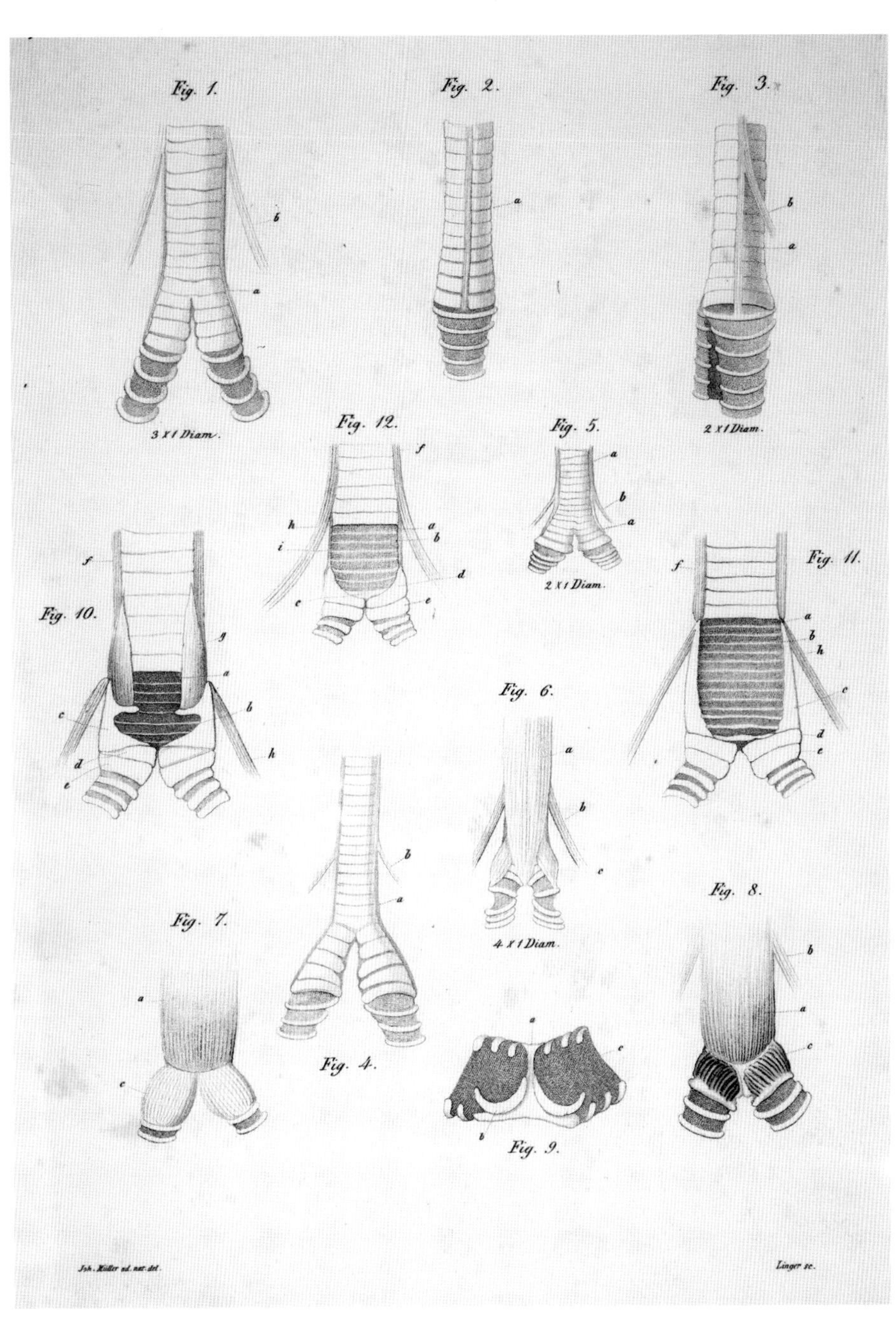

鸟的喉咙，或者说鸣管，有着非常复杂的结构，并且不同种类的鸟之间存在极大的差异。图示出自缪勒等人合著的作品（Müller et al., 1878）。

1600 年左右，阿尔德罗万迪曾记录一只鸟在头被切掉后还能继续鸣唱，明确表明声音是源自鸟类的身体而不是头部。这则观察记录虽然有些残忍，但是很简单，养家禽的农人一定早就清楚，而对亚里士多德和很多其他早期学者的观点却是一大嘲讽：他们一直认为鸟类像人类一样，舌头是主要的发声器官。虽然与此同时亚里士多德也承认喉部对于人类发声的重要性，然而直到很久以后人们才认识到人类喉部与鸟类喉部（术语为鸣管）之间的相似性。[19]

查尔斯·达尔文的天才祖父伊拉斯谟建造过一个轰动一时的语音机器，能大略地模仿人的喉部和嘴部的运动。一对风箱将空气压过丝质的薄膜，再加上一对皮革做的嘴唇，这部机器就能说出几个简单的词语。伊拉斯谟·达尔文的机器为弄清鸟类和人类发声器官的运作方式提供了重要线索，但很显然，鸟儿那美妙复杂的歌声，需要更为复杂的机制才能产生。[20]

鸟的喉部极其复杂，不同种类的鸟之间也存在巨大的差异。直到 20 世纪 50 年代人们才对其机制有了初步的了解，当时研究人员想出一个绝妙的办法：对鸟进行麻醉后，将气流推过其鸣管。这些研究表明，正如伊拉斯谟·达尔文的语音机器一样，声音是气流通过鸣管中的瓣膜时发出的。之后又出现了一些令人瞠目结舌的实验，研究人员将微型录影机置入活生生的正在鸣唱的鸟喉之中，发现产生鸣叫声的其实是鸣管中的结缔组织，而不是瓣膜本身。[21]

没有舌头的人无法讲话，是因为舌头对于喉部的正确发声起到决定性的作用。早期的鸟类学家认为鸟类也是如此，阿尔德罗万迪虽然观察到无头的鸟仍然可以发声，但是他和其他一些学者依然认为舌头对发声起到重要作用。事实上，当他观察笼养夜莺时，他为看不到舌头而感到困惑："小雀之鸣声悦耳，其音震颤，然则无舌，甚可疑，忖之或隐于喉内。"阿尔德罗万迪认为舌头隐藏在喉部，这个想法是正确的——鸟的舌头扁平地贴在口腔的底部，所有鸟都有舌头，然而大多数都对发声不

紫翅椋鸟会模仿其他鸟的鸣声甚至人声，能力惊人，因此也成为了极受欢迎的笼养鸟。人们曾错误地认为，想要教会这类鸟说话，必须给它们“松舌”。这幅图出自谢弗的著作（Schaeffer, 1779），图中描绘了椋鸟的舌头。

起任何作用。[22]

人们一直认为舌头是发音器官，这种执迷促成了许多无谓的残酷之举，比如为了训练椋鸟和喜鹊说话而残害它们的身体。20 世纪 50 年代，我还是个小孩的时候，曾抓住一只幼小的紫翅椋鸟，希望能教它学说话。我叔叔是个农夫，他非常肯定地告诉我，得把那只鸟的舌头剪开才能奏效。有一段相关的记载：

> 以利刃将暗部剪去，不及有色之处，则舌自圆。两侧白点各二，亦须剪去，另将舌与喉间之薄膜局部剪去，以扩余地。术后以无盐黄油止血，此术须复行三次，间隔七天而施之。至舌筋剪松，则可驯之学语。[23]

我能找到的最早关于剪舌术的记载出自 1601 年达托蒂所著的养鸟书，不过我怀疑这种做法的起源可能古老得多。尤其是，这种剪舌或者说松舌法和古时治疗小儿舌畸的方法如出一辙。如果小孩舌下的薄膜生得太靠外，限制舌头的活动并影响到发音的话，解决方法就是切开薄膜来“松舌”。不管对小孩还是鸟，这方法听着就很痛苦。我想看看给鸟做这种手术到底有多普遍，于是找了 1728 年到 1889 年间出版的一二十本记载剪舌的书籍，所有作者无一例外地认为这种做法极为残忍而且完全不必要：“剪鸟舌欲使其善言，实无一用，然奉行者甚多；以吾见之，未行其术之鸟亦善言；喜鹊及其他能言之鸟亦如此。”令人难过的是，对于孩子来说也是如此。[24]

后来人们发现，对于能够学人说话的终极模仿者鹦鹉来说，它们那肉质的大舌头确实对于发声起到了关键的作用。和尚鹦鹉在美国南部被视为有害的入侵物种，一群生物学家利用在防治项目中被扑杀的和尚鹦鹉，进行了一个巧妙的实验：他们将鹦鹉的鸣管换成一个微型助听器喇叭，通过这只死鸟的声道播放声音，再录下从喙部发出的声音。他们惊奇地发现，只要把鹦鹉的舌头“挪动少许，就能产生比人类语言中字母A和O之间的差异还要大的巨大变化”，这也许有助于解释鹦鹉卓绝的语言能力。[25]

当然，鸟类鸣唱或发出其他声音不单是依赖鸣管或舌头（就鹦鹉而言）。正如约翰·亨特发现的，这还涉及整个呼吸系统，和睾丸与大脑也有（间接的）联系。在人类身上，睾丸与声音之间的关系是早已众所周知的。16世纪随着欧洲歌剧的兴起，开始有对十几岁的男孩施阉术以使嗓音保持高亮的做法，而早在几个世纪前就已经有宦官存在了。阉割的效应是很惊人的，阉伶的声音能与夜莺的歌声相提并论。歌剧观众狂热追捧他们，并高呼“刀刃万岁”！从1500年左右开始，就有穷苦父母送自己的儿子去受阉刑，希望他们成为歌唱名角，而那时残忍的阉割手术基本都由剃头匠操刀。戴恩斯·巴灵顿注意到，阉割过的公鸡不会打鸣，因而问道：

> 既行此术能助人声，何以不能使幼鸟善鸣？吾以为，阉术未尝能妙人音；意大利阉伶之音即未见有过人之处，仅能学陈词滥调为生，正因于此，意国少有妙曲传世，非此，彼类废人无以谋生。[26]

巴灵顿显然对宦官、阉伶很反感。他推测，如果对鸟进行阉割，鸣管的肌肉就会停止发育。为了证明自己的观点，他说服一名“操作员”阉割了一只六周大的乌鸫，然而那只可怜的鸟儿死掉了。巴灵顿“只能猜测手术可能会产生什么后果”，不过他猜对了：鸟的睾丸和鸣管是通过睾酮产生联系的。

20世纪30年代，人们首次证实了睾酮在鸟类鸣声中的重要作用。睾丸是睾酮的主要来源，因此阉割肯定会使鸟停止或减少鸣唱，要是巴灵顿的乌鸫没死，他应该就会观察到。少年时接受过阉割手术的男子无法产生睾酮，阻断了青春期发育，因此会有高亮的假声。20世纪60年

出人意料的歌唱家：虽然喜鹊粗鄙的喳喳声为人所熟知，但是经过训练，它们能够唱出柔和动听、极少有人听过的曲调，它们还能学说话。这幅图由约翰·沃尔瑟（Johann Walther）在1650年左右绘制。

代，费尔南多·诺德本（Fernando Nottebohm）用一只尚未完全学会鸣叫的雄性苍头燕雀幼鸟做了一次判决性实验，从而在鸟类身上证实了这一点。睾丸切除之后，这只苍头燕雀就停止了鸣唱，而接受睾酮注射几年后（远远超出了苍头燕雀正常学会鸣唱的时间），它开始鸣唱，并重复磁带中播出的苍头燕雀的鸣声。实验结论是："学习的关键期并不仅由年龄决定，也关乎鸟类自身神经系统的发育，或者说受睾酮的直接影响。"[27]

诺德本的一个学生阿特·阿诺德（Art Arnold）继续对这些问题进行了更深入的研究，他在研究中使用的是斑胸草雀（苍头燕雀在北美难以获得)。实验得出了完全出人意料的结果：和苍头燕雀不同，切除了睾丸的斑胸草雀几乎也能发出完整的鸣唱！批评者怀疑阿诺德的睾丸切除手术没做好，留下的部分睾丸得以再生，而阿诺德亲口对我说："我非常仔细地检查过是否有残余的睾丸……非常肯定手术是成功的。"[28] 斑胸草雀能够继续鸣唱的真实原因几乎令人难以置信。像苍头燕雀和其他鸟类一样，斑胸草雀的睾丸能够分泌睾酮，但同时它们的大脑也可以分泌睾酮！这种惊人的现象大概缘于斑胸草雀的一种适应性特征——它们在干旱地带游荡，为了应对这种生活方式，它们必须迅速抓住任何繁殖机会。相对来说，其他鸣禽只有在学习鸣唱的最后阶段要使歌声达到完善的时候才需要睾酮。[29]

20 世纪 30 年代人工合成的睾酮刚面世时，就有无良鸟贩给雌金丝雀注射睾酮，让它们鸣唱，然后当成雄鸟出售。诺德本在 70 年代时发现了用睾酮使雌鸟鸣唱的办法。让他和其他所有人吃惊的是，睾酮能够刺激雌鸟大脑负责鸣唱的区域中一些特定的神经细胞，使其长度增加一倍。这是一项极具意义的发现，不仅对鸟类学，而且对整体的生物学，特别是神经生物学，都有极大的贡献。

鸣禽通过听觉反馈学习复杂音调的能力，为人类的语言学习提供了一个很好的模型。研究鸣禽得出的结论，对人类大脑发育与功能研究产生了巨大的影响，后来证实，最初在鸟类身上观察到的实验结论也适用于哺乳动物。简单来说，在鸣禽的大脑中，雄性的发声中枢通常比雌性更大，而鸣声更复杂多变的鸟的发声中枢也较大——巴灵顿如果得知这一点一定会很高兴。每年春天当雄鸟进入繁殖状态时，在性激素的影响下，它的睾丸和大脑中的鸣唱区域都会显著增大。大脑中这些变化，包括生长出新的神经元，曾经都被认为是不可能的，因为人们一直以来的看法是脑细胞既不会更新也不会再生，因此大脑在受损后是无法自我修复的。在意识到旧观点的谬误之后，大脑研究迎来一场革命，揭示了人类和其他哺乳动物大脑中特定的区域是**能够**产生新的神经元的。结合干细胞研究的新成果，这些结论为治疗一系列神经失调的疾病带来了希望，其中包括帕金森综合征和阿尔茨海默病。[30]

“吾主，尘中凡俗能闻此妙音，彼以何乐赐天上众神！”艾萨克·沃顿（Izaak Walton）在17世纪曾这样赞美夜莺的歌声。[31]鸟鸣是最具美感和令人舒爽的自然感受之一，也让人无法不揣测其存在的目的。

最近出版的一本关于鸟鸣的科普著作《大自然的音乐》，书名概述并礼赞了我们所感知到的鸟类悦耳的鸣声。这本书的主编之一彼得·马勒（Peter Marler）是20世纪50年代建立起来的鸣声研究团队中最德高望重的人物。这本书的关注点在于科学，然而也对当代鸟鸣研究中的诸多领域做出了富于启发性的总结。早期一些关于鸟鸣或鸣禽的书，题目都很有意趣，比如《果园合唱队》和《大不列颠妙音歌者》。[32]在前达尔文时代，鸟鸣那非凡的感染力是上帝创造力的至高表现。20世纪60年代，爱德华·阿姆斯特朗提出了一个有趣的观点：除了老普林尼、爱尔兰作家和中国诗人零星表达过“挑剔的享受”之外，对鸟鸣的欣赏是文艺复兴时期之后才出现的。如果这种说法属实（我很怀疑），皮埃尔·贝伦就是最早的鉴赏家之一，他那鸿篇巨制的百科全书大多用冷静的学者笔调写成，而在写到夜莺的歌声时却变得极富诗意：“区区野雀，其鸣之妙何人能充耳不闻？……善歌如此，谁为其师？”[33]

达尔文对鸟鸣的美感也并非全无察觉，不过他的目的不同：研究鸟鸣带来的演化优势及其演化的过程。促使达尔文思想形成的著作之一，是1832年威廉·加迪纳（William Gardiner）所著的《造物之乐》，书中以典型的维多利亚式的冗长风格论述了鸟鸣和音乐之间的关联。[34]达尔文后来写道：

> 音乐能引人情思，却非可怖、恐惧、暴戾之类。能唤起温柔之爱，欲为之奉献……同理，音乐能令人感知战斗与胜利之荣耀……当雄鸟引颈高歌，欲出类拔萃而或博雌鸟青睐，其情或类人，仅较之减弱及

简化而已。[35]

鸟鸣确实一直是音乐的源泉。莫扎特曾为此养了一只紫翅椋鸟做宠物。当他于1874年买下这只鸟时，它已经是颇有才艺的表演家，能够鸣出莫扎特《G大调第17号钢琴协奏曲》(编号K.453)的一部分，当然这也正是莫扎特买它的原因。是谁教会这只鸟唱曲的一直是个谜，要知道当时这首协奏曲还没有公开演出过。这只椋鸟和莫扎特共同生活了三年，1787年它去世时，享受了隆重的葬礼。莫扎特的传记作家都只觉得这只椋鸟是件奇闻逸事，和大作曲家的创作当然没什么关系，然而研究鸟鸣的学者梅雷迪思·韦斯特（Meredith West）却指出，这些传记作者中没有一位鸟类学家，也没有谁和椋鸟一起生活过。韦斯特研究了莫扎特在养椋鸟的那一段时期创作的作品，有一首题为《音乐玩笑》(编号K.522）的作品显得十分与众不同。音乐家普遍认为这首曲子是“不可思议的恶作剧”和“故意模仿拙劣曲作”。而韦斯特却从中听出了“椋鸟的印记……像断裂的小夜曲，无休止的重复和奇异的结尾，听上去好像是乐器突然坏掉了”。[36]

梅雷迪思·韦斯特是在偶然间开始研究椋鸟的。她原来研究的是完全不同的另一种鸟褐头牛鹂及其鸣唱发育。她偶然弄了一只紫翅椋鸟来给褐头牛鹂做伴，结果两者中椋鸟反倒显得更有意思。一直以来椋鸟都以模仿能力著称，它们模仿其他鸟的声音、人的语言乃至机械噪音，并且能将其融入自己原本的曲调中。老普林尼曾描写过年轻时的恺撒大帝如何教椋鸟与夜莺说话，而17世纪晚期尼古拉斯·考克斯（Nicholas Cox）在著作中写道，椋鸟“自权贵至庶民多有驯养，教其吹哨学语”。[37]19世纪最畅销的养鸟书籍之一的作者约翰·贝彻斯坦（Johann Bechstein）显然也最爱椋鸟，他在书中写道：

> 椋鸟性温驯……其善学，无需松舌，能作口哨（雌鸟亦如此），能

学人语、兽鸣、鸟啼种种。然其亦善变易忘，且将新旧所学之技相混……[38]

贝彻斯坦觉得将所学的内容弄混是椋鸟的缺点，韦斯特在自己的宠物身上也观察到了这一点，但她觉得这远远不是毛病，而是椋鸟的特点：将记忆中存储的声音重新编辑组合，形成一套抑扬顿挫、无限循环的调子。韦斯特的椋鸟能把人的语言融合到它的鸣声中，不过是以典型的椋鸟的方式，比如“我们下次见”会变成“下次见”“见”，或者“我们见”。这只椋鸟对语句和声音的选择也很挑剔。它将脑袋偏到一边，明显是在聆听，然后它会忽略很多常见的词句，专挑新鲜的声调。它会不断地发声，好像要测试效果一样。韦斯特推测，椋鸟之所以模仿，是为了寻求新的刺激。不断学习新的声音只是椋鸟的生物天性之一，这一推测实际上是合理的，后来的研究表明，大脑中鸣声回路较发达的雄鸟更善于模仿。[39]

很多人曾经养过椋鸟当宠物，行为生态学家和鸟类学家约翰·克雷布斯（John Krebs，后来成了克雷布斯爵士）就是其中之一，他在牛津的办公室中多年来养着一只椋鸟，这只鸟儿逐渐学会了模仿主人接电话的声音，惟妙惟肖。克雷布斯想训练他的椋鸟唱歌，他把录音打开，让塔米诺的咏叹调（选自《魔笛》，长笛曲）播放了整整一个周末。当他周一回到办公室时，这只椋鸟精确地唱出了乐曲中最开始的几个小节。[40]

莫扎特用音符描述了他的椋鸟发出的声音，更早期的音乐家如阿塔纳斯·珂雪（Athanasius Kircher）也有过类似的尝试，[41] 然而他们都知道这种方式不足以描摹出鸟儿歌声的美妙之处。事实上研究鸟鸣的主要困难，就在于很难将其可视化和量化。当巴灵顿在 18 世纪 70 年代试图研究鸟鸣的属性时，他唯一的技术装备就是耳朵和大脑。他第一个试图将鸟鸣量化，根据不同的标准，包括圆熟程度、音调的轻快感，以及丰富程度来对不同种类的鸟进行评分。然而，这项研究在当时还具有很强的主观性，因此不足为奇，很少有人赞同他的“歌手分级”。

贝彻斯坦曾经用大段大段的形容词来描述苍头燕雀的鸣声，比如响亮、尖锐、欢快等，或者用相似的音节来表示特定的声音，[42] 这种方法是毫无意义的，也完全无法解释鸣声的本质。稍微强些的方法是用声调模仿，如黄鹀的“*A little bit of bread and no cheese*”（一点面包不要奶酪），斑尾林鸽的“*Take two then taffy*”（拿两个，还有太妃糖），北美棕胁唧鹀的“*Drink your teeee*”（喝你的茶），以及栗胁林莺的“*Pleased, pleased, pleased to meetcha*”（遇见你真呀真高兴）。这些朗朗上口的韵律主要的好处是容易记忆，就算你不识乐谱也没关系。然而另一方面，这些韵调只有少数鸟类才有，并且非常主观，对公鸡叫声的描摹就充分说明了这一点。在英国公鸡的叫声是“*cock-a-doodle-do*”（莎士比亚的版本是“*cock-a-diddle-dow*”），在法国是 *corcorico*，在德国是 *Kikeriki*，而在日本则是 *kokke-kokko*。[43]

有一些语音模拟则更准确一些，比如苍头燕雀的鸣声（分为四个节拍）：

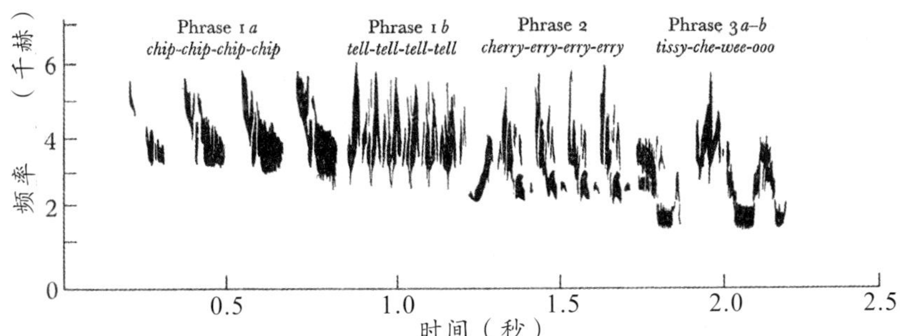

20世纪40年代声谱仪的发明为声音创造了图像（横轴表示持续的时长，纵轴表示音高和频率），这给鸟鸣研究带来了革命。图中苍头燕雀歌声的频谱图和语音模拟很明显是相符的。出自比尔·索普的著作（Thorpe, 1961）。

只有少数鸟的叫声能用语音来描摹，黄鹀就是其中一种，它的叫声好像在说“*A little bit of bread and no cheese*”（一点面包，不要奶酪）。这幅画出自马库斯·扎姆·拉姆（Marcus zum Lamm）的著作，从16世纪中期传下来。转引自金泽巴赫和赫辛格尔的著作（Kinzelbach & Hölzinger, 2001）。

1650年阿塔纳斯·珂雪编写了一本音乐百科全书，其中包括用音符记录的鸟鸣。从图中我们可以看到他记录的夜莺的鸣唱，以及家禽、西鹌鹑、布谷鸟和鹦鹉的简单叫声。

描摹夜莺的叫声就复杂得多，不过爱鸟的诗人约翰·克莱尔（John Clare）曾经成功地尝试过。克莱尔花了大量时间聆听夜莺的鸣声，比任何人都要敏锐地捕捉到了夜莺歌声的本质和神韵：

Chew chew chee chew chew

Chew–cheer cheer cheer

Chew chew chew chee

Tweet tweet tweet jug jug jug.[44]

20 世纪 40 年代，声谱仪的发明结束了对鸟鸣进行主观评估的时代，机器能产生波线图，描绘出声音的频率和持续时间。比尔·索普意识到这种新技术有着无穷的潜力，他于 50 年代置办了一台设备，由此彻底改变了鸟鸣的研究。

索普最开始学习的是昆虫学，研究昆虫对食源植物的印随和学习行为。渐渐地，他开始对昆虫的学习行为而不是昆虫本身更感兴趣。如罗伯特·欣德（Robert Hinde）所说："索普认为本能和学习行为之间的关系非常关键，而鸟类有着固化的活动模式以及出色的学习能力，是理想的研究对象。"[45]

索普热衷于观鸟，因此从研究虫子转向研究鸟类并非难事，1950 年他在剑桥附近的马丁利建立了一个野外研究站。当时，戴维·拉克刚当上牛津爱德华·格雷研究所的所长，索普担心他在剑桥建了鸟舍后，拉克会不会在牛津做同样的研究，因此不免涉及一番"领土协商"。其实拉克的团队决定专攻野外鸟类研究，因此并没有什么冲突。由索普任命的罗伯特·欣德后来告诉我："（关于养鸟）比尔·索普和我是从零学起的。当时我们很幸运，拥有一位优秀的实验室助理戈登·邓尼特（Gordon Dunnett），他本身就爱好养鸟……我花了很多时间在剑桥寻访养鸟爱好者——我记得当时看到那么多卫生间被改造成鸟舍，真是挺吃惊的。我们从贝德福德公爵那儿买下了一些旧的鹦鹉笼舍……早期我们养了很多不同种类的鸟，尤其是各种雀类……"[46]

棕胁唧鹀是北美鸟种，人们常用“*Pleased, pleased, pleased to meetcha*”（遇见你真呀真高兴）来模仿它们的鸣声。插图出自奥杜邦的《北美鸟类》（Audubon, 1827–1838）。

受当时丹麦最新的研究成果的启发，索普认定苍头燕雀是最理想的研究对象。[47] 在这一新兴的动物行为领域，本能和学习行为是关注的焦点。索普在了解当时关于鸟类学习行为的信息之后，改变了很多旧观点，并明确了他需要研究的问题。1951 年，彼得·马勒（Peter Marler）加入研究团队，并很快开展了一个巧妙细致的实验，对野外和圈养条件下的苍头燕雀分别进行研究。这个具有时代意义的实验和之前索普指导罗伯特·欣德在牛津开展的大山雀实验很相似。在当时，对实验对象的方方面面进行深度了解还是行业惯例，因此这些文章时至今日依然值得一读。欣德和马勒后来都拥有辉煌的职业生涯；欣德将他的研究兴趣拓展到灵长类动物和人类行为，而马勒则一直坚持研究鸟鸣。[48]

比尔·索普以前所未有的详细程度解释了鸟类**如何**学会鸣唱，然而他的研究却没能回答鸟类**为什么**鸣唱。当时有很多不同的推测，但是没有达成共识，达尔文曾精妙地总结道："于鸟鸣一题，众家分歧多矣。"[49]

到索普的时代，依然没有结论。有些人认为鸟鸣是自我表现的宣泄方式——情绪倾泻——并没有具体功能。还有人认为这是上帝赠予人类的礼物。而另一些人则认为鸟鸣是实用性的，但他们也说不清具体是为什么，因此在功能的问题上闪烁其词。有人认为雄鸟鸣唱是为了在漫长艰辛的孵育阶段取悦配偶："唯雌鸟能孵巢，金丝雀即如此；同时其雄偶鸣唱，以使雌鸟于烦杂巢事中保持愉悦。"[50] 而布丰则对鸟鸣看得很透彻：

> 鸟之语调……以表种种情感之修饰……较之雄性，雌性多静默……春时雄性（鸣调）多含亲切之情……而一旦哺育期止，其鸣或止，或失其亲切之感，是为鸟鸣作用在于示爱之佐证。[51]

对于达尔文来说，鸟鸣是性选择的产物。如布丰所说，鸟鸣是雌雄两性之间的主要区别之一，很明显对繁殖有着重要意义。如同其他通过性选择演化出的特性，如繁复的饰羽和雄鹿的角一样，鸣唱对生存并没有什么明显的价值。恰恰相反，因为鸣唱很耗费能量，而且会使雄鸟更容易成为掠食者的目标对象，所以鸣唱其实更有可能降低而不是提高它们存活的概率。而正如达尔文洞察到的，这样的特性要想在演化中保留下来，那么它带来的繁殖上的优势就必须能抵消生存上的任何劣势。他称这个概念为性选择，并从一些个体比另一些个体留下更多后代的方面来加以考虑（类似于自然选择中适应性更强的个体比其他个体更容易存活）。达尔文设想了性选择的两种机制：通过雄性间的竞争，或是通过雌性选择。雄性争夺雌性并不是一个新概念（达尔文的祖父就曾经有这方面的论述），然而雌性的选择在性选择中起到的作用则是达尔文的思考成果。

达尔文有可能是从约翰·贝彻斯坦的《笼养鸟类博物学》一书中得到雌性选择这一观念的。这本书最初于1795年在德国出版，英文版发行量很大，达尔文也有一本。在这本书中，贝彻斯坦讨论了雄性金丝雀动人而充满力量的鸣声——他认为这是金丝雀最重要的吸引力。然而他还顺便提到了雌性金丝雀更偏好鸣唱能力强的雄鸟。贝彻斯坦声称雄性金丝雀鸣唱是为了吸引配偶时，只是在复述几百年来很多养鸟人都猜到了的事实，不过他的陈述更为清晰明确。[52]

关于鸣声功能的另一个观念——雄性间的竞争，也早已为养鸟人所熟知并在实践中加以利用了：

> 有人如是为之，将笼中夜莺置于林中同类附近，近其巢址所在，二鸟无法相斗，则其一必鸣至力竭，二鸟皆穷极变化，互比音高，为争对手之先，耗竭热血。人知鸟无论大小，鸣时皆不容同类于左近，近巢处尤甚……[53]

一对夜莺的鸣声频率与繁殖周期各个阶段之间的精准对应提供了

更佳的佐证：

> 夜莺巢雏一旦孵化，雄性亲鸟鸣声即止……其转变之剧，难出其右，至于鸟鸣之功用，亦无较此更佳之佐证，若孵卵之初巢覆卵失，雄性夜莺不久即能复鸣，喜至之处其鸣绕梁，闻之令人沉醉。[54]

然而，繁殖失败的雄性夜莺会重新开始歌唱，这对于解读鸣唱的功能或是理解求偶与竞争这两个概念，却是不利的证据。

乔治·蒙塔古（George Montagu）因著有《鸟类学词典》而知名，他为了和这本词典的女插画师在一起而抛弃妻子的逸事则更是尽人皆知。他最早意识到鸟鸣的双重作用：既是示爱，又是向同性竞争者示威。他也知道，鸣声能将已配对和未配对的雄鸟区别开来，宣告一只雄鸟是否已有所属，人耳和雌鸟都能听出来。然而，蒙塔古似乎没看过贝彻斯坦关于金丝雀鸣声的阐释，也没有想过雄鸟鸣声的**品质**有可能构成雌鸟选择的基础。不过蒙塔古关于鸟鸣双重功能的论述标志着现代从功能方面来研究鸟鸣的时代的开始。尽管如此，一个世纪之后著名的艾尔弗雷德·牛顿在他所著的《鸟类辞典》中却说："关于鸟鸣，似乎尚未有详尽之记述。"牛顿是顽固不化的博物馆派，他在书中只提到了几篇重要文献，包括巴灵顿的著作，而且他虽然承认鸟鸣的重要性，但却轻蔑地称之为"鸟之家事"。他并未重申鸣唱与鸟类繁殖的初期阶段，也就是他所谓的"爱欲"之间的关系，因此在鸟类鸣声的功能上未曾提出新的观点。[55]

直到很久以后，蒙塔古关于鸟鸣双重功能的假设才得到了验证。在20世纪初，华莱士·克里格（Wallace Craig）用鸽子的鸣唱进行了一项详细的实验。严格来说这不是鸣唱，而是鸽子发出的相当于鸣唱的声音，但克里格那篇如今已被人遗忘的文章中充满了原创性的见解，比如雄鸽子发出的咕咕声能够刺激雌鸽子的繁殖系统等。[56]后来到了20世纪70年代，纽约洛克菲勒大学的唐·科鲁兹玛（Don Kroodsma）验证了，雌鸟偏好鸣唱能力强的雄鸟且对其反应最为强烈，但他并没有明确引用克里格或是贝彻斯坦的见解。科鲁兹玛向雌性金丝雀播放不同复杂程度的鸣声，并记录下它们筑巢所花的时间，以显示它们受鸣唱刺激的不同程度。相比听到简单鸣声的雌雀，听到最繁复鸣声的雌雀筑巢速度更快，这不仅证实了雌性能够分辨鸣声的类型，而且表明它们对复杂鸣声的反应最为强烈。[57]

二十年后，研究人员艾瑞克–马利·瓦雷特（Eric-Marie Vallett）和他所在的巴黎大学的同事共同发现了鸣声中对雌性金丝雀产生刺激的具体因素。一些鸣声中含有两个极快的颤音，能产生频次高达每秒钟 17 次的振动，人耳几乎无法分辨，而雌鸟的反应却极强烈。瓦雷特称这种颤音为“性感音节”，单独播放就能够对雌鸟的大脑产生强烈的作用，使其产生交配的愿望。性感音节包括一高一低两种频率，由鸣管的两侧分别发出。由于极其复杂，唱出这种颤音对雄鸟来说是一个挑战，由此能使佼佼者脱颖而出。换言之，雌鸟选择能够发出颤音的雄鸟，实际上也保证了它能拥有高质量的配偶。对于其他鸟种的研究还表明，鸣声变化多的雄鸟更受雌鸟的欢迎。[58]

鸟类鸣声的领域功能直到 20 世纪 80 年代才被明确证实，当时约翰·克雷布斯用大山雀进行了一项概念简单然而操作烦琐的实验。在牛津附近的一片小树林中，克雷布斯标明了所有配对大山雀的领地。然后他录下大山雀的鸣声，将所有的雄鸟捉起来，再在它们旧领地的边缘装上小型扬声器。第一组扬声器播放的是其领主大山雀的鸣声，第二组播放的是“对照”鸣声——竖笛的哨音，而第三组则没有任何声音。克雷布斯预测，如果鸣声中含有“禁止侵入”的信号，那么没有声音的领地应该最先被寻找新领地的雄鸟占领，其次是播放竖笛声的领地，最后则是真正播放大山雀鸣声的领地。他的预测得到了完美的验证：对其他大山雀来说，鸣声中很明显含有抵御性的信号。接下来克雷布斯用复杂程度不等的鸣声重复了这一实验，结果表明鸣声变化越复杂，就越能有效地防止同类的入侵。和我差不多同时博士毕业的路德·阿什克罗夫特（Ruth Ashcroft）曾担任克雷布斯这项实验的研究助理，我就实验结果盘问了她许久，她承认当时自己也抱有疑惑，然而实验结果却非常明确：变化更复杂的鸣声更为有效。克雷布斯称之为 Beau Geste 效应*：多变的鸣声能够制造出有很多大山雀的假象，而实际上并非如此。之后其他研究人员又发现，鸣声多变的大山雀年龄更大，繁殖能力更强——这可能是因为它们占有更好的领地——但也更受雌鸟的青睐。[59]

因个人绯闻而备受嘲讽的乔治·蒙塔古的观点被证实了，他一定会很高兴得知这些研究成果：高质量的鸣声不仅能保证雌鸟得到更好的领地，而且能保证它们获得更优质的伴侣。我们在下一章中将会谈到，鸣声实际上是交配的序曲。

* *Beau Geste* 是珀西瓦尔·雷恩（Percival Wren）所著的小说，书中有法国军队将战死士兵竖立，给对手造成力量庞大假象的情节。此处比喻大山雀“虚张声势”的鸣声。——译注

已知最早的斑胸草雀的图片（这只鸟是东帝汶的亚种，不是人们更为熟悉的澳大利亚的亚种），出自维叶尤的著作（Vieillot, 1805–1809）。斑胸草雀是鸟类研究的模式种，后来也成为第一种被全基因测序的雀形目鸟类。

8. 微妙的平衡——性别

极为偶然地，观鸟人会遇见一只外表非常奇怪的鸟，它身体一半是雄性的羽毛，而另一半则是雌性的羽毛。这些看起来像是被人残忍地用恶作剧捉弄过的鸟被称为“半边种”。对于养鸟的人来说，这些怪鸟并不是新奇事物，然而仍然非常罕见。美国的一个实验室在25年中繁育了15,000只斑胸草雀，结果只出现一只半边种。这只鸟成了明星，并作为有史以来第一次采用现代分子技术研究过的半边种，在《科学》期刊上做了专题报道。这只鸟的右半边身体是雄性的羽色，左半边则是雌性的羽色，不过它却表现出雄鸟的行为，能正常鸣唱，追求雌鸟并进行交配，而雌鸟产下的卵无法孵化。这只鸟的体内左半边有卵巢，右半边有一个睾丸，能够产生精子。DNA分析显示，它的右脑是雄性基因，而左脑则是雌性基因。[1]

半边种是雌雄同体，准确地说是“雌雄嵌合体”，通常情况下右半边为雄性，左半边为雌性，相反的情况比较罕见。半边种并不仅局限于鸟类，有些也出现在哺乳动物中，1642年阿尔德罗万迪编撰的关于怪兽的书中甚至有一幅罕见的雌雄同体的人体插图。在过去，不管是人类还是动物的半边种个体都非常引人注意，尤其是教会方面，他们认为任何性别上的异常都是罪行。[2]

1474年在巴塞尔，一只小公鸡被指控能够下蛋，在大群人的围观下被当众烧死。在将其扔进火堆之前，刽子手将公鸡剖开，在其腹中发现了三个鸡蛋，从而确认它的确是不祥之物，而下场也是罪有应得。[3] 在中世纪，对于生物学上难以解释而且违背宗教观的事物，最典型的应对方法就是火刑。当然，在那时，真正的生物学解释根本就无关紧要，重要的是鸟的象征意义。中世纪时没有人试图客观地解读自然世界，而是喜欢用"一套烦琐、人为而武断的意义体系"来阐释。[4]

变性的母鸡同样是预示着灾难的不祥之兆：

> 妇人吹口哨，母鸡啼鸣
> 于上帝及男子不祥

更有甚者，人们认为小公鸡下的蛋会孵出蛇怪或者鸡身蛇尾怪，看一眼就让人丧命。《圣经》中提到的蛇怪，在中世纪一直是一种病态恐惧感的来源，格斯纳和阿尔德罗万迪的百科全书中也都有记载。只有貂能与鸡身蛇尾怪格斗而自身安然无恙，据说它吃了芸香叶就能自保，而在英国伍斯特郡教堂中有一幅精美的座椅浮雕，上面刻画了两只貂和鸡身蛇尾怪打斗的场面(每只貂的嘴里都含着一片芸香叶)。[5]

尽管我们可能惊叹于中世纪的人把任何不寻常事物都看作噩兆的本事，但是直到 18 世纪，还有一些博物学家对下蛋的公鸡抱有偏见。

17 世纪 50 年代，在哥本哈根有人开始用科学方法研究公鸡下蛋的现象，这是最早开展的此类研究。身为医生和解剖学教授的托马斯·巴特林（Thomas Bartholin）受皇家委任，当着丹麦国王弗雷德里克三世的面解剖了一只离经叛道的鸡，却没有发现任何异常；这只鸡看上去是正常的公鸡，有睾丸，输精管中充满精液，并没有卵巢或者输卵管。这只公鸡下的蛋比一般母鸡的蛋稍小一些，然而各方面看上去都很正常，正如巴特林认可的那样，根本没有办法弄清这个蛋是这只被解剖的公鸡下的，还是同一农庄里其他鸡下的。这次解剖没有得出明确的结论，然

雌雄同体：两只“半边种”的红腹灰雀。左边的鸟左半边身体为雄性，右半边身体为雌性；另一只鸟则正好相反。半边种具有一个卵巢和一个睾丸。相比其他种类的鸟，红腹灰雀中雌雄同体的现象更为常见。插图出自库默洛夫的著作（Kumerloeve, 1987）。

人们曾认为公鸡生的蛋会孵出半鸡半蛇的鸡身蛇尾怪。这幅插图出自阿尔德罗万迪的书（Aldrovandi, 1600–1603）。

而巴特林却一直十分好奇。1670 年他又找到一只“公鸡蛋”，和其他鸡蛋一起进行了人工孵化。然而结果依然不明朗，所有的蛋都没有孵化出来，那些母鸡蛋被证实都是未受精的，“公鸡”的蛋中含有蛋白，却没有卵黄。[6]

37 年后，又有一只可疑的小公鸡受到科学家的审视，这次轮到了法国学者、皇家外科医师 M. 拉佩罗尼（M. Lapeyronie）。在一家农场发现了一些没有卵黄的小鸡蛋，据说是一只小公鸡下的。拉佩罗尼认为那可能是一只雌雄同体的鸡，然而解剖后却发现只是再正常不过的公鸡。这种奇异的鸡蛋后来又出现了，但是最后人们发现下蛋的是一只母鸡，它能像“粗野的公鸡”一样打鸣，而且声音更狂放。这只母鸡理所当然被解剖了，人们发现其体内的输卵管被一包拳头大小的“浆液”所挤压，因而得出的结论是这只可怜的母鸡由于产卵时受挤压而剧痛，所以才会打鸣。剖开这只母鸡的蛋，拉佩罗尼发现其中没有卵黄，只有蛋白，有些蛋白扭曲成了小蛇状——养这只母鸡的农夫认为那些是真蛇。根据研究的结果，拉佩罗尼不仅骄傲地破除了有关公鸡产卵和蛇怪的观念，而且明确证实了下蛋的母鸡有时也会出现雄性的特征（也许是由于患病），比如打鸣。[7]

其实，从古希腊和古罗马时代起，人们就知道小鸡的性别非常易于变化。亚里士多德曾经记述过偶然下蛋的老公鸡：“公鸡剖腹，现类卵之物……位置较母鸡产卵膈部为下，色为全黄，与常卵大小相仿。”[8] 人们还知道，切除生殖腺能够极大地改变鸡的特征和行为，无论是公鸡还是母鸡：“确然，若改造鸟兽体内之性器官，整体构造亦随之产生巨变。”[9]

对圈养牲畜进行阉割的行为自古就有，也非常普遍。尽管采取的手法不同，然而残忍程度相似。阿尔德罗万迪曾经记述：

> 阉割公鸡，前人曾有较今日不同之法。以热铁灼其腰肠：公鸡于肠之低处阉割，此部于交合时坠出。以热铁再三灼之，即可得阉鸡。[10]

普林尼也提到阉割小公鸡可使用灼烧生殖腺的方法，或是令人不可思议的烙烫鸡爪的办法。阿尔德罗万迪描述了1600年左右他那个时代实施阉割的方法：

> 农妇于鸡肛部切一小口，将睾丸引出。切口可容一指，性腺之上、膈膜之下，于睾丸黏着之处，将其一一导出。切除睾丸后以细线缝合开口，涂灰。鸡冠亦切除，以去其雄性特征。[11]

这种操作风险很大，正如阿尔德罗万迪所说："阉割术中，稍有不慎则鸡亡……切割睾丸时务必谨慎，一一检验，若有残余，则鸡仍可啼鸣及行交合之事，且不易增重。"这么残忍的屠割究竟是为了什么目的？答案是一顿美餐："此鸡一盘，可助消化，通胸气，使人声如洪钟，滋养体魄。"光这些似乎还不够，人们还认为阉鸡的肉能催情。[12]

很多早期的生物学家记录过阉割引起的巨大变化。比如威廉·哈维曾注意到，切除睾丸后，公鸡会失去所有雄性特征和繁殖能力。阿尔德罗万迪也描述过，有时阉鸡能被用来代替母鸡孵小鸡。他还煞有介事地问道，为何阉鸡更容易得痛风而公鸡不会？然后自己给出答案：因为阉鸡失去了交配的欲望，极为贪食。[13]

一般来说被阉割的都是公鸡，然而偶然也会对母鸡进行绝育，目的同样是提高食用价值。切除一侧卵巢*之后，母鸡常会长出公鸡的尾羽。研究人员后来证实，如果给切除了卵巢的母鸡植入睾丸或注射睾酮，母鸡也能长出公鸡的鸡冠。[14]更惊人的是，在一些情况下因手术或疾病而失去左侧卵巢的母鸡，残余部位能够再生，但长出来的不是我们所以为的卵巢，而是完全具有产精功能的睾丸！[15]

切除了生殖腺的母鸡下一次换羽的时候会长出公鸡的羽毛，而阉割

* 鸟类通常只有一个能发挥功能的卵巢（左侧卵巢），这大概是因体内空间有限，为节省体重、便于飞行而产生的适应性特征（参见第2章）；右侧卵巢是退化残余物。——原注

过的公鸡则不会长出雌性的羽毛（虽然它们会表现出母鸡的行为），这个现象着实使生物学家困惑了很久。实际上，个体性别转换的整个机制在生物学中是个长时间悬而未解的谜题，而因为鸟类尤其容易改变性别，所以它们对揭开这个谜题起到了关键的作用。

1780年，外科医生约翰·亨特爵士（Sir John Hunter）同英国皇家学会联系，报告了一只孔雀从雌性变成雄性的奇事："廷特夫人（Lady Tynte）有一杂色雌孔雀，甚为珍爱，此鸟已生育数次，十一岁时换羽后转性，观之全然似雄孔雀，夫人家眷皆惊。"[16] 亨特对这件事很感兴趣，于是他对几个雌雄同体的个案进行了深入研究，并成为首先将第一性征和第二性征区分开来的学者之一。第一性征指的是生殖器，而第二性征则是诸如孔雀尾巴或雄鹿角之类使雌雄两性从外表上区分开来的特征，达尔文后来将第二性征纳入他的性选择理论中。

达尔文的朋友、鸟类学家威廉·亚雷尔（William Yarrell）首先发现，疾病最有可能是导致雌性变成雄性的原因。亚雷尔在他解剖的七只表现出雄鸟特征的雌雉鸡体内都发现了卵巢病变。他进一步对自己的猜测进行验证，通过实验移除雌雉鸡病变的卵巢，并发现手术后这些雉鸡一旦恢复，就开始长出雄性特有的冠和距*，这证实了卵巢是雌鸟保持雌性特征的关键所在。[17]

同一时期还出现了另一些重要的研究，19世纪中期任德国哥廷根动物园园长的阿诺德·伯特霍尔德（Arnold Berthold）发现，睾丸的提取物能够使阉割的公鸡恢复性别特征，克劳德·伯纳德（Claude Bernard）则认识到，生殖腺产生的特定的"内部分泌物"（其实就是激素）能够通过血液循环到达身体其他部位的目标器官。[18] 尽管有了这些关键性的发现，鸟类雌雄同体和性别转换的现象依然备受争议，直到20世纪初，弗朗西斯·克鲁（Francis Crew）决心将雌雄间性作为毕生

* 距在动物解剖学中指一种由角蛋白覆盖的骨质结构，常见于爬行动物和部分鸟类，就鸟类而言通常位于足部后方的关节处。——译注

16世纪末期廷特夫人有一只雌孔雀，她惊讶地发现孔雀突然转变了性别，尽管在之前的数年中这只孔雀已经生育过好几窝幼鸟。插图出自诺兹曼的著作（Nozeman, 1770–1829）。

的研究课题。

克鲁是爱丁堡第一所动物繁育中心的主任，他认识很多养殖动物的人，并嘱咐他们将性别不明的个体送来研究。1923 年出现了一个尤其令人惊讶的案例：一只浅黄色的奥平顿品种的母鸡下了三年的蛋，然后忽然变成了公鸡的样子，并受精生出了两只小鸡。解剖发现这只鸡有两个功能正常的睾丸和一个萎缩的卵巢——大概是因患肿瘤而受损的——这和亚雷尔在雉鸡体内观察到的情况类似。[19]

科学研究中的性别歧视其实很常见，直到不久前人们还普遍认为是雄性激素控制着如公鸡尾羽之类的雄性性征。实际上很多雄性性征并不是由雄激素睾酮决定的，而是因为缺失雌激素造成的。[20] 通常雄鸟不分泌雌激素（至少量不大），所以才会长出雄性羽毛，而分泌雌激素的雌鸟则拥有雌性的羽色。如果雌鸟的卵巢发生病变，不再产生雌激素，雌鸟就会恢复自身默认的雄性羽色，廷特夫人的孔雀就是这种情况。

同理，对于中世纪那些下蛋的“小公鸡”，最合理的解释就是这些鸡其实都是母鸡，也就是说，从基因上来说是母鸡，然而因某种卵巢疾病抑制了雌激素的分泌，因而外表长得像公鸡，有着长长的尾巴并且能打鸣，但保留着下蛋的能力。

雌激素控制雄性繁殖羽的现象在鸡、鸭、雉类和孔雀中相当普遍，通常雄鸟只有在繁殖季节才会换成炫目的繁殖羽，而一年中其他时间则恢复灰秃秃的普通羽色。相反，在家麻雀之类的鸟中，雄鸟一年到头都有着鲜明的羽色，雌雄两性的羽色特征完全是由基因决定的，与激素分泌无关。很容易证明这一点，因为摘除雌雄两种性别的家麻雀的生殖腺后，它们的羽色都保持不变。

然而这种雌激素效应也有一个有趣的例外：流苏鹬。这是一种涉禽，它的英文名“ruff”也被用来指雄鸟那炫目的繁殖羽。流苏鹬和前文提到的所有种类的鸟不一样，雄鸟那繁复的羽色和面部裸皮上奇异的疣突都是直接受雄激素控制的。

繁殖季节的流苏鹬雄鸟有着极其华丽多变的繁殖羽和面部疣突，表明它们在求偶场上做好了繁殖准备。插图分别出自弗里希的著作（Frisch, 1733-1763）、J. A. 瑙曼的著作（J. A. Naumann, 1795-1803, vol.2）和托马斯·彭南特的著作（Thomas Pennant, 1768）。

19 世纪意大利的捕鸟人曾经对养殖的流苏鹬雄鸟实施一种粗糙的手术。把鸟身体一侧的羽毛全部拔掉，等重新长回来时身体两侧的羽毛就会完全不同：没拔过的一侧是暗淡的冬羽，而另一侧则是纹饰鲜艳的夏季繁殖羽，成了另一种“半边种”。

流苏鹬不是常见的笼养鸟，然而自中世纪以来也一直有人养，倒不是为了好看（虽然繁殖期的雄鸟也挺漂亮），而是养肥了作为美餐。严格来说“流苏”（ruff）一词仅指雄鸟，而雌鸟则被称为“reeve”*。雌雄之间的差异在于雄性体形稍大，繁殖季节颈部和头部会长出饰羽，面部皮肤出现突起。两性之间在体形和特征上的这种显著差异在一夫多妻制的鸟类中很常见，是性选择的结果。雄鸟要通过激烈的争斗来赢得雌鸟，其中一些个体极为强壮，因而得以和数只雌鸟交配，而另一些雄鸟则完全没有能力留下后代。

流苏鹬曾是很流行的肉禽，几百年来都有人捕捉，由此也积累了一些早期的生物学知识。捕鸟人注意到雄性的羽色非常多样，一些雄鸟的羽毛是黑色的，还有一些是白色的，而另一些则是褐色的。埃德蒙·塞卢斯是研究流苏鹬行为的先驱之一，他在读了德国教师雅各·塞斯（Jacob Thijsse）关于流苏鹬求偶炫耀的著名文章之后，曾于 1906 年亲身前往荷兰北部的特塞尔岛进行观测。塞卢斯没有失望，他收集到大量证据，表明雌鸟会选择雄鸟进行交配，正如达尔文的性选择理论所推测的那样：“雌鹬如何抉择，显而易见。主动选择为其天性，其亦极善于此。”[21] 塞卢斯有着敏锐的观察力，他还注意到不同羽色的雄流苏鹬有着不同的求偶策略。50 年之后，两个丹麦学生证实了塞卢斯的猜测，他们发现有的流苏鹬雄鸟（大多是深色的）会防卫一片很小的领域，它们的求偶场直径约为 30—60 厘米，而另一些流苏鹬（大部分是白色的）则会和其他领地的主人共享求偶场。[22] 荷兰的流苏鹬研究人员利迪·荷根-

* 特指雌性流苏鹬。——译注

沃伯格（Lidy Hogan-Warburg）对这一行为进行了非常详细的观察，他称深色雄鸟为“领居型”，而浅色雄鸟为“卫星型”，并明确指出后者对于前者来说实际上是性行为的寄生获利者。也就是说，白色羽毛的雄鸟在深色羽毛的雄鸟的领地附近转悠，等待偶然的时机与接近求偶场的雌鸟交配。[23]

19 世纪初，乔治·蒙塔古从林肯郡一位捕捉并饲养流苏鹬的汤斯先生那里得到几只流苏鹬，养在自己的兽舍中。蒙塔古这样写道：

> 吾等大费周章，将数只鹬由林肯郡运归德文郡，期望可豢养数年，然汤斯先生则以为其寿不过是冬。车马途中，每日于驿站歇脚之时，将众鹬于笼中放出两次，置于屋角，以椅数张围之，覆以油布，盖长及地，鹬于其中甚为满足，不亚于进食打斗之趣，夜夜如此。其中寿长者存活四载，其余两三载不等，吾等得以细察其举止及羽色转换：年中必换羽；每春领羽增长，色泽与往年一致；然于圈养中则未见面部有小疣。[24]

流苏鹬的羽色每年都一样，这使后世的鸟类学家认识到它们的羽色是由基因决定的，然而机制尚不明确。到 20 世纪 30 年代，荷兰的几位鸟类学家对激素的作用很感兴趣，他们发现在繁殖季节前被阉割的流苏鹬雄鸟未能长出领部的饰羽和肉垂，而是保留着冬羽，这表明睾酮对雄性繁殖羽的生长起到关键作用。[25] 最近加拿大的研究人员戴维·兰克（David Lank）在圈养条件下建立了一个繁殖种群，为流苏鹬之谜拼上了最后一块拼图。兰克通过分析这些鸟的族群关系，发现雄性的繁殖羽很可能是由常染色体，而不是性染色体上的一个基因决定的。雌性流苏鹬当然没有华丽的饰羽，然而如果兰克关于饰羽基因位于常染色体上的推测正确，那就意味着雄鸟和雌鸟应该都有这同一个基因，虽然其性状只在雄鸟身上得以体现。为了使这些看不见的饰羽基因显形，兰克进行了一个巧妙的实验，将不同剂量的睾酮注射到圈养的流苏鹬雌鸟体内。

实验结果是惊人的。注射后不到48小时，雌鸟就开始表现出雄性的行为：它们都在一周之内建立了求偶场，体重也像雄鸟一样增加（为了减少进食以便专注于交配）；它们开始守卫领域；而注射睾酮五个星期之后，雌鸟长出了像雄鸟一样的长长的领羽。按兰克关于遗传模式的猜想来推测，这些雌鸟的新繁殖羽将和它们的兄弟羽色花纹完全一致（因为它们很可能有相似的基因），而实际情况正是如此。这证实了睾酮在羽毛发育中的作用，以及雄鸟饰羽与行为策略差异性背后的基因基础。[26]

在关于流苏鹬激素的故事结尾时，发生了戏剧性的转折。对于大多数流苏鹬来说，雄性和雌性之间的体形差异很大，就算在暗淡的冬羽阶段也很容易分辨。不过，荷兰圩田的养鸟人偶然会抓到一些迁徙的流苏鹬，它们披着冬羽，体形居中，因此很难判断性别。尽管休尼斯·皮尔斯玛（Theunis Piersma）和尤普·贾克马（Joop Jukema）已经通过DNA样本鉴定出它们从基因上来说是雄性，然而在圈养条件下这些鸟从未长出流苏鹬雄鸟典型的繁殖羽，因此很令人困惑。实际上它们是另一种雄性的基因型，其羽色模仿雌鸟，但是有非常大的睾丸。这些鸟假装成雌鸟，在其他雄性的求偶场附近谋生计，并且偷偷伺机同被求偶场的主人吸引的雌鸟交配。[27] 这种基因型的雄鸟何以拥有雌鸟的外表，而同时又有功能正常的睾丸，其生理过程还有待研究，然而很可能跟睾酮和雄性饰羽的关联被切断有关。

无交配生殖是另一种可能曾让中世纪的教会极为着迷的性心理失常。很多雌性动物，包括一些鸟类，能够在不经过交配，也就是完全没有雄性参与的情况下繁殖，这种现象被称为孤雌生殖。18世纪中期，瑞士博物学家查尔斯·邦尼特（Charles Bonnet）通过研究蚜虫发现了孤雌生殖现象。[28] 即便在通常情况下需要依靠精子繁殖的一些物种，其卵子也常常可以受诱发而自身发育。邦尼特在研究中最早意识到这一点：如果把蚕的卵扔进热水中，只需几分钟的时间，它们就会自我发育，而用针刺青蛙和蟾蜍的卵也可以达到同样的效果。这样的现象让繁殖行为显得更加神秘，而且严肃地质疑了雄性在繁殖中的作用。

20 世纪 30 年代，美国马里兰贝尔茨维尔农业研究中心的家禽研究人员开始培育一种新型火鸡，他们希望这种火鸡具有所有人希望的特征：快速成熟，高产多子。到 50 年代时，这种名叫“贝尔茨维尔小白”的奇迹火鸡已经逐渐定型，而在 1952 年一次例行的生育筛查中，一位名叫马洛·奥尔森（Marlow Olsen）的研究人员发现这些火鸡有些异常。尽管雌火鸡与雄火鸡长期分离，然而它们产下的蛋中却出现了一些受精卵。单单是一些鸡蛋自己开始发育并不稀奇，胚胎学家 J. 奥莱彻（J. Oellacher）在 19 世纪就发现了鸡的孤雌生殖。这种现象虽然非常罕见，然而却是广为人知的事实。但是让奥尔森吃惊的是，这些火鸡蛋中受精卵的比例高得出奇。在奥尔森检验的大约 1000 个蛋中，超过 16% 的蛋都出现了胚胎发育的迹象。不过奥尔森也知道，在已知能够孤雌生殖的鸟（鸡、火鸡和鸽子）中，胚胎发育**总是**以失败告终：细胞开始分裂，然而却是以无序分裂的方式，**从未**产生过能存活到孵化的正常胚胎。

奥尔森依然对此很感兴趣，尤其是因为一些雌火鸡似乎比别的火鸡产出更多孤雌生殖的蛋，表明这种现象的根源可能在基因上。于是一个大型的研究项目拉开了序幕，部分是为了弄清这究竟是怎么回事，但同时也是希望无性繁殖的火鸡能带来商机。果然，生产自我发育鸡蛋的趋向是可以遗传的，奥尔森通过仔细挑选最有可能产这种蛋的火鸡，在五个世代之内将孤雌生殖的鸡蛋比例从 16% 提高到了 45%。不仅如此，这种人工选育也大大增加了存活到发育后期阶段的孤雌生殖的胚胎数量。终于在 1955 年，马洛·奥尔森和他的同事们骄傲地孕育出了第一只孤雌生殖的火鸡幼鸟。后来自然又有了更多的幼鸟，然而这些没有依靠交配生产出的小火鸡都很孱弱，从一出壳就必须受到特殊照顾，很多在孵化后不久就夭折了。不过由于研究人员越来越擅长照顾它们，这些特殊的

不通过交配也可以生育的鸟：火鸡是已知能够孤雌生殖的几种鸟类之一。这幅插图由亚历山大·威尔逊（Alexander Wilson）绘制，出自威尔逊和波拿巴的著作（Wilson & Bonaparte, 1832）。图中描绘了一个北美野生火鸡家庭，左边是雄鸟。

小宝贝中有一些存活下来，有几只甚至发育到了性成熟。在为期 20 年的整个研究项目中（最后商业应用的希望彻底破灭了），共计孵化出 1100 只孤雌生殖的火鸡幼鸟。由于它们没有父亲，研究人员预计它们只有一组染色体（也就是从母体得来的染色体），然而实际上这些幼鸟都有两套完全相同的染色体，这表明在胚胎发育的早期阶段染色体进行了自我复制。这些火鸡幼鸟都是雄性，都有睾丸，然而丝毫没有交配的愿望。不过其中有些火鸡产生了少量精液，使用它们的精液给雌火鸡进行人工受精，也产生了正常的两性生殖的后代。[29]

野生的火鸡已经存在了几百万年，奥尔森推测自然条件下肯定也孵化出了一些孤雌生殖的火鸡，然而它们和正常火鸡比起来太弱了，因此很难存活下来。鸟类学家通常对孤雌生殖很不屑，认为那是家禽和鸽子中的人造产物，是驯化造成的异类，与其他鸟类没有关系。我自己以前也这么认为，然而最近我发现笼养的斑胸草雀也会产下无性生殖的受精卵，这说明这种奇异的繁殖现象在所有鸟类中都有偶发的可能性。我甚至还想，要是有 20 年的工夫，说不定我也能培育出孤雌生殖的斑胸草雀。[30]

约翰·雷肯定会对雌雄同体和无性繁殖感到困惑，据我了解，他并不知道这些现象的存在。不过他阅读过阿尔德罗万迪的著作，而且和托马斯·布朗有通信往来，而这两个人都谈到过这些，所以雷肯定知道鸟类能够转换性别，然而他却选择闭口不谈。相反，他关注的是以更明显的例子来阐释上帝的安排——上帝的智慧表现在他创造出数量相当的雄性和雌性：

> 欲维系鸟兽物种，世间雌雄数量比例保持恒定至为重要，由此可知其中有天意。若仅依机制而行，时有单为雄性或雌性之境况，则其类无以存续。此为上苍之灵，超越一切易改之生殖变数，而凡俗未具灵智，无以料理此制。[31]

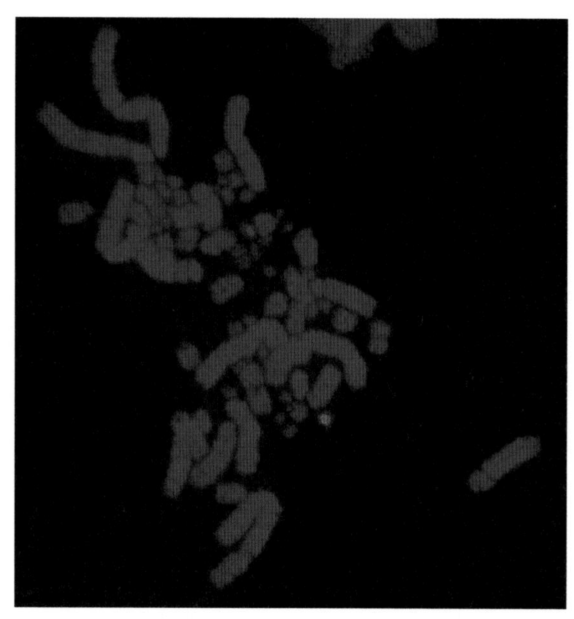

斑胸草雀的全部染色体。其中两个粉色的小点是一对和抗病有关的基因（位于来自父母双方的两个染色体上）。引自格里芬和斯金纳（D. Griffin & B. Skinner）的私人通信。

人们很早就知道，大多数物种产下的雄性和雌性后代数量大致相当。关于决定后代性别的因素，古希腊人有过很多猜想，包括胚胎于子宫的左半边还是右半边着床，或者精子由左侧还是右侧睾丸产生，诸如此类，在今天可以统称为“环境性别决定论”。雷认为，后代中雄性和雌性的数量相当，不可能仅仅依赖于他所谓的“机制”，因为一旦有什么差错，生出的后代都是同一个性别，这个物种就会消亡。在上帝创造的完美世界里，既没有演化也没有物种灭绝，因此这是不合理的，然而现在我们知道了，性别确实是完全由“机制”决定的。我们理解了演化，因此能够想象庞大的自然选择系统是如何产生如此有效的性别决定机制的。

1900年左右，重新发现孟德尔研究成果的学者之一卡尔·克伦斯（Karl Correns）指出，同一株植物具有不同的性别，其中一半的花粉决定着后代是雄性，另一半则决定后代是雌性。直到这时，性别的基因基础才被确立下来。后来研究人员发现哺乳动物也一样，一半的精子会产生雄性后代，另一半则会产生雌性后代。其奥秘就在于性染色体。

包括人类在内，哺乳动物的雄性体内有两条性染色体，分别称为 X 染色体和 Y 染色体。当雄性产生精子的时候，一个精子中包含两条染色体中的一条，因此精子携带的不是 X 染色体就是 Y 染色体。而雌性哺乳动物则有两条完全相同的性染色体，都是 X 染色体，所以产生的卵子携带的都是 X 染色体。雄性哺乳动物的两条性染色体互不相同，因此被称为异配性别，而雌性哺乳动物具有两条 X 染色体，因此被称为同配性别。性别是由与卵子融合的精子类型决定的：携带 Y 染色体的精子与卵子（X）融合产生雄性（XY）后代，而携带 X 染色体的精子与卵子（X）融合则产生雌性（XX）后代。

鸟类的情况和哺乳动物不同，就在于鸟类中雌性是异配性别。鸟类的性染色体被称为 Z 染色体和 W 染色体，雌鸟都是 ZW，产生的卵子携带的是 Z 或者 W 染色体；而雄性则是同配性别（ZZ），产生的精子携带的都是 Z 染色体。因此在鸟类中是雌鸟决定后代的性别。20 世纪初就有人推测出了鸟类染色体的存在，这方面的先驱之一是威廉·贝特森（William Bateson），一个脾气暴躁的自大狂。贝特森主要研究家鸡，他那坚忍不拔的助手弗洛伦丝·德拉姆（Florence Durham）则研究金丝雀。德拉姆女士和她研究的金丝雀都比那些鸡更加温驯，1908 年，她得出了决定性的证据，表明在鸟类中，后代的性别由雌鸟决定。与哺乳动物相比，鸟类染色体的数量多得多，而且很多染色体非常小，所以要找出决定性别的染色体非常困难。到 20 世纪 30 年代，人们已经知道雄鸟的染色体类型是 ZZ，然而依然不清楚雌鸟究竟是 ZW，还是只有 Z 而缺少 W 染色体。[32]

当然，一种性别的鸟产生的配子一半是雄性，一半是雌性，这完美地解释了为何雄性和雌性后代各占一半。然而这种两性比例相当的机制是如何演化出来的，依然是生物学上的一个未解之谜。我们也不清楚，为何会有两个性别而不是三个或者更多。由于性别是在雌鸟体内的性细胞分裂形成卵子时随机决定的，因此雌鸟产生的是雄性还是雌性的卵子，完全要看机会，在偶然的情况下，雌鸟也会接连生出许多同一性别的后代。有一只笼养的红胁绿鹦鹉，一连生育了30只雄性幼鸟之后才生了1只雌鸟。以前养鸽爱好者声称鸽子一窝生的两枚卵必定是一雄一雌。在性别完全随机决定的情况下，所有鸽子中确实大约有一半的巢中卵的性别是一雄一雌，其余的则是两雄或两雌，而总体来说性别比例持平，没有证据表明鸽子的一窝卵中总是一只雄性，一只雌性。如果真的始终是一雌一雄，那就意味着雌鸽子有某种方法来控制每一个卵的性别。直到不久前人们还认为这是不可能的，而目标在于让雌鸟产蛋的家禽工业，一百年来确实也一直致力于寻找控制幼鸟性别比例的方法，然而都失败了。不过现代克隆技术的提高带来了一线成功的曙光，我推测要不了几年，就能通过人工控制孵化出同一性别的幼鸟。这种控制需要复杂的现代科技——大概令人吃惊的是，大多数的鸟类自己都无法控制。

早期有人声称某些野鸟能够调整幼鸟中雄性和雌性的数量，这种说法合情合理地受到了质疑。这些研究中用到样本量有时非常小，因此性别比例更有可能偏离50:50。还有一个问题是，幼鸟的性别通常只有达到一定年龄时才能确定下来，所以性别比例有可能经常并不是靠雌鸟自身调节，而是因为一种性别的幼鸟比另一种性别的鸟更容易夭折。20世纪90年代分子技术的发展使研究人员得以确定幼鸟在孵化时的性别，从而解答了这个问题，并在性别比例研究领域开拓了很多新方向。

塞岛苇莺是一种典型的“小褐鸟”* 或者说难以名状的小鸟，它们是所有鸟类中性别比例变化最为明显的鸟种之一。这种鸟协同哺育幼鸟，也就是说，头一窝出生的幼鸟，会作为“帮手”，留在巢中帮助亲鸟哺育

* 观鸟人用“little brown job（LBJ）”一词泛指多种褐色的麻雀大小的雀形目鸟类，因其特征差别细微，难以分辨。——译注

下一窝的幼鸟。协同哺育幼鸟的鸟类在性别比例上出现巨大的偏差，并不是偶然现象。由于大部分帮手都是上一窝中的雌性幼鸟（雄性幼鸟通常会自动离开家庭领地），因此亲鸟调整性别比例，增加雌性幼鸟数量，对自身是有好处的。直到 1988 年，塞岛苇莺都只出现在印度洋的小岛库金岛上。通过精心的保护管理，这种濒危鸟类的数量开始增加，很快整个岛上的栖息地无论优劣，都被占据了。对于在优质栖息地繁殖的塞岛苇莺来说，帮手喂养幼鸟，起到了很大的作用，而雌鸟一巢只产一枚卵，

塞岛苇莺这种没有什么明显特征的小鸟因为两个原因而出名：通过成功的保护项目而得以免遭灭绝的厄运，以及能够改变其后代性别的能力。这张1972年的塞舌尔群岛邮票上印的正是塞岛苇莺，以纪念这个成功的生态保护故事。

因此它们更倾向于产出雌性幼鸟，80% 左右的卵孵化出来都是雌性。然而在条件不佳的栖息地，帮手也要进食，而食物来源本就不足，在这种情况下繁殖期的雌鸟就倾向于生产雄性后代，因为它们会离开家去占领新的领地，这样就能减轻负担。[33]

塞岛苇莺究竟是怎么做到这一点的？更确切地说，是在**何时**进行控制的？如果性别决定是适应性特征，那么时机就非常关键。如果在产卵前数个星期甚至几个月，卵子的性别已经决定了，那么雌鸟就不大可能为了适应当下的栖息地状况（或者其他因素）而调整卵的性别。相反，如果卵子的性别是在产卵前才决定的，雌鸟就可以调整后代的性别，以此作为适应性策略。事实正是如此。卵子的性别在从卵巢中排出的几个小时之前，也就是刚好在受精之前，才确定下来。大部分鸟都在早晨排卵，因此雌鸟能够根据前一天周边的情况等因素来决定是产雄性还是雌性的卵。[34]

想要合理地解释诸如雌雄同体、性别转换和无交配生殖等异常的性别现象，就需要回到性别的本质。我们已经提到，胚胎发育成雄性还是雌性取决于其体内的性染色体。问题在于性染色体究竟是如何使胚胎发育成雄性或雌性个体的。从哺乳动物开始论述比较容易，因为在这方面我们对哺乳动物的了解比对其他生物要多得多。哺乳动物的 Y 染色体上携带着一个名为 SRY* 的基因，这个基因能把胚胎体内原本没有性别的生殖细胞转变为睾丸。睾丸一旦形成就会开始分泌性激素，使胚胎继续发育成雄性。如果使卵子受精的是携带 X 染色体的精子，胚胎就具有两个 X 染色体而没有 SRY 基因，因此发育成雌性。雌性哺乳动物的发育中完全没有 SRY 基因参与，因而一般认为雌性是哺乳动物的默认性别。

而鸟类的情况则有所不同。首先，我们提到过雌鸟是异配性别，有

* Sex determing region on chromosome Y 的缩写，意思是 Y 染色体上的性别决定区域。——译注

Z 和 W 两种性染色体，而性别是在排卵前几小时才确定下来的(相反，哺乳动物的性别是在受精时决定的)。其次，如果雌鸟的 W 染色体上有一个和哺乳动物的 SRY 基因类似的基因，那么一切就很容易解释了，然而迄今为止我们并不知道到底实际情况是不是如此。另外两个机制也有可能决定胚胎的性别。其一是雄鸟体内的双 Z 染色体诱导了睾丸的发育，另一个可能性是鸟类的性别由性染色体和常染色体的比例决定，而现在我们还没有答案。

无论决定鸟类性别的机制是什么，它都触发了一系列的反应，使胚胎逐步发育成雄性或雌性。胚胎开始发育后不到几天，就会出现最初的细胞(叫作生殖细胞)，这些细胞最终会形成生殖腺，但它们一开始是性别不明的，术语称作“未分化的”，意思是说不管胚胎遗传的是哪种性染色体，都有发育为雄性或者雌性的潜能。从某种意义上来说，胚胎的性腺有发育成雄性或雌性的潜能并不令人惊讶，因为睾丸和卵巢在产生配子细胞(精子与卵子)，以及分泌性激素上发挥的作用完全一样。在哺乳动物中，是 SRY 基因启动了这一系列的细胞活动，将未分化的胚胎转变成雄性的；缺少这个基因则会使胚胎变成雌性的。而在鸟类体内是什么因素使胚胎发育为雌性，还有待进一步研究。

我们已经知道，不管是哺乳动物还是鸟类，异配性别都是默认性别。一旦性腺分化，也就是说开始变成雄性或雌性的，它们就开始分泌性激素。对哺乳动物来说，睾丸分泌的睾酮决定了雄性性征，而没有睾酮则决定了雌性性征。我们现在能推测，对鸟类来说情况正好相反：雌性胚胎中卵巢分泌的雌激素决定了雌性性征，而缺少雌激素则决定了雄性性征。也就是说在鸟类胚胎中雌激素**不发挥**作用时，胚胎会默认发育为雄性，而当有雌激素出现时胚胎会分化为雌性。[35]

对于哺乳动物和鸟类来说，性激素在发育早期的影响是终生的，但如果是出现在后期甚至成年以后，则可能是暂时的。[36] 因此外观、行为和大脑结构等方面的性别差异是由两个过程决定的。第一个是在个体的胚胎阶段产生的永久性改变，而第二个则出现得更晚，结果也更为多变。在正常情况下这两个过程协调一致，互相加强。然而我们已经知道，偶尔这两个过程也会分道扬镳，造成各种生殖上的异常，如雌雄同体、性别改变或无交配生殖等。

双边雌雄嵌合体似乎是因为受精卵细胞分裂初期产生错误，导致一半的胚胎变成了雄性，而另一半则是雌性，但是具体的机制还不明确。早期有观点认为哺乳动物中的雌雄同体是因为有两个精子（一个 X 和一个 Y）进入卵子并与之融合，然而这显然无法解释鸟类中的半边种，因为鸟类的精子不能决定性别。对鸟类而言，一种可能性是，由于在卵子形成过程中出现了一次错误的细胞分裂，结果形成了两个细胞核（一个 Z 和一个 W），而不是通常情况下的一个细胞核。两个细胞核分别同含有 Z 染色体的精子结合，随着鸟的发育，错误就这样延续下去，使鸟成为半边雌，半边雄。这个解释听起来有点牵强，然而已经是迄今为止最合理的了。[37]

至于鸟类为什么会转换性别，我们则有着更为清晰的理解。雌性只是偶尔有变成雄性的，相反的情况很少，即便有，也从未证实过。更准确地说，只有基因上的雌性（ZW）会表现出雄性的外表和行为。这与雌激素的缺失决定雄性特征和行为的理论相一致。雌鸟的卵巢一旦受损，就不再产生雌激素，因此会还原到默认的设定，表现出雄性的外表和行为。这种效应并不是普遍适用的，一些鸟种如流苏鹬明显有着不同的机制，而另一些鸟种如麻雀则有着终生（而非季节性）的雌雄二象性。

最后来看看无交配生殖。现在我们知道，雌性的配子卵子中含有繁殖新个体所需的所有材料，就算没有雄性或精子也可以繁殖。由于所有孤雌生殖产生的个体都是雄性，所以必然至少有一个 Z 染色体，我们知道它们拥有一套完全复制的染色体，因此这些雄鸟必定是 ZZ。由此推测，WW 的后代是无法存活的。

如今科学已经有了长足的进步，并成功地解开了很多有关性别的谜

家麻雀的外表没有明显的季节变化，雄鸟（前）的羽毛基本是由基因决定的，而孔雀等种类的鸟则不同，是由激素控制雄鸟羽毛显著的季节性变化。插图出自迈耶的《不列颠鸟类》（Meyer, 1835–1850）。

题。在过去，我们不了解的事物，比如下蛋的小公鸡，通常让人觉得很可怕。这些事物似乎瓦解了人们的信仰根基，因此常常遭到残忍的对待。在中世纪，迷信和对上帝的畏惧压倒了逻辑和常识。后来随着科学观念占据上风，我们终于能够做出理性的判断，驱逐恐惧，取而代之的则是洞察与理解。

这只滑稽的鸽子是一只正在炫耀的雄性球胸鸽，这种鸽子完全是人工选择的结果。它们能笔直站立，嗉囊完全充气鼓起，这样的雄鸟深受雌鸽和养鸽爱好者的青睐。插图出自威廉·特盖特迈耶（William Tegetmeier）的《鸽子》（1868年）。

9. 达尔文否认的事实——不忠

在安达卢西亚*的高迪克斯城郊，有一小片荒地，十来个中年男人正准备在这里进行一场比赛。在接下来几个星期里，这场比赛将决定他们的社会地位。有五个人各自带着一只雄鸽，鸽子翅膀上画着彩色的图案。第六个人抓着一只雌鸽，雌鸽尾巴上系了三根长长的粉色羽毛做装饰，看上去很不协调。当约定的信号发出时，雌鸽被放到地上，其他人也把雄鸽放到它的面前。雄鸽立刻就对雌鸽来电了：它们开始疯狂地求偶，昂首阔步，摇头摆尾，弯腰弓背，咕咕作鸣，使出浑身解数，也不管有没有用。这些雄鸽骚动着挤成一团，争着试图吸引雌鸽的注意；只有通过它们翅膀上的独特的花纹，才能看清每只雄鸽的表现。大约过了一小时，雌鸽接受了其中一只雄鸽，跟它一起飞回鸽房，而这只雄鸽的主人得意至极，从其他人手中收获赢来的赌资。

高迪克斯的赛鸽是一种现代版的古老活动，以前人们就训练鸽子进行求偶炫耀，将别的鸽子引回鸽舍。老普林尼说过："鸽生性易迷失。有能施巧引诱者，带之回巢，此为以诈取胜。"[1] 中世纪时，鸽子这种不寻常的行为逐渐在意大利成为一种流行的娱乐活动。这种比赛叫作"triganieri"**，人们将两队以上的鸽子一起放飞，一段时间后各队的主人

* 西班牙的 17 个自治区之一，首府为塞维利亚。——译注

** 源于一种鸽子的名称"triganino modenese"。——译注

用旗子或口哨将自己的鸽子唤回鸽舍，凡是带回的生鸽子都会被关起来。在比较友好的比赛中，关起来的鸽子会被送回或是赎回；在不那么友好的比赛中，这些鸽子就可能被杀掉。

中世纪的摩尔人将这种比赛用的鸽子带到了西班牙，人们称之为"palomas ladronas"，意思是"盗鸽"。这些鸽子都是精心繁育出来的，专门用于引诱异性飞鸽并将其带回鸽舍。并不是所有人都喜欢这些鸟，18世纪塞维利亚有法令规定："严禁出售盗鸽，此为无信仰者之行……"[2]

这种盗鸽和被它们诱骗的"受害者"的行为是非常值得研究的。雄性盗鸽极其擅长引诱雌鸽，与之交配后即离弃，留下雌鸽产卵育雏。有超常的雄鸽甚至能够引诱正在孵卵的雌鸽抛弃伴侣和卵，和它一起回鸽舍，这种行为在野生鸟类当中简直闻所未闻。雌鸽会为了更有吸引力的雄鸽而抛弃自己的巢、卵和伴侣，这种行为严重挑战了人们之前关于鸟类的所有幻想，尤其是对鸽子——这种鸟曾被视为一夫一妻制的典范。

达尔文很了解盗鸽，通过对自家鸽子的观察，他也知道雌鸽偶然有不忠行为。然而他拒绝承认：他认可雄鸽有滥交的天性，却好像忽略了一个巴掌拍不响这个事实——雌性也是滥交的。[3]

大概他太过相信长久以来流行的说法，因为雌鸽的忠贞，是从老普林尼时代流传下来的（尽管有时也存在自相矛盾的说法）：

> 关于松鸡，鸽亦有相似之举：尤为贞洁，而不见其滥交。虽与众鸽同处一舍，然其从不破配偶之忠：非丧偶绝不弃巢。[4]

虽然人们以前就知道鸽子很容易"迷失"，但是老普林尼和其他学者都坚持认为鸽子是忠贞的象征。对达尔文来说，雄性的滥交行为是正常的，也是他关于性选择的图景中很重要的一个部分。雌性滥交则相反，显然不属于性选择；在达尔文的著作中，雌性是羞涩而谨慎的，更重要的是忠贞：

有多种证据指示，大约为性选择之结果，雌性虽性羞赧，然亦能于一众雄性中择一配偶。[5]

奇怪的是达尔文明知道这个说法是错误的，但他显然选择了忽略雌性会滥交的事实。

比如亚里士多德就曾经提到，雌鸟有时会和两只雄鸟交配，在这种情况下，后代会长得像后一只雄鸟："前雄鸟受精之卵即质变为后来者之卵。"[6]

17 世纪初威廉·哈维在《论动物生殖》一书中写道：

多种兽类为一雄多雌，如鹿与牛。而亦有兽类为一雌多雄，如母犬与母狼，因此娼妓亦称"母狼"，由于其身体为众所用，而妓馆称"lupanaria"*，为其售卖之所。[7]

丹尼尔·哥顿（Daniel Girton）在 1765 年的著作中曾警告养鸽子的人，鸽子的血缘可能会"因错误之举而不纯"，他还说"极好色之雌鸽常俯首臣服……"，很明确地指出，鸽子至少偶然会有配偶外性行为。[8]

威廉·斯梅利曾这样描写家禽："秽泥中雄雌鸡自然配对。家舍之中，雄鸡为好妒暴君，雌鸡则类娼妓。"[9]

更令人惊讶的是，实际上达尔文自己也记录过一个证明雌性有滥交行为的案例。信息是从达尔文的表兄，也是他在剑桥大学的死党威廉·达尔文·福克斯（William Darwin Fox）那儿得来的。福克斯是一名教士，对博物学也很感兴趣，他在位于柴郡的家中建了一个小动物园。1868 年他在给查尔斯的信中描写了他养的家雁，这则逸事后来出现在《人类由来及性选择》中：

* 拉丁文，指妓院，原义为狼寮。——译注

W. D. 福克斯神父来函告吾，其有中华雁一对，普通雄雁一只并其余三雁，两处相隔甚远，然中华雁之雄雁将另圈中一雁诱至其处。更有甚者，普通雁孵出之幼雁，纯种有四，其余皆为混血；因而中华雄雁于普通雁似颇有魅力。[10]

然而为何如此多的证据摆在眼前，达尔文还是不承认雌性会滥交呢？大约有几种可能性。一种是他压根就没想到。他复述表兄的信函，目的是阐述雌性进行性选择的概念，而不是讨论滥交。认为雌性忠实于一夫一妻制，也有利于达尔文自身。维多利亚时代的绅士是不讨论不忠这一话题的，至少不会在公开场合谈论。默认雌性是忠贞的，也避免了很多家庭问题带来的尴尬。达尔文的女儿埃蒂（Etty）在二三十岁时曾帮达尔文校对《人类由来及性选择》一书的校样，因此达尔文写作时在内容上也极其谨慎。[11]

这样做的并不只是达尔文一个人。其他的博物学家也觉得坚持雌性忠贞的说法在政治上是正确的（或者易于获利）。布丰曾（很可能是违心地）用丰美的辞藻赞美鸽子的德行：

其喜群居，忠于伴侣，净而得雅，如诉喜乐；欢而无忧，举止温婉，羞怯微啄，悦时可亲，然旋即复矜，欢躁退却；其内炙热，恒久含情；生机不褪；既绝反复无常，亦无可厌之处，从无喧闹或纷扰同伴，心属情，爱子嗣；冗务互担；雄鸽助其爱侣孵巢护幼：人若欲效之，其可为楷模。[12]

相反，威廉·斯梅利认可雌性滥交的可能性，然而他将其解释为驯养造成的人为产物。他从逻辑上推论，家禽滥交是在圈养中因生活放纵而造成的，他将这类比为人类社会中大量资源聚集在少数男性手中，导致这些男人妻妾成群的情形。[13]

درین منظر که انوار ظهور است
اگر بینی تماشای حضور است
ز چشم خویش بنگر
کبوترهای را پرواز دور است

将鸟和其他动物作为人类楷模的观点早已不新鲜了，然而却促使人们歪曲事实；而某种特定的动物究竟代表美德还是罪恶，对此也很少有一致的说法。比如鸽子爱好者约翰·摩尔曾说过我们应当效仿英国球胸鸽：

> 将年龄较长者隔开，分处一笼，饲之以麻……再将其同置一处，其能健壮欲盛，生育之幼鸽则为上佳；吾等观之，若人能效其节制，则子嗣能身心愈健。[14]

换句话说，摩尔认为节制性欲可以提高生育质量。

许多宗教团体都认为鸟类可以作为道德楷模，因此鼓励养鸟和鸟类学的发展，这也是为什么英国维多利亚时代一些组织，如基督教知识促进会（Society for the Promotion of Christian Knowledge, SPCK）和宗教书社（Religious Tract Society），出版了大量博物学和养鸟方面的书籍。其中包括安·普拉特（Anne Pratt）的《本地鸣禽》和威廉·林奈·马丁（William Linnaeus Martin）的《家禽与鸣禽》。马丁写道："神创禽兽，四足或飞羽，尤可为人所用之者，与人生息相关，则易征服驯化，其中唯可见神之恒灵，无他。"[15]上帝的造物同时也给人类提供了行为上的楷模，英国鸟类学家弗雷德里克·莫里斯神父（Reverend Frederic Morris）曾向他的教区居民宣扬应当效仿林岩鹨（我们将看到，这是错误的）：

> 其性静隐而不怯，其行动习性谦而无华，自省，不以貌而矜，然不失雅洁，有德之人应效仿林岩鹨，谨以修身，亦为人表。[16]

左页图：驯养鸽子来引诱其他人的雌鸽曾经是一种流行了几百年的娱乐活动，最初由阿拉伯人带到欧洲。达尔文知道盗鸽的事，然而并没有认识到这种行为在他的理论中的重要性。这幅图描绘的是18世纪的波斯养鸽人，出自一本阿拉伯文集。

达尔文对生物学的影响极大，他关于雌性忠贞的论点促成了其后一个世纪中对雌性动物性行为的错误观念。甚至在20世纪五六十年代，当人们对逐一标记过的鸟类所做的野外行为研究已经开始获得丰硕的成果时，也始终没人提出雌性滥交的行为，甚至有人认为雄性才是这种现象的根源时，鸟类学家们也矢口否认。当他们看到某些鸟类的配偶外性行为时，仅仅把这种可能性解释为雄性的某种错误，有人甚至为雄性开脱，声称它们是因为生病或者激素水平失调。[17]

直到20世纪60年代才有了一些改变，演化是如何发生的这一问题成了研究的焦点。在过去那些年中，生物学家开始允许自然选择理念偏离达尔文最初提出的残酷的适者生存，相反，至少在某些方面，尤其是公众眼中，自然选择变得更为仁慈，而且更关注物种的保持。这就不难理解为什么60年代之前鸟类学家在努力寻找不忠行为的意义：一只雄鸟和其他雄鸟的伴侣交配，对物种整体来说到底有什么好处。

当时也并不是所有人都认为自然选择是在物种尺度上进行的。戴维·拉克就不这么认为，他和其他一些人执着地坚持达尔文最初的理论，即演化发生在个体层面上。在这些人中影响力最大的是乔治·威廉（George Williams），他在纽约大学石溪分校任职时所写的《适应性与自然选择》一书就是反驳物种中心演化论的。这本书为演化研究，尤其是鸟类学中这方面的研究开创了新纪元。[18]

两位年轻的生物学家杰夫·帕克（Geoff Parker）和鲍勃·特里弗斯（Bob Trivers）是威廉新理论的热切倡导者，而他们都不是严格意义上的鸟类学家。帕克爱好饲养展览家禽，正职则是动物学家，研究粪蝇的滥交行为。鲍勃·特里弗斯对理论比对动物更感兴趣，而他住在哈佛宿舍里时停在窗棂上鸽子的行为给了他启发：

> 我很快就看清，在这种一夫一妻制的鸟类中，实际上雄性在性关系上更缺乏安全感，它们的行为就像是在努力防止自己的配偶放纵，

> 即阻止配偶产生配偶外性行为……我窗外最开始有四只鸽子——正好两对。它们互相挨挤着在隔壁房子的排雨槽中睡觉……两只雄鸟更为强壮有力，却总是靠在中间，它们的配偶分别待在外侧，这样两只雄鸟都能确保将配偶和另一只雌鸟隔绝开来。[19]

多少是不约而同地，特里弗斯和帕克都强调个体的选择，从而创造了一种新的性选择观点。以一种明确的个体视角来看，繁殖不再是雌雄两性之间为物种利益而产生的那种费力的合作行为，而是不同性别内部各个个体之间的竞争，在这个战场上，它们为了获得遗传表达的机会而压制其他个体。性选择是为了繁衍后代，而从演化的角度来说，基因的传承才是终极目的。

多亏了杰夫·帕克和鲍勃·特里弗斯，性选择理论才在20世纪60年代末重生。他们的理论正是达尔文一直以来要表达的意思，然而公正地说，达尔文从来没有这样清晰地阐述出来。帕克和特里弗斯推动了这个演化的新视角，为生物学家提供了前所未有的丰富洞见。

坚持认为雌性忠实于一夫一妻制的达尔文自然认为，不管何种性别的个体，一旦找到伴侣，性选择就结束了。然而帕克观察到雌粪蝇与一系列的雄蝇交配，从而意识到性选择在受精行为结束之后还会继续进行，直到受精的那一刻才停止。雄性的竞争是为了受精，而不是为了雌性本身。[20]

滥交行为使雌性能够同时携带数个雄性的精液，所有的精子都会争着使卵子受精，帕克称之为精子竞争。这在演化中是强大的力量，因为在演化的意义上，雄性需要努力保护自己的父权，与此同时从其他雄性那里窃取父权。帕克认识到，个体在演化竞争中要努力产生更多后代，也就不可避免会导致冲突，驱使雄性在行为、身体结构或生理等各方面超过同类个体。在当时，雌性的因素并没有被考虑到。

认可精子竞争的存在使繁殖谜题中的其他碎片也一一归位。几个世纪以来，生物学家和其他人一直在思考非常规繁殖现象存在的意义。这种关于性选择的新观点被称为“后交配”，所关注的是交配和受精之后还在继续进行的繁殖权争夺战。新观点为很多问题提供了答案，包括约翰·雷在《上帝之智慧》中写到的问题：

雌雄两性交合之欲强不可抑，其为何故？[21]

在此雷可能想到了家麻雀，这种鸟具有传奇般的交配能力：

其交合繁殖之欲炽不可抑，半时辰中可交廿余次。[22]

1559 年，德累斯顿*的牧师丹尼尔·格雷瑟（Daniel Greysser）以基督的热忱，“颁禁麻雀令，因其于布道时无休止之聒噪及可耻之不贞”。[23]

我们现在知道“强不可抑”的原因了：雌鸟的滥交行为。如果雌鸟滥交，那么雄鸟为了保证自己是所抚育的幼鸟的生父，最好的方法就是与配偶反复交配。比如家麻雀，在一个繁殖季中它们会彼此结成配偶关系，然而不忠行为非常常见，大约有 10%—15% 的幼鸟都是配偶外性行为的产物。如果雄鸟不和它们的配偶频繁交配，这个比例还要更高。这一点对于其他鸟类来说总体也是适用的，事实上在动物界其他地方也是如此：频繁交配是对父系血缘的保障，因而在演化上是必要的。我禁不住想，如果有人向雷解释这一点，他一定会认可其中有力的逻辑。

在很长一段时间内，鸟类的交配和受精的机制都是一个谜。而更令人困惑的是，鸟类中除了少数种类如天鹅、鸭子和鸵鸟等具有类似于哺乳动物的阴茎，其他水鸟和小型鸟类并没有这样的结构。

大阿尔伯特是第一个记录鸟类交配的人，他描述了天鹅的交配过

* 今为德国萨克森自由州的首府。——译注

尽管与表象不符，但是确实有很多小型鸟类都不遵循一夫一妻制，很多巢中都有一两个配偶外性行为产生的后代。图中的乌鸫就是如此。插图出自特维斯的著作（Travies, 1857）。

程，然而很明显他并没有真正看见雄鸟那可疑的盘起的阴茎：

交合时，雄鹅最初以颈爱抚雌鹅，继而俯于其上，射精于其体内。人言雌鹅受精后极痛，因而交合毕即逸。此说谬矣，因雄鹅赠之以情，雌鹅悦而受之。更有交合毕，雌雄双双戏水，与他禽无异。此为净其炙欲之气。凡鸟交合后羽皆竖立，亦张羽而栗。[24]

威廉·哈维为了弄清有关繁殖的具体情况，也曾做过不尽如人意的探究，在此过程中他详细观察了交配行为。哈维有进出皇室兽苑的特权，因此有机会近距离观察鸵鸟那非同寻常的交配过程：

吾曾亲见雌鸵鸟，饲主轻搔其背作撩拨之意，其即伏地翘尾露阴。雄鸟见之意兴大发，即刻俯上，一足支地，一足按雌鸟背，以牛舌大之阳物行事。双双呢喃发声，引颈回首，作享乐状。[25]

哈维还解剖过兽苑中死去的鸵鸟的繁殖器官，他感叹鸵鸟体形庞大，很便于他观察各部位的结构：

于雄鸵鸟体内……吾见极大之腺体与赤红阳物……吾常见其作坚挺状，并弯曲震颤。然当交合时置于雌鸵鸟阴户中，则经久不移分毫，几似定之于桩。

接下来哈维又说：

吾曾见一黑公鸭，其阳物交配后尚大如此，母鸭见其垂地，奋起啄之不休，必以为蠕虫也，公鸭疾缩之，远速于常态。[26]

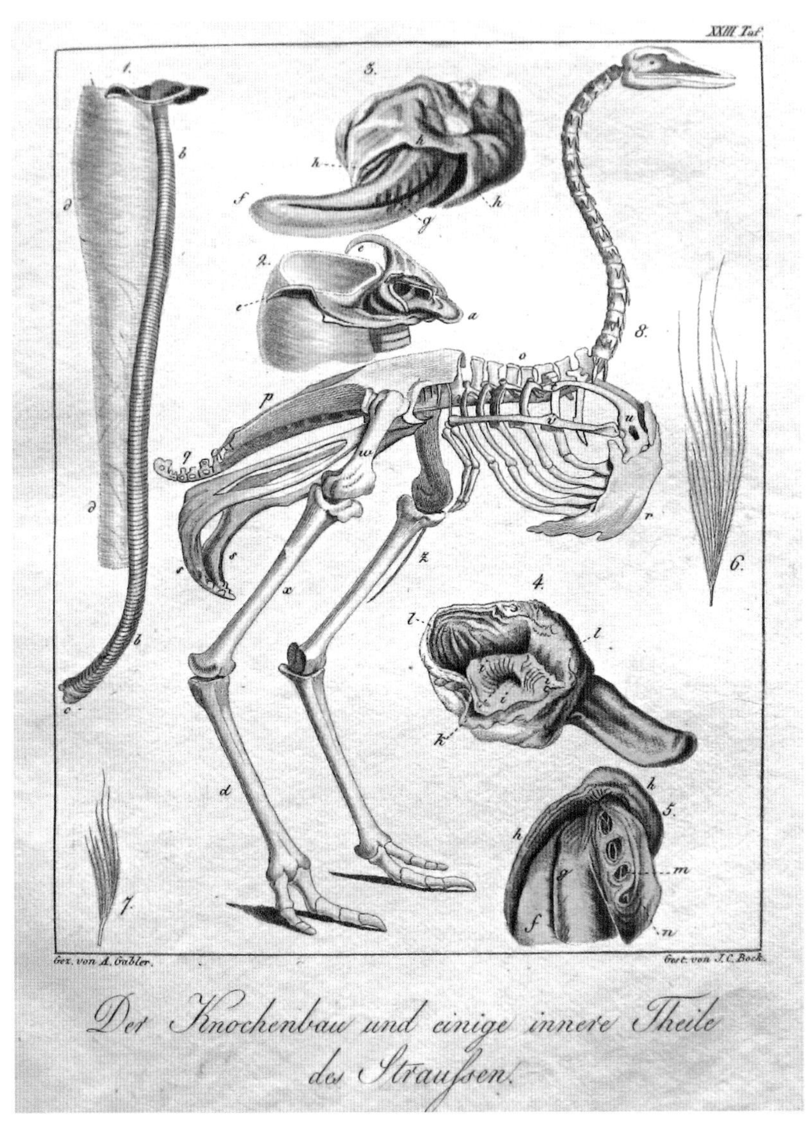

鸵鸟解剖图：威廉·哈维描述鸵鸟的阴茎如“牛舌”状，如图中所示。插图出自沃尔夫的著作（Wolf, 1818）。

在观察过鸵鸟、鸭子、天鹅和鹅之后，哈维很奇怪为什么公鸡没有阴茎："仅于其尾部见一孔，似母鸡一般，稍为窄小……吾以为公鸡亦可行此事，其无阳物，因此交合短促，仅摩擦而已，与其余小型禽鸟类似。"哈维是非常敏锐的观察者，他所说的完全正确：大部分小鸟交配时间都非常短暂，通常只持续一两秒钟。雌雄两性的生殖道开口都在泄殖腔内（很靠近出口），交配时雌鸟和雄鸟的泄殖腔互相接触，这个动作被含蓄地称为"泄殖腔之吻"。

尽管小型鸟类没有阴茎，然而一些鸟类的雄鸟却有一个类似的结构，至少乍看起来是相似的。这个结构一般被称为"泄殖腔突起"，是由输精管高度螺旋状的末端（称为精囊）形成的。对于鸟类和大部分哺乳动物来说，精子的最佳生存温度都比体温要低，由于泄殖腔突起突出于体外，其内部精子周边的温度要比体温低 4—5 摄氏度。[27] 人类（以及其他哺乳动物）身上与之对应的结构是附睾，鸟类体内的泄殖腔与睾丸是分离的，而附睾则直接包裹在每个睾丸外部，位于体腔之外的睾囊内，这样其中保存的宝贵货物就能保持低温。

18 世纪晚期约翰·亨特曾比较过鸟类和哺乳动物的生殖腺，他解剖过家麻雀、鸭子和雁，并想出一个天才的方法，将水银从人类尸体附睾的一端注入，显示出其结构是一根弯曲的管子，将睾丸与输精管连接起来。同样他还认识到麻雀那突起的输精管末端实际上是用来储存精子的，有了它，麻雀才能如此频繁地交配。[28]

在繁殖季节，一些鸟类的雄鸟身上的泄殖腔突起会极度肿胀，由此可以判断那些本来难以辨别雌雄的鸟类的性别。20 世纪 30 年代，当埃德温·梅森（Edwin Mason）"发现"这一点时，他说，尽管可能不是什么新的发现，然而"除羽色之外，笔者尚未找到其他能判断活鸟性别的方法……"实际上正如他所猜想的，这一方法已经存在了几百年，至少在捕鸟人中广为流传：

三月捕夜莺，不仅可以鸣声辨之，下体亦可区分，雄鸟外突，与雌鸟迥异，乃繁殖之故矣。此为判定论据，秘而不宣。[29]

我曾经询问过巴塞尔大学的夜莺研究者瓦伦丁·阿莫尔海因（Valentin Amrhein），他肯定了这一点，雄性夜莺的泄殖腔突起没有其他鸟那么明显，然而在繁殖季节，雌雄两性的差异还是相当明显的。[30]

18、19 世纪大部分关于养鸟的书中都有一章叫作“辨雄雌之法”，肯定是因为雄鸟鸣声动人，所以人们偏好养雄鸟，而不是雌鸟。令人惊讶的是，只有很少一部分书中提到如何通过泄殖腔突起来判断鸟的性别。金丝雀想必是 18 世纪最流行的笼养鸟之一，仅从羽色很难判断其性别，然而也很少有文献提到用泄殖腔突起作为判断性别的方式。[31] 养过金丝雀的人都知道，雄鸟的泄殖腔突起在繁殖季节非常明显。18 世纪著名的金丝雀专家赫维尤克斯曾隐晦地说过：“当雄鸟心生爱欲，其脐可长于雌鸟。”[32]

大部分作者都没提到雄鸟的泄殖腔突起，这一点很令人不解，尤其是人们早就在其他一些鸣禽如林岩鹨身上观察到了这个现象。虽然莫里斯神父鼓励他的教民们效仿林岩鹨的行为，然而事实上林岩鹨是生性最滥交的鸟类之一，一天可以交配二十几次，自然需要比较大的泄殖腔突起。[33]

林岩鹨的近亲领岩鹨交配制度更为杂乱，泄殖腔突起也更大，首次记录这一点的瑞士鸟类学家法迪欧（Fatio）被他所见到的给惊呆了：

领岩鹨之输精管，并非开口于泄殖腔内，其壁重叠紧绕为两团；此为输精球，几近卵状，由腹膜生出皮囊覆之，悬于肛门两侧作袋状，于体肤之内，受耻骨支撑。领岩鹨尾下悬以对称弹球，岂不令人以高等动物之睾丸视之？[34]

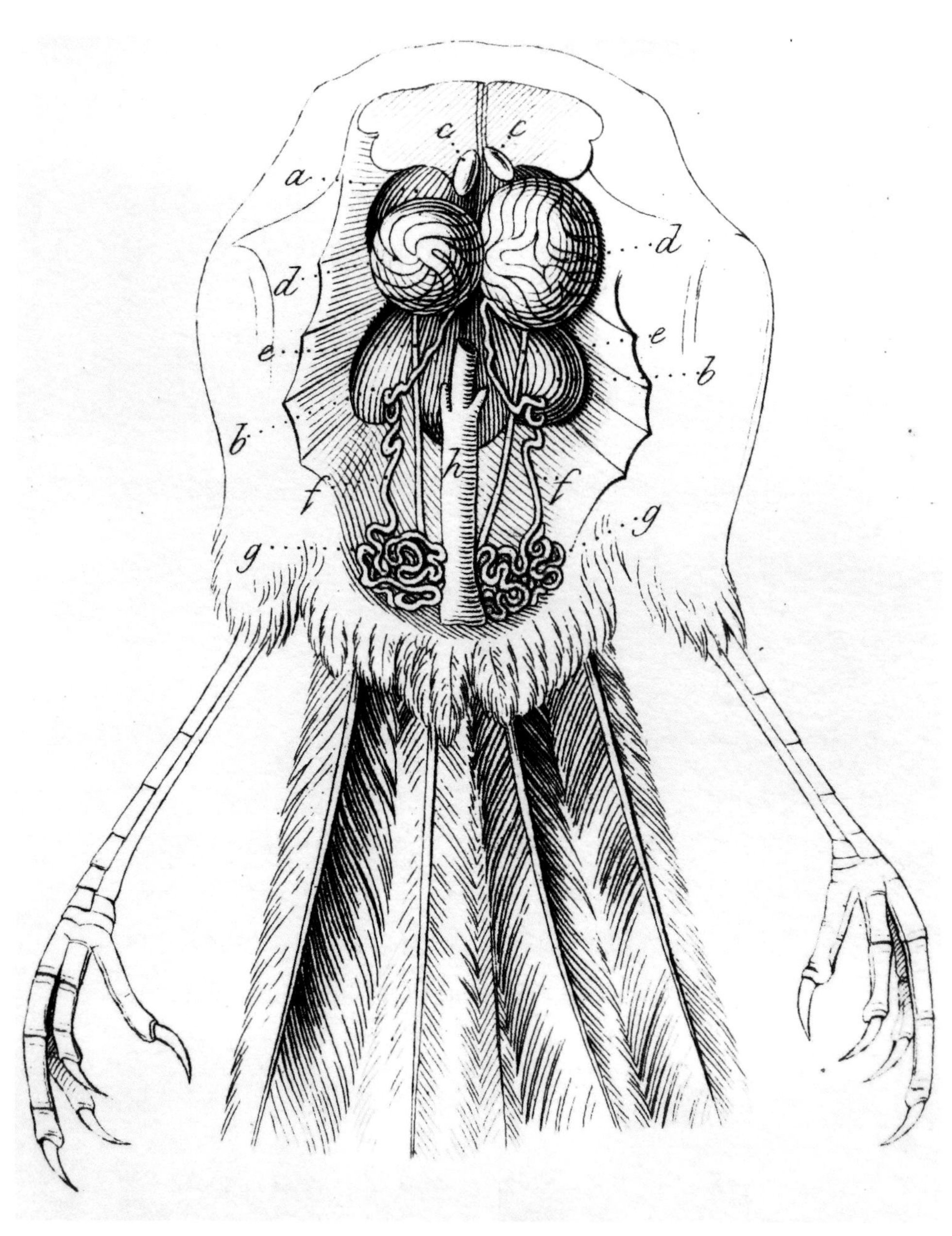

繁殖顶峰时期雀形目雄鸟的生殖系统。图中可见睾丸（d）、输精管（f）和精囊（g），精囊形成了泄殖腔突起。插图出自瓦格纳的著作（Wagner, 1841）。

领岩鹨的羽毛没什么起眼之处，掩盖了其不寻常的交配行为，它们属于最滥交的鸟，雄性有着惊人的生殖系统构造。插图出自莫里斯神父（Reverend F. O. Morris）的《不列颠鸟类史》（1856）。

确实如此。这段描述后来被划时代的《西古北界鸟类》(*The Birds of the Western Paleartic*)一书所引用，然而却很奇怪地被弄得混乱不清："迅速交配或许是得益于雄鸟那迂长弯曲的精管，垂如卵状……于泄殖孔两侧……"这样令人疑惑的描写，反映出当时大部分鸟类学家对雄鸟的生殖系统都一无所知，甚至到20世纪80年代也是如此。实际上直到精子竞争在物种生存中的重要性被人们发现，领岩鹨那不同寻常的交配行为才得到了解释——它们的泄殖腔突起其实只是林岩鹨和很多其他鸟类身上类似结构的增大版。[35]

另一方面，也有很多其他鸟类的雄鸟几乎没有生殖腺突起。在2000年，约克郡的养鸟人肖恩·菲茨帕特里克（Sean Fitzpatrick）告诉我，红腹灰雀雄鸟的生殖腺突起非常小，和雌鸟几乎一样。听罢我就猜测红腹灰雀的精子可能储存在睾丸中，而它们的睾丸应当也相对较小，正如我后来所证实的那样，这表明对于红腹灰雀来说精子竞争并不存在。[36]

弗朗西斯·威路比和约翰·雷在17世纪60年代的欧洲大陆之旅中，时常从捕鸟人手中和市场上购买鸟类来进行解剖。当时除了猎杀之外没有其他研究鸟类的方法。雷在旅行之前就有解剖鸟类观察其食物构成的习惯，现在他和威路比更加系统地记录了各种鸟内脏的大小和结构，包括他们经手的每只鸟的睾丸。与人类和其他哺乳动物不同，鸟类的睾丸在体内而不是体外，最早注意到这一点的当然是亚里士多德，而在很久很久以后，威廉·哈维也进行了描述。[37]

同样是亚里士多德首先注意到，不同鸟类之间睾丸的**相对**大小也存在差异，然而指出其生物学意义的则是雷和威路比。他们曾这样描述西鹌鹑："相较于其体形，雄鸟之睾甚巨，忖之多为纵欲"；他们同样注意到了林岩鹨（描述惊人地准确）："雄鸟具大睾"；还有家麻雀："其睾大，因而好亵"。[38] 大约是看过了这些记录，布丰评论道："此类腺体，少有与体形成比。在鹰，仅有豆大，而四月大之公鸡则有橄榄大。"雷和威路比是完全正确的，体量大的睾丸的确与"纵欲好亵"有关系。

20世纪70年代，爱丁堡繁殖生物小组的罗杰·肖特（Roger Short）测量了（麻醉状态的）灵长类动物的睾丸。黑猩猩和大猩猩的睾丸，无论是绝对体积还是相对体积都存在巨大的差异。肖特认为黑猩猩演化出巨大的睾丸是雄性频繁交配的结果。很快肖特看到了杰夫·帕克的研究成果，意识到精子竞争能够更好地解释黑猩猩和大猩猩之间在睾丸大小上的差异。[39] 他是正确的，如今我们已经知道，对于从昆虫、鱼类、蛙类到哺乳动物和鸟类的很多动物来说，睾丸相对体形而言体积更大，也意味着雌性更倾向于滥交，这大概听上去很奇怪。其道理是这样的：在雌性倾向于滥交的物种中，雄性演化出了相对较大的睾丸，因为睾丸越大，产生的精子越多，而雄性个体向滥交的雌性个体输送的精子越多，使雌性卵子受精的可能性就越大，从而比与同一雌性交配的其他竞争者更有优势。从向下一代传递基因的角度来讲，在林岩鹨、领岩鹨和西鹌鹑这些雌性滥交的物种中，体量大的睾丸在演化上能给雄性带来更大的优势。[40]

和哺乳动物不同，鸟类睾丸的大小还存在明显的季节性差异，亚里士多德首先注意到这一点，之后大阿尔伯特又进行了详细阐述：

> 非交配活跃期，睾丸常不可见，而繁殖时则精液胀满；同理，产卵前鸟睾或微不可见，而交合时则增大。斑鸠与鹧鸪尤甚。无怪乎人言斑鸠、鹧鸪及其他禽鸟至冬则无睾。[41]

令人吃惊的是，大阿尔伯特还注意到交配频繁的鸟类拥有较大的睾丸：

> 鸟睾常于繁殖时增殖。交合最频之个体，其睾亦大，如鹧鸪、家鸡等。无交合时其睾则微缩不见。[42]

后来的一些学者如布丰、亨特、雷和威路比也描述了睾丸的季节性变化，其中最有想象力的约翰·亨特首先进行了系统的观察和测量。18世纪60年代，有一年冬天，他捕捉了六只家麻雀，养在自己的鸟苑中，而在下一个繁殖季节来到时，它们就为研究献身了："若比对一月与四月之（睾丸）巨细，时间之短，变化之剧，绝难置信。"在亨特的原始文献中，有逐一描绘这六只鸟睾丸的插图，效果很漂亮，却很难判断其大小，不过这些麻雀连同它们体内的睾丸标本至今还保存在伦敦的亨特博物馆中。[43]

布丰的《鸟类博物学》一书中有关于流苏鹬的叙述，他认为流苏鹬的饰羽和"面部眼周暴突肉疹……皆为多能生育之兆"。[44] 接下来，像是为了证实这一点，他又引用了路易斯·贝伦（Louis Baillon）寄送给他的关于流苏鹬的信息："吾所知禽鸟中，好情欲者无出其右；相对其体形而言，其他禽鸟亦无（睾丸）大于此者。”[45] 然而，后世的鸟类学家却完全忽略了贝伦关于流苏鹬睾丸相对大小的论述。到 20 世纪 90 年代，丹麦的鸟类学家安德斯·莫勒（Anders Møller）率先对鸟类睾丸大小开展了比较研究，结果表明有求偶场交配制度的鸟类睾丸都相对较小（流苏鹬也有求偶场，然而莫勒的研究记录中没有提到流苏鹬睾丸的大小）。对此，他的解释是在有求偶场的鸟类中，不太可能出现精子竞争，因为雌鸟完全可以自由选择交配对象，也没有必要和多个雄鸟交配，因此雄鸟不必有庞大的睾丸。[46] 后来证实，这一点适用于大部分有求偶场的鸟类，然而流苏鹬却是例外。进一步的研究表明，精子竞争在流苏鹬中是存在的，而且一巢多父的情况多得惊人。[47] 90 年代时，乌普萨拉大学的一位研究员知道我对繁殖问题很感兴趣，因此去求偶场猎取了一些流苏鹬的标本寄给我解剖。当我看到这些鸟的睾丸大小时着实吃了一惊，这也印证了贝伦是正确的——我在十年后才读到贝伦的论述，看来历史的确不容忽略。

之前数代的鸟类学家同样忽视了很多机遇，比如约翰·雷就没有意识到显微镜所能提供的洞见。17 世纪末，列文虎克在描述自己的精子时，也注意到了这些精子与公鸡的精子极为不同。哺乳动物的精子像蝌蚪，头部呈桨状，而公鸡的精子则是尖尖的蛇形。很久以后，在 19 世纪 30 年代，德国动物学家鲁道夫·瓦格纳（Rudolf Wagner）同样注意到雀形目鸟类和非雀形目鸟类之间精子的形态差异。瓦格纳是居维叶的学生，在 19 世纪 30 年代复合显微镜刚发明出来时，他是最早的使用者之一。[48] 关于鸟类精子，他写道：

> 其体细长，有针状附部。雀形目鸟……无一不具长而直之鞭毛，及螺旋状尾。[49]

后来，兴趣遍及诗歌、人类学和繁殖研究的瑞典生物学家古斯塔夫·雷齐乌斯（Gustaf Retzius）证实了，雀形目和非雀形目鸟类之间在精子结构上有根本性的不同，就算同属于雀形目或非雀形目，不同种类的鸟，精子结构也是迥异的。雷齐乌斯绘制的精子图片既精确又美观，他也被行家称为“比较精子学之父”。[50]

在雌鸟至少偶然会滥交的情况下，不让竞争对手的精子染指是雄鸟的头等大事。特里弗斯观察到的雄鸽栖在中间，让伴侣与其他异性保持安全距离的行为，如今被称为交配守卫行为，是一种为了保证父系基因传递而发展出的适应性行为。早期的一些鸟类学家如乔治·蒙塔古曾注意到，无论是筑巢还是产卵时，雄鸟都会跟着雌鸟，然而他缺乏理论框架来解释这一现象，也不了解这其实是交配守卫行为：

> 雌夜莺选定巢址，雄鸟于其进出时常守其侧，择邻枝而栖，雌鸟频衔少许枝絮，归筑良巢，以为育卵之用。[51]

在雌鸟能够受孕的几天中，黄鹀雄鸟不离其伴侣左右。下图由乔治·洛奇绘制，出自霍华德的著作（Howard, 1929）。上图描绘的是黄雀精子的前端，出自雷齐乌斯的著作（Retzius, 1909）。

一个世纪后，埃德蒙·塞卢斯观察到乌鸫几乎有一样的行为："雌鸟集材筑巢，雄鸟从旁监护。"然而他也没有做出解释。艾略特·霍华德对于他观察过的几乎每一种柳莺也有类似的说法。[52]我们现在知道，几乎所有小型鸟类都有这种伴随行为，然而直到20世纪70年代，随着演化思想的转变，人们才意识到其重要性。只有当我们理解了雌鸟并不只有单一的性伴侣，而且能够受孕的时间通常有好几天，一切才说得通。正如我们所猜测的，雌性能够受孕的时期也是其伴侣盯得最紧的时候。[53]

鸟类与其他动物在繁殖行为上最大的不同在于，大部分鸟类很明显是结对繁育后代的。威廉·斯梅利在总结18世纪对鸟类交配制度的认知时说过：

> 婚配结对虽远非造物之通则，然于鸟兽中亦非罕有。及至人类，男女皆有选择之本能……此普世难逆之选择倾向，于吾而言，即人应循一夫一妻或成对配偶之佐证……此种本能，或言造物法则，亦见于其余鸟兽，（西）鹌鹑、燕、岩鹨或几乎所有小型禽鸟。配偶间之殷勤、关切、互爱、全力戒护及忠贞甚为可慕，智者应能明察其美德之昭，伉俪之情。[54]

斯梅利还预见到了达尔文乃至两个世纪之后戴维·拉克的演化思想，他说道：

> 任何须双亲育雏之鸟兽，双亲皆有择偶之本能。有羽一族中，配对最为普遍……异于四足之兽，雌鸟无泌乳器官……因其须外出觅食哺雏。然其后代众多，若无雄鸟佐助，雌鸟即沥血亦力有不逮，恐未能养护周全。

他又继续写道：

有配对之鸟，其幼雏孵化后即能觅食……自然无须双亲多顾。此种情形，雄鸟则不甚管顾幼雏，因无此必要……[55]

20 世纪 60 年代，戴维·拉克发现超过 90% 的鸟类都有社会性的单一配偶，一雌一雄共同抚养后代。其他交配制度有一夫多妻制；一些鸟类的雄鸟与多只雌鸟交配，比如有求偶场的流苏鹬、孔雀和黑琴鸡，雌鸟到求偶场只是为了交配。另外一种形式的一夫多妻制是一只雄鸟同时与多只雌鸟结成配偶，比如红翅黑鹂。最少见的交配制度是一妻多夫制，即一只雌鸟同时拥有多个雄性伴侣，比如水雉。[56] 拉克没有预见到的是，尽管很多鸟类都有社会性的单一配偶，然而其交配行为却非常混乱。

经常有一些出现得恰到好处的科学发现。在特里弗斯和帕克关于性选择的理论刚出现时，鸟类学家急需能够精确检测雄性繁殖成功率的方法。20 世纪 70 年代 DNA 指纹法的发明终于使明确检验亲缘关系成为可能。在此之前鸟类学家要想判断观察到的配偶外性行为是否会导致受精，只能靠猜测。新的分子分析法结合新的理论，颠覆了两千年来关于鸟类配偶关系的陈旧看法。对更多鸟种进行的研究表明，性行为遵守一夫一妻制的鸟类只是个别现象而绝非成例：雌性滥交和精子竞争才是普遍存在的。

有了这些新知识，鸟类学家突然能够解释之前的一些谜团了。现在已经很清楚，为什么一些种类的鸟有着相对较大的睾丸，为何一些雄鸟在产卵期紧跟着雌鸟，为何一些鸟类如此频繁地交配，或是交配时间之长令人匪夷所思，以及为何一些鸟类具有阴茎——这一切都是为了适应精子竞争。[57] 没有这样的洞见，怪不得之前的鸟类学家除了描述观察到的现象之外再无进展，也没有展开思考。雷大约会是最吃惊的一个，因为这些性状没有哪个是能用仁慈的上帝来解释的；只有用个体选择的理论框架才能合理解释。当然，雷也做了一些思考，他注意到睾丸相对较

很多极乐鸟都有求偶场交配制度，比如图中的镰冠极乐鸟。本图为约瑟夫·沃尔夫所作，出自丹尼尔·艾略特（Daniel Elliot）于1873年出版的关于极乐鸟的单行本著作，当时这种鸟还被叫作金色极乐鸟。

大的鸟类更喜欢交配，当然这也没办法解释不同鸟类在交配行为上的差异。到20世纪70年代，新的性选择理论才首次为鸟类学家提供了解答这些问题的关键。

当然，这并不是说我们已经完全了解了鸟类的交配制度，事实恰恰相反：还有很多很多的未解之谜。雄鸟能通过配偶外性行为获得产生更多后代的机会，而雌鸟的滥交行为在演化上的优势则没那么容易解释，因此，雌鸟为何不寻求单一配偶而要和其他雄鸟交配，依然是困扰鸟类学家的难题。[58]

我想，要解决这个问题，我们大概需要在思考范式上做出很大的转变；这样的转变也许明天就会发生，也许需要十年，甚至是一个世纪。

宠物鹦鹉曾创造了鸟类中的长寿纪录。图中的鸟是非洲灰鹦鹉。弗兰斯·米里斯（Frans Mieris）的这幅画名叫《喂鹦鹉的红衣女子》，大约绘于1600—1670年。

10. 堕落导致衰亡——繁殖与寿命

身为专业鸟类学家，最大的快乐就是能到世界各地去研究不同的鸟类。过去的 35 年中，我每年夏天都会到威尔士海岸美丽的斯科莫尔岛（Skomer Island）去研究海鸟。我主要研究崖海鸦，北半球的一种小企鹅。不过我对其他在此处繁殖的鸟类，比如鸌、海鹦和刀嘴海雀等，也同样感兴趣。在英国海岸周边，斯科莫尔岛是数十年来为数不多的一直有大量海鸟繁殖的岛屿之一。研究人员在这里用彩环和金属环累计环志了几千只海鸟，以便了解它们的寿命长度，并推测它们的种群数量是否发生了改变。

我很喜欢爬上开满海石竹的悬崖，去寻找那些戴有彩环的海鸟，它们在高高的岩石壁架上筑巢繁殖，俯瞰着大西洋的波涛。几年前，我曾经用一种改造过的玻璃钢鱼竿来捕捉刀嘴海雀，鱼竿模仿传统上用来抓海鸟的一种工具，一头装了一根弯曲的细钢丝钩，用来套住鸟的一条腿。当时我在岛的东端，在悬崖顶上匍匐靠近一只腿上戴有金属环的刀嘴海雀。要是我能抓个正着，这只鸟就将成为"重捕个体"（re-trap），能够告诉我们一些关于它的历史。海雀的喙微微张开，表明它发现了可疑的情况。它拖着脚从我和钩子旁边走过，张开翅膀，好像要飞走。大概是不愿意离开旁边的伴侣，它又改变了主意。这时一只鸥从上方低空飞过，海雀转移注意力，向上方看去。就在这空当，我用钩子一划，套上了它的一条腿。这时，不相信自己被捉住的海雀开始愤怒地大叫，变得非常吓人。刀嘴海雀可不是浪得虚名。我抓住它的脑袋，不让它咬到我，然后把它转过来，好看清严重磨损的金属环上的数字。我在海雀的另一条腿上也装了一个彩环，这样以后不用抓住它也能远距离辨认出来，然后我放开手，看着它飞向辽阔的大海。

接下来我发现这只刀嘴海雀相当特殊，它是 37 年前被环志的，就在重捕的地点附近。后来我才知道，这是全世界发现的年龄最大的刀嘴海雀。

37 岁听上去很老了，然而还有很多鸟能活得更长：长寿纪录属于另一些海鸟，有人观察到信天翁和暴风海燕在初次环志 50 年后还活着。

另一种我已经研究了多年的鸟在南半球澳大利亚的内陆沙漠上繁衍生育，那里空气灼热，充满了炙烤草本植物的芬芳和远远飘来的桉树香味。阴凉处都高达 45 摄氏度，唯一能听到的是带刺的灌丛枝叶发出的轻微的沙沙声。在灌丛的遮蔽下，栖着一群很小的鸟，它们张着嘴，架着翅膀，好似想要抓住一丝凉风。这些鸟就是斑胸草雀，澳大利亚最顽强的小鸟。雌鸟是一水的灰色，喙部是红的，而雄鸟则有着各种颜色和花纹：鲜红的喙，颊部有橙色花纹，胸部有条纹，胁部则是带有白点的栗色。

这些小鸟非同寻常。它们仅重 12 克（和一块标准大小的方糖一样），但却是能适应澳大利亚内陆极端气候——白天极热、夜晚寒冷，而且干旱——的物种之一。斑胸草雀能够奇迹般地从取食的干燥种子中吸收水分，在没有水的情况下生存好几个星期。当雨水来临时，它们能够以惊人的速度响应，在几天时间内进入繁殖状态，充分把握机会去利用迅速生长的新草。如果雨水足够，这些草会开花并结出柔软多汁的种子，让鸟儿们用来哺育雏鸟。斑胸草雀简直是微型的繁殖机器，只要条件合适，它们就能持续繁殖，前后两窝之间几乎没有时间间隔。

随着下午火炉般的热潮退去，斑胸草雀开始放松了，它们梳理好羽毛，跳到枝头上，像小喇叭一般发出“哔—哔—哔”的鸣声。当热浪消退时，我就又能用望远镜来观察一些斑胸草雀腿上戴着的小彩环了。我来这里已经几个星期，在东道主理查德·赞的带领下观察这些小鸟，他将毕生精力都投入到对斑胸草雀的研究中。我们借助彩环的独特组合来辨识特定的个体，并渐渐了解它们；我知道了它们的伴侣是谁，在哪儿筑巢，繁殖了几巢，而理查德的记录还能显示它们的年龄。其中年龄信息很让人吃惊。这些鸟才几个月大，然而理查德告诉我，它们是世界上寿命最短的鸟类之一，都活不过 12 个月。

究竟是为什么，像刀嘴海雀和信天翁这样的鸟能存活的时间是斑胸草雀的四五十倍？为何不同种类的鸟寿命有如此大的差异？

值得注意的是，亚里士多德在掌握的信息太少的情况下，就认为自己知道答案，那就是纵欲伤身。性行为，或者说繁殖，是很耗体力的，会影响寿命——数千年来，至少在男性中间，这一直是个用来调侃的话题。亚里士多德深信“纵欲之鸟兽”和那些“多子”的动物用尽了体内的水分，因此很容易快速衰老。大阿尔伯特声称麻雀“交合过频，以致短命”。[1]

自古以来人们就对自身的衰亡很是着迷，亚里士多德在《动物志》一书中花了大量篇幅来记录不同物种的寿命。他提到养殖的鹧鸪可以活 15 年，而一只孔雀活了 25 年之久。老普林尼记录欧斑鸠能活 8 年，还提到鹈鹕和雕分别能活 80 年和 90 年，这就不那么可信了。10 世纪时，圣依西多禄大胆地声称兀鹫能活 100 年，这显然只是猜测，并且可能是基于从亚里士多德那里继承来的观点——体形大的动物比体形小的动物寿命长。较为可信的是，16 世纪时格斯纳曾描述过一只 23 岁的笼养金丝雀，它显然已垂垂老矣：羽毛变成了灰色，主人每个星期都得给它修剪喙部，就算从笼中拿出来，它也待着不动，已经不会飞了。[2]

到 16 世纪时人们对笼养鸟类寿命的了解已经相当可观了。比如 1575 年，西撒·曼奇尼在他关于养鸟的书中详细列出了笼养鸣禽的寿命，他不仅强调同一物种的不同个体本身以及不同的物种之间都有很大差异，而且描述了衰老的过程：

欲问禽鸟寿命几何，须知夜莺有三年、五年或八年不等，年老亦能啼鸣。然其音不复完妙，渐为颓哑。有夜莺曾至十五岁寿终，彼时尚能啼一二，故其寿命一因护养得当与否，再依各自体格而定。[3]

两个世纪以后，布丰这样描写笼养夜莺：

吾曾亲见夜莺……至十七载尚能存活：然自七岁羽色即转灰；十五岁飞羽及尾羽皆白；其股因鳞片极度增生而肥大，脚趾痛风生瘤，上喙缘须常修剪，然其并不觉病老之痛；时常悦而歌之，与壮年无异，若人手饲之，其必示亲好。此莺从未配对交合，假若耽于狎昵，其命必不长。[4]

曼奇尼列出了很多鸟类的寿命：白背矶鸫 5 年，金翅雀 10 年甚至 15—20 年，林百灵、凤头百灵、小云雀、朱顶雀和欧金翅雀最多 5 年，黄雀 6 年（不过他特别说明这并不一定是好事，因为黄雀的歌声太难听了）。最后他说西班牙的金丝雀能活 10 年，甚至有个别能活到 20 年。[5]

后来的记录表明，曼奇尼所公布的这些鸟在笼养条件下的最长寿命基本上是合理的。他当时的目的是让养鸟人多少能知道宠物鸟会活多久，不过我们也能感觉到，他对死亡和自身生命的脆弱很敏感。

不可避免地，一些学者开始质疑从笼养鸟得出的寿命数据是否能代表野外的情况。17 世纪时弗朗西斯·培根认为：“笼中鸟兽因淫逸而自损，野地生物则受风霜侵残。”也就是说，笼养的鸟因为过度交配和吃得太饱，所以“腐败”了，而野鸟则要经历严酷气候的考验。培根认为，代价和收益彼此相抵。[6]

几年后，雷和威路比认定野鸟会活得更长：“禽鸟若得翔于自在长空，食原本野物，亦可因捕食而强其体魄，较囚笼之雀自为长寿。”[7] 19世纪时，约翰·纳普（John Knapp）所著的《博物学笔记》一书中则认为，笼养鸟比野鸟活的时间更长："雕、渡鸦、鹦鹉等，于笼圈中皆有长寿之例；虽向知此类禽鸟精力顽强，然于风霜苦寒之中，较于精心养护，其必为短寿。”[8]

纳普说对了，生物学家鲍勃·里克列弗斯（Bob Ricklefs）在2000年开展了笼养鸟类与野生鸟类的寿命比较研究，显示笼养鸟比野生同类的寿命要长30%。此项研究中真正重要的发现是，圈养的鸟和野外的鸟衰老模式是一致的——在人工饲养下活得更长的鸟类在野外寿命也更长。[9]

古希腊哲学家主要有三个理论来解释不同动物之间寿命的差异。其一，亚里士多德指出，对哺乳动物而言，寿命和妊娠时间之间有着明显的关联。如老鼠之类的动物，胚胎仅在母体内发育几周的时间，它们寿命也比较短，相比之下，牛和象之类的动物妊娠期较长，寿命也较长。[10] 其二，亚里士多德认为体形大的动物比体形小的寿命要长。其三，我们已经提到，亚氏非常肯定性行为和寿命有关联，雄性如果交配过度就会快速衰老和早亡。他还认为容易遭掠食者攻击的物种会通过大量生育来“补偿”短暂的寿命；要不就是频繁地繁殖，一次生育很多后代。[11]

这三种说法都有一定的事实基础，我们先来看看亚里士多德的前两个观点。

20世纪研究哺乳动物的研究人员验证了亚里士多德关于寿命与孕期时长相关的说法。[12] 有意思的是，雷和威路比认为鸟类大概也是同样的情况，“孕期”相当于孵化期：从产卵到孵化的时间间隔。然而似乎一直没人验证过这一点。在近年开展的鸟类寿命的比较研究中，彼得·贝内特（Peter Bennett）和伊恩·欧文斯（Ian Owens）并没有考虑亚里士多德的观点，因为他们认为那不大可能。然而我获准使用他们的数据库并做了分析，结果显示雷和威路比是正确的——孵卵时间长的鸟类确实寿命通常也较长。[13]

文森佐·伦纳迪的这两幅画作绘于1620—1621年，上图是林百灵，下图是云雀，雷的《鸟类学》一书（1676, 1678）中有以这两幅画为基础的雕版插图。百灵和云雀是常见的笼养鸟，在饲养环境下最多能活五年。

人们认为公鸡强烈的交配欲望会使它们身体虚弱。这幅不寻常的拔了毛的公鸡的图画出自乔治·斯塔布斯的著作（George Stubbs, 1804–1806）。

亚里士多德的第二个观点，体形大的动物比体形小的寿命长，基本上也是有道理的，只消看看体形较小的鸟类斑胸草雀，再对比体形最大的信天翁就行了。不过我们也应当注意到，对于鸟类的寿命而言，体形本身并不是特别可靠的预测指标。

亚里士多德的第三个观点是过度交配或繁殖会导致早衰，这个看法极其深入人心，在接下来的几个世纪中都备受关注。雷在《鸟类学》中曾这样写道：

> 公鸡为极贪欲之禽，可急速衰老或病弱至不能繁殖。纵欲使其耗竭精血，或人称游湿之气，其体必呈蜡干之状，而血气尽散。[14]

实际上，当时人们并不了解公鸡的寿命，雷这样写道：

> 此禽寿命几何，余不敢作定论，然阿尔德罗万迪曾断言其命不过十载。人饲之仅为配殖之用，数年后……则失生育之力，试问何人欲养无用之禽，仅图求证其寿几何？然因其贪色纵欲，体肤为之残毁，心志为之费竭，催其衰亡，可推知其为短寿之类。[15]

受过阉割术的个体极其长寿，这肯定了性行为催老的说法，雷的同行托马斯·布朗曾（带稍许批评意味）写道：

> ……然吾等确可见，不育或受阉能增寿：无论物种，杜绝性事者最为长寿。不仅于天生不育者，人为绝育者*亦如此：各物种受阉之个体皆较有生殖力者长寿。[16]

* 原文中 spadoes 由 spayed（切除卵巢的）而来。英语中最早使用这个词见于特伯维尔（Turberville）的《狩猎之高雅艺术》（*Noble Arte of Venerie or Hunting*, 1576），其中有一章谈到如何阉割母狗以防其发情。——原注

他是说，无论天生还是人为绝育的动物都比完好的个体寿命要长。这一点是对的：接受过阉割手术的男子通常比其他男性寿命长10年到12年。[17]

阿尔德罗万迪还认为，雌性如果繁殖过度也会减寿：

> 母鸡若一年大多每日产卵，不久即生育过度而枯衰。耗费初始体内之卵种，必将因无新卵形成而枯竭。[18]

这段论述实际上包含两个观点。第一个是产卵太多会使母鸡短寿；第二个是雌性一生中产生的卵子（阿尔德罗万迪所说的卵种）数量是固定的，这一点是正确的，观察鸟类的卵巢，很明显就会看到一串葡萄状的微小的卵子：一旦用尽就不可再生。

认识到雌性乃至雄性都会因繁殖过度而付出代价后，问题就从交配行为本身（尤其是指雄性）转向了普遍的繁殖问题。然而直到20世纪70年代，研究人员才开始从演化的角度来思考繁殖和长寿之间的关联。[19]

早期的鸟类学家在研究不同鸟类的寿命时，面对的主要困难是没有可靠的信息来源。问题在于，所能获得的信息几乎全都基于笼养鸟类，而且人们关注的往往都是**最长**寿命，没有意识到这很可能不能体现实际情况。雷和威路比认为鸟类是所有温血动物中寿命最长的（相对于它们的体形而言），这是正确的，然而他们对很多鸟类寿命的估计夸大得离谱。比如他们记录天鹅能活300年，还提到一位朋友有一只健壮的雁已经达“耄耋之年”。这似乎是雷和威路比极少有的一次欠考虑的纰漏，很久以后遭到了戴维·拉克的嘲讽，不过，放马后炮总是很容易的。

如果约翰·雷能够花点时间进行详细的思考，他肯定会意识到野外的雁不可能活到80岁，而且当时已经有人做过推算了。1646年托马斯·布朗——雷很熟悉他的著述——曾经算过，如果一只雌性和一只雄性产生一定数量的后代，而这些后代再产生相似数量的后代，那么要不了几个世代，它们的总数就会达到几百万。[20] 也就是说，如果像传言所说，一个物种能活 80 年，像雁那样每年生上四五只幼雏，那么它们的种群数量很快就是天文数字了。然而现实中并没有这么多的雁，这本应该让雷意识到其中的问题——最大的可能性就是他对物种寿命的估计出错了。

布朗以他的计算为基础，提出了所谓的“自然平衡”，即动物种群在长时间内基本维持同一数量的观点：

> 鸟兽物种之数定因有二，频繁大量繁殖，其类数剧增，然自身则命不长矣；或自身长寿，然增殖之数有限，其总数亦为守恒。[21]

也就是说有两种生存模式：频繁生殖且短寿，或是适度繁殖但寿命较长。想要理解自然平衡，并弄清是什么使得一个特定物种的数量既不至于减少到灭绝，也不至于增长到无法控制，是很困难的。也难怪，当时人们只考虑最长寿命，布朗、雷和其他一些人都受到了严重误导。要想有所突破，必须改变思维方式。关键概念就是**平均**寿命，然而野生鸟类的数据很难获得，需要长时间追踪一定数量的个体，而不能仅靠研究一两只鸟。

18 世纪的一些先行者，如冯·贝尔诺和冯·弗里希，曾用剪断鸟类足趾或在其腿部系彩线的方法来做标记，然而这样的方法很难辨识大量个体。直到 20 世纪初发明了轻便并且单独编号的金属环，才出现了一些转机。到 30 年代，又出现了改进的塑料环。使用不同的颜色组合，鸟类学家不用把鸟抓住，在野外通过望远镜就可以进行观测。通过对巢中的幼鸟进行环志，持续追踪，直至发现它们死亡或消失，研究人员终于能够摸清一些鸟种的平均寿命了。

关于鸟类的平均寿命，最早的重要成果出自业余鸟类学家詹姆斯·伯基特（James Burkitt），他是一名英国工程师，直到三十多岁才开

20世纪初对欧亚鸲的研究，采用对野外个体进行环志的办法，首次为单个鸟种的平均寿命提供了可靠的估算数据。这幅图出自1620—1621年，由文森佐·伦纳迪（Vincenzo Leonardi）绘制。

始对鸟类感兴趣，五十多岁时才开始他那项了不起的标记欧亚鸲个体的研究。20 世纪 20 年代期间，他对标记的鸟类进行了连续数年的追踪，计算出欧亚鸲的平均寿命是 2 年零 10 个月——比研究中寿命最长的个体（活了 11 年）要短很多。[22]

通过在野外追踪特定的鸟类个体，伯基特发现了鸟类生活的一些秘密，他的研究在当时很超前，然而并没有受到重视。十年之后玛格丽特·莫尔斯·尼斯才开始她那项如今很有名的研究：在俄亥俄研究环志的歌带鹀个体。而又过了十年，到 20 世纪 40 年代，戴维·拉克才开始研究被环志的欧亚鸲，直到那时，伯基特卓越而超前的研究成果才得到了认可。[23]

拉克迷上欧亚鸲，是他用毕生热情去研究鸟类种群生态的开端。拉

20世纪30年代玛格丽特·莫尔斯·尼斯曾研究过歌带鹀的生活史。当时专业（也就是博物馆派）鸟类学家对野外研究不屑一顾，因此她的研究成果最早是在德国，而不是在她的祖国美国发表的。插图出自奥杜邦的《美国鸟类》（1827—1838）。

克是本章的主角，也是当代鸟类学中的英雄人物，因为他以自然选择的思想成功地阐释了鸟类的生活史。

拉克早年就读于诺福克郡的格雷沙姆学校，随后进入剑桥大学莫德林学院，于1929年到1933年在剑桥求学。他毕业后的第一份工作是在德文郡的达丁顿庄园学校当老师，当时那里的环境很自由，学校鼓励他在当地研究欧亚鸲。拉克追踪环志的个体，注意它们是何时消失或死亡的，由此来推测它们的平均寿命。[24] 他将研究成果发表在《欧亚鸲的生活》一书中，行文优美，且穿插着不少历史典故。这本书成了经典著作，每一页中都能看出拉克的学术成就。拉克做出了很多新发现，其中之一是通过每一年繁殖季节存活下来的个体与上一年的个体数量之比，算出这些戴彩环的欧亚鸲的平均寿命。比如，他用简单的算术表明，如果标记的个体中有60%活到了下一年，那么它们的平均寿命就肯定是两年，如果有98%存活，那么平均寿命就将近50年。[25]

拉克在《欧亚鸲的生活》谈生存的一章中，提出了一个巧妙的想法。他意识到，除了他自己在野外详细观察彩环标记的鸟类个体得来的结果，戴有金属环的鸟，无论是什么种类的，只要死亡后被普通人捡到，也可以为估算平均寿命提供信息。终于，鸟类学家依靠国家环志项目收集到的信息，估算出一系列不同鸟种的存活率和寿命。

正是这样一些充满智慧的洞见，使戴维·拉克跻身于20世纪最优秀的鸟类学家之中。1938年，他从教学工作中抽出一年的假期，去研究加拉帕戈斯群岛的大地雀，一个世纪之前，达尔文正是为了这些小鸟而着迷。拉克将这一年的研究写成了另一本关于他所谓的“达尔文雀”的绝佳著作。[26] 在“二战”期间，拉克参与了雷达研究，这给了他得天独厚的机会去使用这些机密的、在当时仅供军用的高科技设备来研究鸟类迁徙。

战后，拉克被任命为牛津大学动物学系爱德华·格雷鸟类研究所的主任。比尔·索普后来记述了这一系列事件，以及随之而来的鸟类学的现代化是如何顺理成章发生的：

> 1945 年发生了巨大的变化。在 1927—1928 年，E. M. 尼克森和其他一些人成立牛津鸟类学会，建立了牛津鸟类普查项目，第二年开展了一项很不错的苍鹭普查。由于显而易见的成果，马克思·尼克森和 B. W. 塔克开始想建立一个永久的鸟类学研究机构，这样，这项为人称道的普查工作就不仅只依赖于几个来来去去的感兴趣而且有能力的本科生了。下一步他们指定 W. B. 亚历山大为鸟类普查项目的主管。到 1931 年，他们收到了一笔小额的政府资助。1932 年，英国鸟类学信托基金会成立了，其明确目的就是支持牛津的项目。然而其后经费一直不足，直到 1938 年牛津大学才决定正式支持这个项目，以纪念他们的前任校长爱德华·格雷（Edward Grey），也就是第一代法罗顿子爵（Lord Grey of Fallondon）。新的机构被命名为爱德华·格雷研究所，当时几乎由威尔弗雷德·亚历山大（Wilfred Alexander）一个人支撑下来，他继续开展普查工作，并且建立了极为可观的图书馆——如今因他的名字而知名——直到 1945 年退休。同年，A. C. 哈迪（A. C. Hardy，牛津新任动物学教授）、B. W. 塔克（B. W. Tucker）和阿瑟·兰兹伯勒·汤姆森（A. Landsborough Thomson）起草了完整的计划，筹建爱德华·格雷野外鸟类学研究所作为全新的野外动物学系的一部分，并任命戴维·拉克为所长。[27]

拉克的任务是建立“全国野外鸟类学业余爱好者的协调中心”。然而拉克意识到这个职位给他提供了改变鸟类学面貌的机遇，他没有听从指挥，而是从自然选择的视角关注鸟类生态学，并以此作为工作纲要。就这样，他成功地实现了鸟类学的专业化。[28]

然而，爱德华·格雷研究所的创始人并不赞赏拉克的成果，反而认为他有负所望。当英国鸟类学联合会在 1959 年庆祝百年纪念时，期刊

加拉帕戈斯群岛的大地雀是戴维·拉克在1939年研究的鸟类之一。它们又被称为“达尔文雀”，为演化研究提供了理想的案例。插图为约翰·古尔德所作，出自达尔文的著作（Darwin, 1839）。

《鹮》发表了一系列的文章，拉克也不知是有意还是无意，撰文综述英国鸟类学的发展，口气像是说他从一开始就将主流生物学作为目标，而业余鸟类学家做出的巨大贡献则被他完全忽略了。马克思·尼克森和詹姆斯·费舍气坏了，费舍指责拉克“认为爱德华·格雷研究所今天只对有实际价值的东西感兴趣”。费舍和尼克森不满的一部分原因是，拉克的专业鸟类学对业余研究“超级挑剔”，再加上如《鹮》这样的期刊越来越多地采纳统计学方法，有力地将业余爱好者阻挡在当代鸟类学的门外。就像在伤口上撒盐一般，就在尼克森和费舍认为拉克篡改了爱德华·格雷研究所的发展史时，许多在《鹮》的英国鸟类学联合会百年纪念专辑中发表文章的作者却很赞同拉克的观点，并进行了呼应，其中包括朱利安·赫胥黎、尼古拉斯·廷贝亨、雷吉·莫罗（Reg Moreau）和比尔·索普等。[29]

拉克发动了鸟类学研究的革命，传统上针对鸟类分布和分类学的描述性研究曾长时间占据主导地位，而拉克将它们统统推到一边，给鸟类行为生态学研究开辟了新的空间。早在 25 年前，埃尔温·施特雷泽曼已经在德国开展了类似的变革。施特雷泽曼的思想在英国的影响不大，一部分原因无疑是由于战争，而且他主要用德文写作，然而更主要的原因是当时英国还没人有足够的学术魄力去推倒旧传统的卫道士。后来拉克担当了这个角色。那些卫道士无疑很失落，然而他们无法不承认拉克的成就，并且平心而论，业余鸟类学家并没有被彻底抛弃，英国鸟类学信托基金会和英国皇家鸟类保护学会很快就担当起促进业余爱好者参与鸟类生态学研究的角色。

在当上研究所所长后不久，拉克于 1945 年前往荷兰与鸟类学家休伯特·克鲁维尔（Huijbert Kluijver）会面，后者从 20 世纪初就开始研究一个在巢箱里繁殖的大山雀种群。在看过克鲁维尔的研究设置之后，拉克立即意识到这就是他所寻求的方法，这将能帮他解答鸟类种群生态学中的一系列问题。回到牛津后，他在牛津城郊怀特姆（Wytham）的森林中建立了自己的大山雀巢箱种群。拉克启动的研究至今还在继续，克鲁维尔的研究也是一样。[30]

牛津大山雀研究中最早期的主要发现是，大约 80% 的幼鸟在第一年就会死亡。这对于很多鸟类学家和普通人来说都是不可思议的——仁慈的上帝竟然如此残忍？拉克遭到了很多非议：如果这么多鸟都死掉了，那岂不是有堆得齐膝深的小鸟尸体？异议者错了，拉克是对的。我们当然没有看到大量的死鸟，但这是因为它们很快就被腐食动物清理干净了，或者被掠食者吃掉了。

拉克的种群研究成果颇丰，在相对短的时间内弄清了好多种鸟的平均寿命。研究表明，影响鸟类寿命长度的因素之一是它们的演化历史。一些种类的鸟似乎天生就有较短或较长的寿命。我们已经知道信天翁和鹱（又叫管鼻类，也就是鹱形目鸟类）似乎能活更长的时间，尽管它们的体形大小差异是成几何倍数的，从体形很小、仅重 35 克的暴风海燕，到体重达 9 千克、为海燕 300 倍之多的漂泊信天翁。

拉克很快又注意到了另外一个从不断累积的研究中得出的结论，鸟类相对于它们的年龄来说，有着极为不寻常的衰老模式。它们不像很多鱼类和无脊椎动物那样幼龄个体的死亡率最高，也不像哺乳动物那样年龄越大死亡的可能性越大，鸟类整体的死亡率在各个年龄阶段都基本持平。这意味着，野外鸟类很少会表现出衰老的迹象或是与年龄相关的功能减退，亚里士多德正确地观察到了这一点。笼养鸟也只有少数进入老年的例子，比如格斯纳提到的金翅雀和布丰写过的夜莺。

随着鸟类学范畴的扩张，研究人员逐渐对热带和其他地区的鸟类有了更多的了解，他们观察到的行为模式也更加复杂和有趣。

一个尤其有趣的结果是很多热带小型鸟类的年存活率可达 80%，并且和温带海鸟的寿命相当。很多热带雀形目鸟类像温带的海鸟一样，每巢的产卵数很少。这是一种地理分布上的整体趋势，就算在同一种鸟中，趋势也很明显。比如，家麻雀在加拿大通常每巢产五枚卵，而在中美洲

戴维·拉克从20世纪40年代开始，在牛津附近的怀特姆森林中开展对大山雀的研究，时至今日还在继续。插图出自塞尔比的著作（Selby, 1924–1941）。

平均每巢只产两枚卵。亚里士多德所谈到的生存与花在繁殖上的精力（产卵数、抚育幼鸟的数量）之间的关系，似乎越看越有道理了。

1676年2月，雷给他的朋友马丁·李斯特寄了一本他编撰的鸟类学百科全书的最新版拉丁文本。作为回报，李斯特在回信中附了一些关于鸟类的笔记，比如一只生了19枚卵的燕子——要知道一般燕子只生4到5枚卵。燕子每下一枚卵，李斯特就把卵拿走，接连19天，这只雌燕每天再补一枚卵。雷意识到李斯特非同寻常的实验很有科学价值，因此将这则记录收进了当时即将付梓的英文版《鸟类学》中，后来在《上帝之智慧》一书中又进一步阐述：

> 鸟不识数，然能辨多寡，迫近其体可覆盖孵育之数时则自知。[31]

问题在于：为什么不同种类的鸟每巢产的卵数不相同呢？比如信天翁、刀嘴海雀和其他大部分海鸟每巢都只产1枚卵，而斑胸草雀通常每巢产5枚卵，青山雀甚至每巢产10到12枚。早期人们曾以为，鸟类产卵数量是由生理上的产卵能力决定的，然而有时它们却能一口气产好多卵，比如李斯特观察到的燕子，就是一个明显的反例。雷还谈到另一种可能性，那就是鸟类产卵的数量，以孵卵时雌鸟身体能够有效覆盖的面积为准。后来有人做实验将多余的卵加到鸟巢中，证实这一点也不对，因为鸟类能够轻易地孵化比通常的数量更多的卵。[32]

拉克的理念一贯牢牢根植于达尔文学派的思想，他的猜测是：个体每巢产卵的数量能使其在一生中产生的后代数量最大。雷在《上帝之智慧》中基本上也持相同的态度："最佳"的窝卵数在自然界中也是最普遍的。拉克正是受这一观点的启发。

拉克需要窝卵数和幼鸟成活率都容易观测到的研究对象。当时瑞士有一个研究紫翅椋鸟的项目，提供了理想的机会。鸟类学家艾尔弗雷德·施法利（Alfred Schifferli）多年持续观测他设置的巢箱，重复记录窝卵数，并对所有的幼鸟进行环志。拉克知道，有了这些环志个体的重捕记录，再应用他之前想出的方法，就可以推算存活率。如果他关于窝卵数的假设是正确的，那么那些窝卵数接近平均值的个体所生的幼鸟存活率也应当最高，而窝卵数较少或较多的个体所生的幼鸟存活率则较低。

拉克前往瑞士的森帕赫，和施法利一起分析数据。当时没有计算器也没有电脑，一切演算都得靠纸笔进行。他们付出的努力是值得的。结果显示，椋鸟的数据符合拉克的假设：窝卵数符合常规的椋鸟产生的后代存活率也最高。这是非常鲜活的自然选择的例证。[33]

了解鸟类的平均寿命，或是每年有多少个体能存活到下一年，这些本身就很有趣，然而拉克却将这些数据看作一幅更宏大的图景中关键的部分，也就是了解鸟类种群维系机制的重要因素。如果一个种群的数量保持稳定，那么出生率和死亡率必须相冲抵。拉克理所当然地认为鸟类的数量多多少少是保持稳定的，而他仅是基于当时能弄到的信息：苍鹭的数量。在英格兰和威尔士，自 1928 年以来每年都有苍鹭调查。“稳定”的意思是从每一年到下一年，种群的数量完全一致，然而拉克并不完全是这个意思。他认为就像苍鹭普查得出的数据一样，稳定是指有一个上限存在，种群数量不超过这个上限值。实际上苍鹭的数量确实也基本保持一致，除非特别严酷的冬季使数量骤减。在普查的年份中出现过几次特别寒冷的冬天，而 1946 年到 1947 年之间的那个冬天则是 20 世纪最严酷的一次，导致苍鹭数量大规模减少。不过拉克注意到，在两三年之内它们的数量就反弹回来了，说明种群数量是有潜力大量增加的；可是一旦达到严冬之前的水平，数量就会停止增加，一切又恢复了平衡。

关于“自然平衡”的信念自古有之。这起源于古希腊的观点：自然既永恒又和谐，其中的平衡包括一成不变的物种组成和稳定的种群数量。亚里士多德并不是非常赞同这一观点，然而他的很多论述还是与之相符的，比如他断言猛禽产的卵数量比其他鸟少，这是为了维持整体数量的

根据约翰·雷的朋友马丁·李斯特的记录，一只家燕曾在数日内一连产了19枚卵，这证实窝卵数并不是由生理的产卵能力决定的。插图出自诺兹曼的著作（Nozeman, 1770–1829）。

平衡，因为如果猛禽太多，被猎食的物种就会灭绝。

接下来数世纪中，自然那表面上的恒常似乎表明，自然确实是“平衡的”，冥冥之中有某种力量或者机制控制着鸟类的数量、特定的种类，这些都是基本守恒的。拉克的目标正是弄清这种机制。

他从苍鹭的数量为何能够在严冬之后快速反弹着手，设想了以下的情形：当湖泊和池塘冰封时，能够获取的食物数量急剧减少，苍鹭就会大量饿死。这好比橱柜里满是吃的，而门却上了锁。当春季冰雪消融，橱柜门打开，食物又可以吃了。然而关键在于，由于冬季期间食物总量并没有减少，因此活下来的苍鹭可以得到比以前更多的食物。其结果就是这些个体能够哺育更多的后代，而种群数量也相应增加。然而，一旦苍鹭的数量达到某个水平，食物又开始变得稀缺，这时苍鹭的出生率和死亡率就会基本持平，苍鹭的数量也会稳定下来。

拉克用苍鹭的模型解释了所有鸟类种群变化的机制。食物是关键，而数量的调节则是以他所谓的“密度依赖”的方式进行的：鸟的数量越多，个体分得的食物量就越少，因此繁殖和生存都会受到影响。尽管拉克意识到，掠食者和疾病也会调节鸟类的种群数量，然而他没有观察到很明显的证据，因此单把食物视为影响鸟类种群的重要因素。[34]

拉克认为鸟类数量通过密度相关机制来调控，就像在苍鹭和大山雀的例子中一样，这个观点非常有逻辑性，也完全是达尔文主义的。然而并不是所有人都同意这一观点，尤其是阿伯丁大学的卫若·韦恩-爱德华兹，他有着非常不同的看法。韦恩-爱德华兹认为动物通过它们的行为来控制自身的数量，而不是像拉克所说的受环境，也就是食物来源的限制。社会活动，如夜宿或在繁殖地集群等行为，使鸟类可以评估自身种群的数量，并做出相应的反应，将数量控制在食物总量能够支撑的限度之内。当数量过大时，一些个体，尤其是社会结构中层级较低的个体就会少繁殖或不繁殖，以保证整体数量不超额。韦恩-爱德华兹认为，种群以这样的机制将数量控制在食物来源能够支撑的范围之内，就不会有饥荒，种群数量也会保持稳定。

韦恩-爱德华兹的观点最开始很有说服力，看上去也和实情相符：社会层级低的个体往往产卵数量小于平均值，在有些年份甚至完全不繁殖。然而问题不在于现象，而在于如何对其进行解释。实际上当时掌握的实地观察数据很少，而实验数据则完全没有。关于种群数量调节机制的可靠信息非常稀缺，而在 20 世纪 60 年代，拉克自己的大山雀研究开展的时间还不够长，不足以支撑他的观点。结果就是拉克和韦恩-爱德华兹之间的论战更多是口水仗，并没有数据基础。[35]

韦恩-爱德华兹对自然界的看法带着一种天真的乐观，这也是错误的。因为他错误地解读了自然选择的过程。他认为动物个体会根据整个物种的利益行事，因此社会层级低的个体会牺牲自我、减少繁殖，以利于其他个体。领域性也是一样，韦恩-爱德华兹认为动物之所以演化出领域性，是因为这样可以让个体在空间中有效地分散开，使有资格繁殖的个体能够得到足够的食物——这又是一个群体利益至上的论点。虽然这样的自我奉献和利他主义在道德上值得赞赏，然而自然规律却不是依据道德法则来运行的。

戴维·拉克花了两年的时间，试图让韦恩-爱德华兹和其他一些生态学家相信，选择机制不是这么回事，而且他们都没有花时间仔细理解自然选择的微妙本质。

实际情况其实很有逻辑，而且简单得不能再简单。设想在食物短缺的情况下，有两种生物个体，一种采取韦恩-爱德华兹的策略，减少繁殖，而另一种采取拉克的战术，尽可能快地繁殖。哪一种生物将基因传递下去的可能性更大？只有拉克的策略有用：那些控制自己繁殖的个体根本没办法让基因延续下去！自然选择是发生在个体层面，而不是群体或种群层面的。

20 世纪 50 年代，韦恩-爱德华兹首次发表了他关于群体选择的观点，一开始几乎没人理会，一度甚至像是销声匿迹了。然而 1962 年他发表了653页的大部头专著《动物的社会行为与扩散》，再加上他出色的演讲能力，很快将群体选择概念拉回到学术界中。拉克大为恼火，同时在口头和书面上进行了回应。在学术会议上，拉克试图与韦恩-爱德华兹讨论，然而后者躲躲闪闪，从未做出回应，也避免在公开场合正面冲突。[36]拉克感觉很受挫，为了回敬，他在自己的下一部著作《鸟类种群研究》中用很长的一段来解释韦恩-爱德华兹的观点为何是错误的，基于个体的选择又为何是合理的——不仅是对种群数量的调节，而且是对生物学整体而言。拉克最终取得了胜利，然而学术界花了很多年才逐渐意识到群体选择的概念是错误的。[37]

这两个多年的学术冤家风格也迥然不同。拉克冷静、中立，在学术上很有进攻性。而韦恩-爱德华兹则内敛、不张扬，有着温和外向的性格。韦恩-爱德华兹在学术会议上发表演讲之后，拉克回到牛津就咒骂他。然而后来，当拉克准备带两个儿子到凯恩戈姆山观赏植物时，精通高山植物的韦恩-爱德华兹听说此事，主动提出带他们去看一些特别的物种。这次旅行很是愉快，拉克彻底被韦恩-爱德华兹的魅力征服了，回到牛津后开始对老对头大唱赞歌。[38]

我们在这章一开始提出了一个问题：为何不同种类的鸟有着不同的寿命长度？为了回答这个问题，拉克使用的方法几乎和三个世纪前雷所用的方法一模一样：仔细检视自己了解的每个物种，试图解释它们的生活模式。他们两人都对鸟蛋很感兴趣，并且关注幼鸟的发展以及孵化时的发育程度（是尚未睁眼的还是早熟的*）、鸟类的行为（社交或是离群）、交配制度（多配偶还是单一配偶）以及寿命长度：所有这些生活史特征形成一个整体，才使得一个物种能在特定的区域存活。两人都使用了普遍存在的趋势来总结大的要素。

拉克雄心勃勃，他知道如果成功了，整体层面的理解会比将单独的

* 指幼鸟孵化时即有羽毛，并能独立站立、行动和觅食。——译注

从1928年开始的英格兰和威尔士苍鹭普查为拉克提供了模型，研究鸟类如何调节种群数量。插图出自塞尔比的著作（Selby, 1825–1841）。

各个部分放在一起深刻得多。他一直试图将不同的线索——演化、行为、育幼、社会性等——拼在一起，编织出一幅五彩斑斓的鸟类学新蓝图。这幅蓝图是如此激动人心，它创造了新的机遇、提出了新的问题并开创了新的角度，将人们对鸟类生活的理解引入新的境界。以往的鸟类学家都贡献了一些片段，甚至是一条完整复杂的线索，而拉克的图景则博大得多。基于对演化（个体选择）的清晰理解，他相信一切都有答案，他只需将各个碎片拼到一起，结果就会浮现出来。当然他很聪明，意识到有一些碎片可能还无法找到，因此他鼓励其他人提出新的想法，并到野外去求证。

对于拉克来说，很重要的一个问题是：为何不同的物种窝卵数差异如此之大？拉克认为自己找到了完美的答案，然而他的反对者不以为然，声称他的结果完全是基于观察研究，而非真正有意义的控制实验。所需实施的实验从理论上来说其实很简单。如果拉克关于最优窝卵数的论述是正确的，那么往巢中加卵或是移走卵都会**降低**繁殖的成功率，因为**只要偏离**平均产卵数量，就无法产生最优的窝卵数。拉克本人对实验并不太感兴趣，他更偏好像森帕赫的紫翅椋鸟研究那样的自然观察，然而他知道有时为了检验概念，实验是必需的。20 世纪 50 年代末，当研究人员终于想出加减卵数的方法时，他们被结果惊呆了。与拉克的论点相反，很多种类的鸟都能将多出来的一到两个幼鸟顺利地抚养大。[39]

至少在起初看来，这很令人困惑，然而当我们进一步将鸟类生物学的其他方面考虑进来时，谜题就解开了。在建构关于窝卵数的假设时，拉克只考虑了当季的繁殖成功率，而没有考虑到个体的一生，因此这些实验并没有包括当前卵数增加所需付出的代价，更不用说对未来生育的影响。这一点很重要，因为拉克没有注意到窝卵数和寿命之间存在一种交换权衡——就像亚里士多德曾经说过，而养鸟人在几个世纪前就知道的那样：繁殖过度有害健康。当关于窝卵数的实验在越来越多种鸟类身上开展时，人们终于渐渐明白，很多鸟类每年的产卵数通常比它们能抚养的最大数量少一些，这样就能为以后的年份节省能量。将寿命因素包含进来之后，拉克的概念得到了提升，形成了一个新的版本——自然选择并不像拉克最初想的那样只在一个繁殖季之内发生，而是与鸟类整个**一生的繁殖成功率相关**。

换句话说，在特定环境下，各方面特征综合起来能使一生的繁殖数量达到最大的个体更受自然选择的优待。要简单地理解这一点，就想想托马斯·布朗的两个极端——典型的例子就是斑胸草雀和刀嘴海雀。在一系列生活史属性的核心有一个引擎（鸟类的身体）以及固定数量的燃料。对于斑胸草雀来说，大部分时间引擎都在高速运转，但是当外部条件适合繁殖时，引擎运转得更快，实际上就是在以惊人的速度燃烧燃料——有效地将能量用于繁殖出更多的斑胸草雀。甚至斑胸草雀幼鸟的引擎转速也很高，它们仅仅 70 天就能够达到性成熟。这就不难理解为什么这些鸟很快就会烧光燃料——它们活得快，死得早，然而很重要的一点是，在它们栖身的澳大利亚的干旱区，这种策略是最利于繁殖的。其他的组合都不会如此有效。

对于刀嘴海雀来说，引擎运转的速度慢得多，以低档长期稳定、长效和保守地燃烧着。和其他海鸟一样，刀嘴海雀发育很慢，直到六七岁时才开始繁殖。繁殖的节奏也很审慎——每个繁殖季最多产生一只幼鸟。整个模式可称为节能型。对于身处波涛汹涌的北大西洋海岸的刀嘴海雀来说，这种谨慎的生活史性状是最有利于繁殖的。在大海上很难找到食物，每年要养活一只以上的幼鸟，需要投入的精力是不成比例的。所以最好的策略就是节约，保持精力以待来年。[40]

多亏了拉克和他的学生们，现在我们已经很清楚鸟类的本质所在，以及它们生活中的方方面面——卵、幼鸟、鸣声、羽色、领域和迁徙，曾经让约翰·雷极其着迷的种种，交织在一起，组成了一张伟大的演化适应之网。

我们了解鸟类的生活，了解一个种群是增长、减少还是稳定，有什么意义呢？对于戴维·拉克和其他很多人来说，主要是出于学术上的兴趣——了解自然造物是如何维持平衡的，自古以来就是思想上的挑战。我们已经看到，回答这些谜题让许多人经过了数世纪的思考和野外调查。约翰·雷的自然神学是对前世理论的一个了不起的提升，它为研究自然界提供了理论框架，然而却没能解答自然是如何保持平衡的。那些灭绝已久的生物以化石的形式存在，说明上帝虽然有伟大的智慧，却不能保持大自然的完美平衡，这让雷很是不安。达尔文的自然选择为思考这些问题提供了一个更好的框架，而且清楚利落地解释了使雷觉得困扰的化石问题，然而却没有直接阐释大自然的平衡问题。一个世纪之后，韦恩-爱德华兹认为他解答了这个难题，然而却误解了自然选择运行的机制，他认为自然选择是为了群体的利益。拉克的个体选择模型虽然初看起来很残忍，然而却有逻辑得多，能够更流畅地诠释事实。有了个体选择的思想，研究人员也能够将一些之前看起来不连贯的观察结果拼在一起。自然选择在个体层面上使生命史特征，如体形、胚胎发育速度、性成熟年龄等，都达到最优化，这个观念的出现是我们思维上的一大飞跃。

解答生物种群如何保持“平衡”的问题，最初只是出于思想上的好奇，然而也有重要的实践意义，比如控制物种危害、狩猎管理或拯救濒危物种。自拉克的时代以来，由于人为活动造成栖息地丧失，再加上潜在影响力更强的气候变化因素，濒危鸟种的数量正在无可挽回地增加。20 世纪见证了很多鸟类的灭绝，然而也曾经出现鼓舞人心的成功的物种保护故事。比如塞岛苇莺，从 70 年代的十余对，到 30 年后通过创新性的保护策略恢复到几百只。同样从灭绝边缘挽救回来的还有夏威夷黑雁、豪岛秧鸡、粉红鸽、红隼、冠鹦鹉和塞舌尔鹊鸲。如果不了解鸟类的生活史，这些成功的保护都是不可能实现的。

后记

约翰·雷的健康状况一直不佳，生命中最后几年尤为受折磨。尽管如此，他还是一直让自己保持忙碌，连续修订了好几版的《上帝之智慧》，撰写了一本关于植物分类的手册，并且努力完成他和威路比一起开了个头的昆虫百科全书。

1675 年，威路比的母亲——威路比去世后雷的资助人——去世，雷离开米德尔顿府，与年轻的妻子玛格丽特一起搬到沃里克郡的科尔斯希尔。玛格丽特曾经受雇于米德尔顿府。他们结婚时，玛格丽特 20 岁，雷 45 岁。他们在几处不同的居所住过，而当雷自己的母亲于 1679 年去世后，他带领全家，包括四个女儿，搬回了自家的旧宅，也就是位于他的故乡埃塞克斯郡布莱克诺特里的丢兰斯（Dewlands）。而两年前，即 1677 年，雷曾受邀出任显赫的皇家学会秘书一职，然而他拒绝了，认为职务会影响自己写作。17 世纪末，在接连几个酷寒的严冬之后，雷的病痛愈发严重，腹泻、肿块以及腿部溃疡越来越糟。他自己说溃疡是“无形之蛭”引起的，但实际上多半是由于长期缺乏活动，冬季得不到供暖和衰老造成的。无论原因如何，这让雷一直跛足且非常疼痛：“殊不知，其溃疡虽前所未闻，然其痛无比，日夜不歇。”[1]

慢慢地，雷的境况日下，而 1697 年他 14 岁的双胞胎女儿中的一位死于黄疸，更是雪上加霜。这时雷每天要花一上午的时间浸浴和护理腿上久治不愈的溃疡，然而他没有止步不前，在病痛中保持着惊人的工作量，几乎直到最后。雷死于1705年1月17日，之后葬在布莱克诺特里教堂；他曾叮嘱“遗体封棺，不得允人观瞻”。[2]

本书开篇提到，我那些鸟类学家朋友提名戴维·拉克、恩斯特·迈尔和埃尔温·施特雷泽曼为史上最了不起的鸟类学家。这几位的确都是丰碑式的人物，然而他们也都认可约翰·雷在鸟类科学发展中起到的奠基作用。要是雷能与这三位鸟类学家会面，我猜想他一定会与戴维·拉克最为亲厚。他们不但会尊重对方，而且可能会喜爱并欣赏对方。雷和拉克都对鸟类有热情；他们信仰上帝，却同样有远见，能洞穿表象，看到背后通过逻辑推理和科学方法得出的结论。他们都对理论感兴趣，并且有着相似的洞察力，能够看到鸟类学中提纲挈领的问题。

雷在戴维·拉克出生前两百年就已经看到了这些问题，这是振聋发聩的事实。更为了不起的是，至少就我的了解，戴维·拉克从未读过《上帝之智慧》，[3]要是他读了，一定会因他们观点的相似而震惊。

我也坚信，要是有办法让两人会面，拉克一定会温和而坚定地说服雷接受演化论。而雷虽然是虔诚的教徒，内在却是一位科学家，他一定会接受劝说，并且为那不可争辩的事实而激动——自然选择和性选择塑造了鸟类的生命、形态和功能。

雷的哲学观让他将对鸟类和博物学其他方面的热情与一种深刻的宗教信念联结起来。这看上去很矛盾，然而他的智慧造物论实际上为达尔文的观点铺就了道路。对于大多数人来说，自然选择理论的出现是令人震惊的，因为这不但与神创论中关于物种创生和物种固定性的概念相左，而且彻底以去人类化的自然选择过程代替了智慧的造物主。然而并不是所有的宗教人士都拒绝接受自然选择，有一些人如查尔斯·金斯利（Charles Kingsley）就接受了达尔文的观点，正如拉克所说：“如果他们不仅仅是在私人信件中表达认可，就很可能有助于弥合科学与宗教之间的鸿沟。”[4]另一些人部分妥协，相信人的身体是通过自然过程演化来的，然而灵魂却是由神所赐。拉克本人的观点是，虽然自然选择非常重要，但是将人类与其他生命区分开来的是道德感。拉克正是因为不能相信我们的伦理和道德也会通过自然选择演化而来，所以认为它们是神赐的。[5] 恩斯特·迈尔和埃尔温·施特雷泽曼都是无神论者，而拉克是基督徒，与他的时代格格不入，似乎是英国牧师博物学家传统的残留。[6]

我们可以看到一条清晰的线索：从雷的《上帝之智慧》开始，经过欧洲大陆的冯·贝尔诺和佐恩，回到英国的吉尔伯特·怀特，直到达尔文，然后再到戴维·拉克以及最近的理查德·道金斯（Richard Dawkins）。有些讽刺的是，道金斯的《自私的基因》和雷的《上帝之智慧》一脉相承，而达尔文则是不折不扣的无神论者。《自私的基因》改变了人们对生物学的看法，雷的《上帝之智慧》在300年前也起到了相同的作用。

雷的思考开启了现代鸟类学研究。他和威路比的百科全书是鸟类分类学的起点，《上帝之智慧》则开创了鸟类的野外研究。在过去50年中，这两个领域都有了蓬勃的发展。在20世纪50年代，大部分专业鸟类学家仍受雇于博物馆，然而后来高等教育的扩张和科学界对鸟类学的日益重视，使研究鸟类的专业科学家数量剧增。我们从有关鸟类的科学文献数量变化就可窥一斑：1900年只有500篇，而1990年时已有14,000篇，[7] 到现在无疑还要更多。

我最终要描绘的图景或者说幻想，是约翰·雷能够成为下一届国际鸟类学大会的荣誉嘉宾。我似乎能看到他认真聆听演讲、积极参与讨论，并在会议结束时，作为鸟类学的泰斗，获赠一套《世界鸟类》丛书[8]。从这部完整综述了当今鸟类学研究成果的著作中，雷会看到些什么？他肯定会惊讶地发现这部书与他的百科全书在设计和插图的精美程度上相仿。然而更会让他惊讶的是，我们现在已经积累了这么多关于鸟类的知识，当然，还有更多未知的有待我们去了解。

关于插图的说明

我断断续续花了两年时间搜寻合适的插图。其间我有幸获准阅览好几家藏书馆，包括学术机构和私人馆藏的藏书。对于古籍中的插图，能直接浏览是很有必要的，因为这些插图没有系统的或是按字母顺序编排的索引，而古籍本身很少有索引。除了一页一页地翻，没有更好的方法。这项工作很有意思，但是也相当累人，并且脏兮兮的，因为这些书通常都体量巨大，而且经常上百年没除过尘了。我没定什么规则，就是找好看的图，并且最好是 1800 年之前的，描绘的是和正文有关的事物或是文中提到的鸟类。有几处我刻意引用了年代比较近的插图。尽管所有插图的出处在图释中都已经提到了，不过在此我还是想追加一些细节，比如关于绘图的艺术家（如果知道是谁）或是我认为相关的信息。

第一张图的作者是约瑟夫·伍尔夫。*Athene*，纵纹腹小鸮的属名，意为上帝的智慧，并且这个物种是由约翰·雷命名的。我喜欢这个巧合。

第 vi-vii 页：选这张图正是因为图中的鸟看起来像一只鸫，而不是鹈鹕。

第 xii 页：戴维·昆因和我一起去的波兰。他的绘画是根据笼养鸟的视频画的。

第 xvii 页：格斯纳著作中的插画为卢卡斯·施安（Lukas Schan）所绘。手工上色是后来添加的，上色者不详。

第 10 页：雷的肖像收藏于（英国）国家肖像画廊，弗朗西斯·威路比的画像陈列于威路比家族宅邸。

第 13 页：我选这幅图，是因为中间那只鸟好像喙部多了一只眼睛：我的同事伊尔根·海弗尔向我展示了这幅插图所依据的水彩原图，这才解开了谜团（见 http://

wistomofbirds.co.uk)。

第 16 页：关于佩皮斯版的《鸟类学》，参见《鸟类学期刊》(*Journal of Ornithology*, 2009, 150：883—891)。

第 18 页：这些绘画为约翰·雅各布·沃尔瑟(Johann Jakob Walther)所作，他是约翰·乔各·沃尔瑟(Johann Georg Walther)的父亲，小沃尔瑟曾为伦纳德·巴尔特纳的多部作品绘制插图，威路比在旅行途中曾购买过其中的两部(见 Allen, 1951)。更让人糊涂的是，老沃尔瑟还有一个儿子，名字也是约翰(约翰·弗雷德里克·沃尔瑟，Johann Frederich Walther)。

第 20—21 页：佚名艺术家，出自一系列的藏画，系西班牙侵略低地国家时的战利品。

第 23 页：绘图者是克里斯蒂安·赛普(Christian Sepp)和他的儿子。

第 29 页：托马斯·克鲁爵士(Sir Thomas Crew)的作品，雷于 1665 年在(法国)蒙彼利埃购得。这幅插图没有收录在雷的《鸟类学》一书中，因为他认不出画中是哪种鸟(见《鸟类学期刊》, *Journal of Ornithology*, 2008, 149：469—472)。

第 37 页：此图与第 56 页的图画原图为马尔比基的粉笔画稿，藏于伦敦的皇家学会博物馆。

第 40 页：绘图者为马赛厄斯·杜瓦尔(Mathias Duval)。

第 47 页：绘图者为小马赛厄斯·梅里安(Matthias Merian the Younger)。

第 50 页：绘图者为 J. D. 迈耶(J. D. Meyer)，传闻对死亡有着病态的兴趣。

第 51 页：绘图者为 E. 德希(E. Dursy)。

第 64 页：绘图者可能是 P. J. 塞尔比(P. J. Selby)或者 R. 米特福德(R. Mitford，我认为是后者)，结合了一些历史图像(底部)。顶部图像来源：我本人(左图)，哈奇(中图)，M. 巴克斯特(M. Bakst，右图)。

第 66 页：绘图者为亨利克·格伦沃德。

第 70—71 页：绘图者是 P. J. 塞尔比。

第 74 页：绘图者是 E. F. 贝利(E. F. Bailey)。

第 77 页：绘图者是菲利普·雅各布·弗里希(Philip Jakop Frisch)。

第 79 页：绘图者是弗朗索瓦·尼古拉斯·马丁内特(Francois Nicolas Martinet)。

第 81 页：绘图者是威廉·海斯(William Hayes)。

第 82 页：图释中标注出自特米克和施雷各的著作(Temminck & Schlegel, 1845-1850)。这本书实际上是菲利普·弗朗兹万·希波得(Philipp Franzvan Siebold)所著，绘图者为赫尔曼·施雷各(Herman Schlegl)。

第 91 页：绘图者是亨利克·格伦沃德。

第 94 页：绘图者是亨利克·格伦沃德。

第 99 页：见蒙哥马利和伯克海德（Montgomerie & Birkhead, 2009, *Journal of Ornithology*: 150: 883—891）。

第 105 页：绘图者为约翰·古尔德的妻子伊丽莎白。

第 130 页：绘图者是 J. G. 柯尔曼斯（J. G. Keulemans）。

第 131 页：这幅地图大概是霍华德基于殖民地报告和知情人的信息画的，但他没有给出具体的参考文献。鸟由亨利克·格伦沃德绘制。

第 133 页：绘图者是 P. J. 塞尔比和 R. 米特福德。

第 136 页：这张照片是得到了美国《国家地理》极为慷慨的版权许可进行复制的，就连他们也没有原始照片。

第 140 页：绘图者是 J. G. 柯尔曼斯。

第 141 页：绘图者是亨利·伦纳德·迈耶的妻子和孩子。

第 144—145 页：绘图者为埃米尔·施密特。

第 152 页：绘图者是弗朗西斯·史密斯。

第 155 页：绘图者是约翰·詹姆斯·奥杜邦的妻子露西·奥杜邦（Lucy Audubon）。

第 165 页：绘图者是亨利克·格伦沃德。

第 166 页：绘图者是菲利普·雅各布·弗里希。

第 169 页：雷将“维吉尼亚夜莺”（现称为主红雀）归为“有短厚硬喙之小雀，常称硬喙雀”，这也是这个北美鸟种被归为欧洲鸟类的由来。主红雀曾经是欧洲很流行的笼养鸟，最早可追溯到 1570 年。这幅图是基于阿尔德罗万迪（1599—1603）的著作，他的鸟类插画家是洛伦佐·贝尼尼（Lorenzo Bennini）和雅各布·利勾齐（Jakopo Ligozzi）。关于佩皮斯版本的细节，见《鸟类学期刊》（*Journal of Ornithology*, 2009, 150：883—891）。

第 172 页：绘图者是 P. J. 塞尔比和 R. 米特福德。

第 175 页：绘图者是亨利·伦纳德·迈耶的妻子和孩子。

第 184—185 页：绘图者是 P. J. 塞尔比。

第 195 页：佚名艺术家。

第 199 页：绘图者是 J. G. 柯尔曼斯。

第 204 页：绘图者是 K. 施罗瑟（K. Schloesser）。我最初找到这幅图的时候，是黑白的版画，费了很大工夫也没有找到原始的上色版本。我告诉了一个当记者的同事，他在德国的一间寄卖商店找到了原作，售卖价格也很合理。我想把这幅画买下来，于是委托一位德国同事替我联系那家商店。结果令人伤心的是这幅画刚好被卖掉了，然而店主帮我联系了买家，对方很慷慨地给我发了一张精细扫描的电子文件。

第 206 页：据信为阿尔布雷希特·丢勒的画作。

第 209 页：绘图者是菲利普·雅各布·弗里希。

第 215 页：绘图者是约瑟夫·约瑟夫·洛特蒙特（Joseph Joseph Roternundt），转引自一本关于鸟类和鸟舌的书。

第 224 页：拉姆用了好几位不同的插画师。

第 227 页：绘图者是露西·奥杜邦。

第 233 页：绘图者是让-葛布瑞尔·普雷斯特（Jean-Gabriel Priest）。

第 237 页：阿尔德罗万迪的鸟类插画家是洛伦佐·贝尼尼和雅各布·利勾齐。

第 241 页：绘图者是克里斯蒂安·赛普和他的儿子。

第 243 页：绘图者是菲利普·雅各布·弗里希（上）、J. A. 瑙曼的儿子约翰·弗里德里希·瑙曼（Johann Friederich Naumann，左下）和摩西·格里菲思（Moses Griffith）。

第 253 页：佚名艺术家。相信吗，这张邮票花了我 35 英镑！

第 257 页：绘图者是亨利·伦纳德·迈耶的妻子和孩子。

第 259 页：绘图者是哈里森·韦尔（Harrison Weir）。

第 269 页：绘图者是托马斯·伍德（Thomas Wood, 1833–1882）。

第 271 页：绘图者是安波罗斯·加比勒（Ambros Gabler）。

第 274 页：我感觉是鲁道夫·瓦格纳自己画的。

第 275 页：理查德·阿灵顿神父（Rev Richard Allington）为插图作者；木版画由本杰明·弗塞特（Benjamin Fawcett）刻制，他的妻子弗塞特夫人上色。

第 279 页：鸟是乔治·洛奇的画作，精子则是古萨夫·瑞齐思（Gusaf Retzius）绘制的。

第 296 页：绘图者是露西·奥杜邦。

第 299 页：由约翰·古尔德的妻子伊丽莎白基于古尔德的素描图绘制。

第 302 页：绘图者是 P. J. 塞尔比或者 R. 米特福德。

第 305 页：绘图者是克里斯蒂安·赛普和他的儿子。

第 309 页：绘图者是 P. J. 塞尔比。

注 释

序

1. Birkhead (1993); Schulze-Hagen et al. (1995, 1999).
2. 鸟类学史中的重要文献: Newton (1896); Gurney (1921); Allen (1951); Stresemann (1951, 1975); Farber (1982); Barrow (1998); Walters (2003); Burkhardt (2005); Haffer (2001, 2007a); Bircham (2007); 关于观鸟的历史，见 Moss (2004) 和 Wallace (2004)。
3. Cole (1930: 197).
4. White (1954).
5. Kitchell & Resnick (1999) 分析大阿尔伯特的文章堪称追溯观点源头的典范。

1. 从民间传说到事实

1. 关于翠鸟的传说自古有之。13 世纪的传教士杰拉尔德说过:"此小雀甚为了得，于干燥处存尸则永不腐朽……更有奇者，将其尸以线悬于喙，则年年仍可换羽，宛若再生，如其生之光犹存……"莎士比亚引用过关于用翠鸟来预言的传说，克里斯托弗·马洛 (Christopher Marlowe) 在《马耳他的犹太人》中也提到过:"将吾翠鸟之喙指向何处。"更不可思议的是，这样的传言直到 19 世纪都还存在 (Swainson, 1886: 104)。鸽子精液的故事出自《动物用途》(*El Libro dela Utilidades de Los Animales*)，成书于 1354 年。
2. Armstrong (1958).
3. Browne (1646)，引自 Sayle (1927)。
4. 引自 Raven, 1942: 467。雷的那段引文，我稍加了修饰，改掉了不恰当的大写字母，并把一些词语的拼写改成现代的形式。

5. Stresemann（1975）.
6. Hayes（1972）.
7. Stresemann, 1975: 3.
8. 达尔文于1882年2月22日写给威廉·奥格尔（William Ogle）的信（达尔文通信的在线数据库第13697号索引：https://www.darwin.lib.cam.ac.uk/perl/nav?pclass=calent;pkey=13697）。
9. Medawar & Medawar（1984）.
10. Hansell（1998）；参见 Kitchell & Resnick（1999）。
11. Charmantier et al.，出版中。
12. 强斯顿在他的《博物史》（1650—1653）一书中决定完全将隐喻的内容排除在外，阿什沃思（Ashoworth, 1990, 1996）认为这是鸟类学发展史上重大的一步。有趣的是，同时代的另一本百科全书，让-巴普蒂斯·法特瑞埃（Jean-Baptiste Faultrier, 1660）撰写的《鸟类总述》（*Traitte General des Oyseaux*）中几乎也没有隐喻的内容。我在撰写本书的过程中最激动人心的发现之一就是找到了这部未发表的手稿。手稿不知为何封存于诺斯里庄园德比爵士的图书馆（Lord Derby's library at Knowsley Hall），2004年我重新发现了这部著作（Birkhead et al., 2006a）。后来伊莎贝尔·查曼提尔（Isabelle Charmantier）的研究表明，法特瑞埃的手稿与强斯顿的百科全书相比，重要性毫不逊色（Charmantier et al., 出版中）。
13. Ray（1678: 序）。
14. Ashworth（1990, 1996）.
15. Raven（1942）。雷32岁时撰写了一本本地的植物志《剑桥植物名录》（*Cambridge Catalogue*, 1660），后来又写了一本英国的植物志（1670）以及1686年和1704年间出版的三本巨著，收录了不下6000种植物。雷的传记作者查尔斯·雷文形容这些著作"令人惊叹"，然而现实中由于它们体量太大，令人望而却步，因而少有问津，相比之下他另一本更为精练的著作《植物学新方法增编》（*Methodus plantarum emendata et aucta*, 1703）中包含了很新颖的分类方法，被认为是他的植物学研究成果中最有实用价值的一部（参见 Pavord, 2005）。
16. Derham（1713），参见 Arber（1943）。
17. Gribbin（2002: 207），参见 Mahon（2000）。
18. Gurney（1921: 163）；Allen（1951: 419—422）；Grindle（2005）.

19. Raven (1942).

20. 雷于1676年出版的百科全书题目为 *Ornithologiae libri tres*（意为鸟类学的三部书），包括了：(i) 鸟类总述，(ii) 陆生鸟类，(iii) 水生鸟类。这部百科全书的拉丁文版通常称为 *Ornithologia*。雷1678年在英文版中扩充了一些内容，雷文（Raven, 1942）认为是为了增加销量。增补的信息来自于数位野外博物学家，如邦提亚思（Bontius）、克劳修斯（Clusius）、埃尔南德斯（Hernandez）、马可格雷夫（Marcgrave）、尼埃伦伯格（Nieremberg）、奥里纳（Olina）和毕索（Piso）等。1972年，根据伯明翰市图书馆的藏本印发了英文版的复制本。

21. Ray (1678).

22. Jardine (1843: 105, 116).

23. Mayr (1982: 256).

24. Ray (1686，转引自 Mayr, 1982: 256)。

25. Stresemann (1975).

26. Ray (1678: 12).

27. Ray (1678: 110)；马克格雷夫的著述《巴西博物学》(*Historia naturalis Brasiliae*, Marcgrave, 1648)。虽然表面上很难令人相信，然而鹦鹉羽毛改色却是真有其事。这个不寻常的过程称为"tapiragem"，根据民族动物学家德希拉（Teixeira, 1985, 1992）的说法，印加人从2500年前就有让鹦鹉改色的历史了，他们喜欢红黄色的羽毛，把本来绿色或蓝色的羽毛变成黄的或者红的，用于仪式穿的大斗篷或者头饰。他们把鹦鹉养起来，这样就能定期拔毛，收获彩色的羽毛。德希拉很想知道改色的原理，因此开展了实验进行研究，他发现仅仅把原来的羽毛拔掉就能使新羽毛改变颜色，尽管好几处记录都提到要用箭毒蛙的毒液处理，但其实并没有必要。

28. Stresemann (1975)；值得注意的是，解剖学家沃彻尔·科依特在1575年就已经根据身体结构对鸟类进行分类了。

29. Raven (1942).

30. Stresemann (1975).

31. Ray (1678).

32. Turner (1544).

33. 麦克劳德（Macleod, 1954）：在英国鸟类156个属名的命名者中，亚里士多德或老普林尼命名的最多（每人大约30个名字），然后是林奈（23个）、瓦罗（5个）、格斯纳（4个），奥本（Oppian）、阿普列尤斯（Apuleius）、荷马（Homer）、阿里斯托芬（Aristophanes）、第欧根尼（Diogenes）每人命名了一个属名。剩下的都起源不详。在来源已知的名称中，大于三分之一的名称都是从古希腊或古罗马来的；格斯纳编制了一些，雷也想了一些（比如 shoveller，即琵嘴鸭），而剩下的都是林奈造出来的。

34. Macleod (1954).
35. Nutton (1985).
36. Ray (1691).
37. Haffer (1992，2007a).
38. Ray (1691).
39. Ray (1691).
40. Thomas (1983: 19).
41. Mabey (1986).
42. Ray (1691).
43. Haffer (2001); Birkhead (2003).
44. 佐恩的两部《羽翼神学》分别发表于 1742 年和 1743 年。
45. 达尔文，引自德比尔（de Beer, 1974: 50）。
46. Roger (1997:312)。还有传闻说林奈根据布丰的名字将欧洲的蟾蜍命名为 *Bufo bufo*，可惜是讹传。隆德大学的冈纳·布罗伯格教授（Gunnar Broberg）是林奈研究中的领军人物，他说林奈在与布丰起冲突之前就已经命名这种蟾蜍了（Staffan Ulfstrand，私人通信）。请注意，虽然《鸟类博物史》一书并不都是布丰本人写的（Roger, 1997；Schmitt, 2007），但在本书中为了行文方便，我提到时都将他当作唯一作者。
47. Mullens (1909)，引自 Haffer (2001: 38)。讽刺的是，博物馆派人士管他们工作的一部分也叫"野外工作"，其实就是猎取标本，收集巢和卵。
48. Haffer (2001).
49. Haffer (2004).
50. Haffer (2001: 58).

2. 眼见非实

1. Ray (1691: 16).
2. Ray (1691).
3. 家禽研究人员通过检验大量的鸡蛋，确认了 21 天的上限，然而也有一两个极少数的例子，在交配之后 30 天还能产受精卵（Romanoff，1960: 95）。
4. Fabricius，引自 Adlemann (1942)。

5. Harvey，引自 Whitteridge（1981）。
6. Fabricius，引自 Adlemann（1942）。
7. Harvey，引自 Whitteridge（1981）。实际上是凯内尔姆·迪格比爵士（Sir Kenelm Digby）于 1644 年描述的，他在哈维的手稿于 1651 年发表之前就已经先看过了。
8. Harvey，引自 Whitteridge（1981）。
9. Ray（1678）.
10. Harvey，引自 Whitteridge（1981）。
11. Harvey，引自 Whitteridge（1981）。
12. Ray（1678: 3）.
13. 马尔比基在 1672 年发现的（Malpighi，1673）。
14. Raven（1942: 377）.
15. Leeuwenhoek（1678）.
16. 精液中的“微生物”到了 1827 年才被称为精子（spermatozoa），是由冯·贝尔（von Baer）命名的。
17. Ray（1693a）.
18. Ray（1691: 118）.
19. Ray（1693b）.
20. Ray（1693b）.
21. More（1653）.
22. Ray（1691: 166）.
23. Blackburn & Evans（1986）；Anderson et al.（1987）；Dunbrack & Ramsay（1989）.
24. More（1653）.
25. Wilson（1991）.
26. 希波克拉底的文字（转引自 Needham，1959）。
27. Schierbeek（1955）。虽然科依特描述了胚盘的结构，然而直到 1820 年，捷克生理学家约翰尼斯·普尔金耶（Johannes Purkinje）才认定胚盘中含有雌性的原核（Nordenskiold，1929）。
28. Fabricius，引自 Adlemann（1942）。
29. Harvey，引自 Whitteridge（1981: 100）。
30. Harvey，引自 Whitteridge（1981: 86）。
31. 哈特索克其实从来没说他实际看到了预成的小人，那是他的想象；他只是认为如果这是真的，只要有够强的显微镜，他就应该能看到（Hill, 1985）。

32. Wolf（1774）.

33. Cobb（2006）.

34. Cobb（2006）.

35. 《科学画报》(*Science Illustrated*) 1943 年报道；《周六晚报》(*Saturday Evening Post*) 1950 年报道；《纽约客》(*The New Yorker*) 1953 年报道。罗曼诺夫和妻子的著作 Romanoff & Romanoff（1949），和 Romanoff（1960）。

36. 胚胎发育中的主要问题是不同的细胞从哪里来，又是如何变成肌肉、心脏和大脑的。简单的答案是干细胞。干细胞能够发展成为更多的干细胞或者特定的组织。干细胞研究是当今主要的科研领域之一。

37. Cobb（2006）.

38. Lillie（1922）.

39. 输卵管的漏斗状部分，也就是受精的位置，术语称漏斗部。Harper（1904）。

40. Olsen & Neher（1948）.

41. Ivanoff（1924），引自 Romanoff（1960）。

42. Walton & Whetman（1933），引自 Romanoff（1960）。

43. Van Drimmelen（1946）。他其实只能称得上是再次发现，因为早在 1875 年，丹麦生物学家彼得·陶伯（Peter Tauber）就已经发现了漏斗部中精液的存在，然而成果却被忽视了。

44. Bobr et al.（1964）。尽管彼得·雷克最早意识到对于能够长时间产受精卵的鸟类来说，储精管是至关重要的，然而后来他发现吉尔斯伯格（Giersberg, 1922）之前就已经注意到这些小管了，只是没有意识到它们的作用是什么（P. E. Lake，私人通信）。另外，日本的研究人员也独立地发现了储精管（Fuji & Tamura, 1963）。

45. Bray et al.（1975）；May & Robertson（1980）。后来证实，非配偶受精产卵在红翅黑鹂和其他种类的鸟中的比例都极高（Westneat et al., 1987）。

46. S. Hatch，私人通信，参见 Hatch（1983）。

47. 实际情况还要更复杂一些，因为交配需要在排卵前一小时左右发生，这样才能够给精子足够的时间移动到漏斗部。

3. 为生命而准备

1. Lorenz（1935）.

2. Pliny（1855）.

3. Ray（1678）。1655 年左右，绒鸭这一名称渐渐取代了卡斯伯特鸭（Lockwood,

1984）。

4. 见 Hess & Petrovitch（1977）的定义。
5. Spalding（1873，引自 Hess & Petrovitch，1977）。
6. Spalding（1873，引自 Hess & Petrovitch，1977）。
7. Spalding（1873，引自 Hess & Petrovitch，1977）。
8. Gray（1962）。1873 年斯波尔丁受雇于安伯利爵士与夫人（Lord & Lady Amberley），担当他们大儿子的家庭教师（这个大儿子的弟弟就是伯特兰·罗素）。斯波尔丁在主人家中用小鸡、小鸭做实验，安伯利夫人充当了他的研究助理。她在别的方面也很照顾斯波尔丁，很担心斯波尔丁单身一人，因此向他教授“人体繁殖生物学的私人课程”，两人频频行床第之事，很显然她的丈夫对此是默许的（Boakes，1984；Richards，1987）。
9. Mascall（1581，引自 Hess & Petrovitch，1977）。
10. 参见 Frisch（1743—1763）。
11. Buffon（1778）。和其他地方引用的布丰《鸟类博物学》一样，日期是指最早的法文版，也是引文最早出现的版本。
12. Hess & Petrovitch（1977）.
13. 在他非常著名的动物行为学著作《所罗门王的指环》中有非常令人着迷的描写。此书最早于 1949 年在德国出版，原题为 *Er redete mit dem Vieh, den Vögeln und den Fischen*（意为“他与牛、鸟和鱼对话”）。
14. Zann（1996）.
15. Moutjoy et al.（1969）；Cade & Burnham（2003）.
16. Bateson（1978）.
17. Bolhuis（2005）.
18. Nicolai（1974）；Hauber et al.（2001）.
19. Ray（1691: 54）.
20. Ray（1678: 16）.
21. Koyama（1999）.
22. Seibt & Wickler（2006）；关于杂色山雀参见 Koyama（1999）；关于山雀藏食参见 Clayton & Cristol（1996）。
23. 老普林尼参考了亚里士多德的《动物志》第 9 卷（*History of Animals*, Book IX），不过亚里士多德只是用了“智能”一词来描述燕子精心筑巢的行为。
24. Darwin（1871: 101）.

25. Ray（1678: 16）.
26. Ray（1678: 117）.
27. Smellie（1790: 458）.
28. Gray（1968）.
29. Condillac（1885），引自 Stresemann（1975: 316）。
30. Smellie（1790: 144）.
31. Julien Offray de la Mettrie，引自 Gray（1968）。
32. Leroy（1870）.
33. Thorpe（1979）.
34. Leroy（1870: 93）.
35. Leroy（1870: 70）.
36. Leroy（1870: 96）.
37. Wallace（1871）.
38. Stresemann（1975: 319）.
39. Darwin（1871: 104）；"高智能与复杂本性可相融合"。
40. Darwin（1871: 102）.
41. 关于野外鸟类学的黄金时代，见 Haffer（2001）。
42. Stresemann（1975）.
43. Stresemann（1975）。德国鸟类学联合会当时还是 Deutsche Ornithologische Gesellschaft（DOG）；第二次世界大战以后，改名为 Deutsche Ornithologen-Gesellschaft（DO-G）。
44. Stresemann（1975）.
45. Thorpe（1979）；Kruuk（2003）；Burkhardt（2005）.
46. 其他人如阿默兹·扎哈维（Amotz Zahavi）和阿曼达·里德利（Amanda Ridley）也用了和劳伦兹类似的方法，使用的分别是北斑鸫鹛和阿拉伯鸫鹛，都非常成功。
47. Kruuk（2003: 218）.
48. Alcock（2001）；Burkhardt（2005）.
49. Hunt（1996）；Hunt & Gray（2003）；Weir et al.（2002）；Bluft et al.（2007）.
50. Seibt & Wickler（2006）。他们一共养了 52 只金翅雀。
51. Tebbich et al.（2001）.
52. E. Mayr，引自 Haffer（2007b）。
53. Dingemanse et al.（2002, 2004）.

54. Pepperberg (1999).

55. Emery & Clayton (2004); Dally, Emery & Clayton (2006).

4. 幻象终将消逝

1. 研究所是隶属于马克思-普朗克鸟类学研究所的德国拉多夫采尔鸟类研究站。

2. Ray (1691).

3. Stanley (1651).

4. 亚里士多德《动物志》第 8 卷（*History of Animals*, Book VIII）。

5. 《出埃及记》（十六：13）; Gurney (1921: 9)。

6. 亚里士多德《动物志》第 8 卷。

7. 贝伦（Belon, 1555）、阿尔德罗万迪（Aldrovandi, 1599—1603）、托普瑟（Topsell, 1972）和法特瑞埃（Faultrier, 1660）都认为蝙蝠是一种鸟。

8. 鸟类能够持续几天休眠是已经得到充分证实的，尤其是当迁徙的鸟遇到恶劣天气时。麦卡蒂（McAtee, 1947）查阅了关于燕科鸟类的很多记录，发现休眠的鸟只要有暖空气就会"重生"（参见 Lack, 1956）。最不寻常的休眠鸟类是北美小夜鹰（*Phalaenoptilus nuttallii*），它们在寒冷的冬季能够几个星期保持休眠状态，有效地进行冬眠（Woods & Brigham, 2004）。

9. Cambrensis (1187).

10. Frederick 2，引自 Wood & Fyfe (1943)。

11. Kitchell & Resnick (1999, volume 2, 1563).

12. Norderhaug (1984).

13. 腓特烈二世是公开的反基督者、异教徒，公然挑战中世纪的教会，因此他的著作被禁止，那部了不起的《驯隼艺术》手稿拖到 1596 年才发表，而直到 1788 年才为人所知，是被两位德国鸟类学家 J. G. 施耐德（J. G. Schneider）和布莱修斯·马瑞姆（Blasius Merrem）重新发现的（Stresemann, 1975; Schramm, 2001）。有意思的是，约翰·雷的熟人托马斯·布朗知道这部著作（Keynes, 1964, volume 3: 64），然而却没有告诉过雷。

14. White (1954: 117; 147).

15. Kitching & Resnick (1999).

16. Swaison (1886: 51)。欧劳斯·马格努斯在他 1555 年出版的《北国人纪事》（*Historia de Gentibus Septentrionalibus*）中发表了湖泊或河流中的燕子被从冰下捞出的插图，肯定对固化这一观点起到了很大的作用。燕子在水下越冬这一说法并不是欧劳斯·马格努斯提出的，然而当时非常流行（Gunnar Broberg & Staffan

Ulfstrand，私人通信）。

17. Stresemann（1975: 286）.
18. Hevelius（1666）.
19. Buffon（1779）.
20. 好几位作者都引用了布丰的作品（Buffon，1779）。
21. Southwell（1902），引自 Gurney（1921: 200）；参见 Sayle（1927）。
22. Ray（1678: 212）.
23. Ray（1691）.
24. 学生是约翰·莱什（Johan Leche，引文出自 Brusewitz，1979）。
25. 丹尼尔·笛福（Daniel Defoe）似乎不大可能支持燕子迁徙说，因为他曾就读于查尔斯·莫顿神父开办的反对者学院，莫顿神父本人相信燕子是在月亮上越冬的（见下方的注释 32）。笛福的说法大概来自他自己于 1722 年 10 月在英国萨福克郡索思沃尔德旅行时的经历："傍晚，余见鸟群栖于教堂之前；好奇前往近观其为何鸟，所见皆燕……余询先生……燕群如此大聚，所为何故。先生言：'汝才来此地，有所不知，此为燕聚之季，其食将尽，即离此地而还乡，不知所踪，吾忖之必为其原来之处……其候之待发……天气尚缓，其欲乘风而翔。'次晨，余见隔夜风起……前夜余见百万之燕，一无所踪。"（Tour，Letter I 83—85，引自 Garnett，1969。）
26. Mabey（1986）；Barrington（1772）.
27. Pennant（1793）.
28. Mabey（1986）.
29. Barrington（1772）.
30. Barrington（1772: 276）.
31. Barrington（1772: 276）.
32. 莫顿，《哈利杂记》（1744，引自 Gurney，1921: 200；Garnett，1969）。加奈特（Garnett，1969）将这些观念追溯到戈尔德温主教（Bishop Godwin）和威尔金斯（Wilkins），两者都于 1638 年发表过关于月亮的言论。1703 年莫顿的《此问题可能之解答：鹳从何而来，鸽……》（*Essay towards the probable solution of this Question: Whence come the Stork, and the Turtle [dove]...*）中也提到了。1714 年，美国新英格兰的科顿·马瑟（Cotton Mather）认为月亮太远了，因此提出鸽子是去"据地较近之未知卫星"越冬（引自 Allard，1928）。斯蒂林弗利特（Stillingfleet，1762）也认为鸟类在秋天消失是升到天堂去了，而它们之所以有预言的能力，正是因为离上帝很近。

33. Berthold（2001）.

34. Buffon（1779）.

35. Hunter（1786）.

36. Barrington（1772: 287）.

37. Mabey（1986）.

38. Pennant（1768）.

39. White（1789）.

40. White（1789）.

41. Foster（1988）& P. G. M. Foster，私人通信。

42. Mabey（1986）.

43. Forster（1808）.

44. 作者未详，1707。

45. Buffon（1771）.

46. 布丰著作英文版的译者是威廉·斯梅利（William Smellie，1812），其中说是日出，为笔误，原著实际上是日落。

47. Naumann（1797: 196）.

48. Berthold（2001）。通常认为 J. A. 瑙曼是第一个描述迁徙兴奋的人，然而布丰、佐恩和《夜莺论》的无名作者（1707）却还要早于他。

49. 作者未详，1707。

50. Gwinner（1968）.

51. Berthold（2001）.

52. Van Zomeren（2003）.

53. Frisch（1743—1763）；参见 Buffon（1779），也提到了相似的经历，是用一段铜丝拴到燕子脚上的。

54. Pernau（1702）.

55. 关于切脚趾，参见 Stresemann（1975: 336）；另见 Jemner（1824）。有记录的年龄最大的燕子，在最后一次被重捕及释放时是 21 岁。

56. Berthold（2001）.

57. Berthold（2001）.

58. S. Emlen，私人通信，2005。

59. 作者未详，1707: 24—26。

60. Middendorf（1859，引自 Berthold，2001）。埃德加·舒尔（Edgar Suer）在 20 世纪

50 年代首次研究了以星空为导航的迁徙（参见 Berthold，2001），Legg（1780）。

61. Perdeck（1958）以及 S. van Balen，私人通信，2005。
62. Berthold（2001）; P. Berthold，私人通信，2005，2006。
63. Berthold（2001）.

5. 点亮探索之路

1. 作者未详（1772）; Birkhead（2003）。
2. 又见于 Macpherson（1897）、Valli da Todi（1602）、Olina（1622）、Markham（1621）和 Ray（1678）。
3. 不同国家有不同的叫法：在荷兰叫作“muiten”，意思是把假鸟放在“muit”里面，“muit”和英文中的“mew”（鹰笼）差不多；在日本则叫作“yogai”（Damsté, 1947）; 17 世纪的意大利用“停鸟术”来培养西鹌鹑的诱鸟，其过程叫作“la Chiusa alle Quaglie”（意为离鹌鹑很近，Valli da Todi, 1601; Macpherson, 1897: 367）。
4. Manzini（1575）.
5. Grenze（1938）.
6. 包括 Aldrovandi（1600）、Xamarro（1604）和 Aitinger（1626）。
7. Wickede（1786: chapter 25）.
8. Reaumur（1750）.
9. Runeberg（1874）.
10. Seebohm（1888）, cited in Schäfer（1907）.
11. Schäfer（1907）.
12. Allard（1928）.
13. 这封信是写给珀西·塔弗纳（Percy Taverner）的；52 华氏度≈ 11 摄氏度（引自 Ainley, 1993）。
14. Emlen（1969）.
15. 达姆斯从 1937 年开始研究，然而却被战争打断了，直到 1946 年才提交了论文（Damsté, 1947）。和大多数哺乳动物不同，鸟类的性腺在春季增大，冬季缩小，这大概是一种节省重量的演化适应。
16. Konishi et al.（1989）; B. Follett，私人通信。
17. B. Follett，私人通信。
18. Pracontal（2001）.
19. Stresemann（1975: 357）.

20. 夏尔·爱德华·布朗–塞加尔是一位杰出的神经生物学家，晚年时曾涉猎内分泌学和所谓的“器官疗法”。1889 年他发表了一份轰动一时的报告，声称将豚鼠和狗的睾丸提取液注射到自己体内，得到了回春的效果；他不再容易感觉疲劳了，能在楼梯上跑上跑下，并且撒尿时投射距离比原先远了 25%！他的“器官疗法”曾引起了好一阵狂热，直到 20 世纪 30 年代才被摒弃。

21. B. Lofts，私人通信；Parkes（1985）。

22. B. Follett，私人通信。

23. 汤普森（Thompson，1924）也注意到了这两个问题。

24. 腓特烈二世，引自 Wood & Fyfe（1943）。

25. Krebs & Davies（1997, 4th edition）.

26. Baker（1938: 161）.

27. 迈尔给拉克的书信，1941 年 8 月 26 日（转引自 Hafifer，1997）；Johnson（2004: 538—540）。

28. 此书是最早和最详尽的博物日志之一，包括了 1736 年至 1810 年和 1836 年至 1874 年，共计 112 年间诺福克郡春季迁徙的记录，是家族四代人的努力（参见 Newton，1896: 557）。

29. 杰宁斯受到统计学泰斗朗伯–阿道夫–雅克·凯特勒（Lambert-Adolphe-Jacques Quételet）的启发。

30. Altum（1868）.

31. Lack（1966）.

6. 野外研究创新

1. Ridgway（1901）.

2. Burkhardt（2005）.

3. Selous（引自 Stresemann，1975: 342），Burkhardt（2005）。

4. Selous（1933: 136）.

5. Burkhardt（2005）.

6. Mayr（1935）；参见 Nice（1933）。

7. Burkhardt（2005）.

8. Howard（1910: 11）.

9. Romanes（1885）；Burkhardt（2005: 94）.

10. Howard（1910: 8）.

11. Morgan（1896）.

12. Lack (1959).
13. Howard (1907—1914).
14. Huxley (1914).
15. Howard (1908).
16. Burkhardt (2005).
17. Jourdain (1921).
18. 尼克尔森（Nicholson，1927）说霍华德的《鸟类的领域》一书被削价甩卖，实在令人叹息，现在原版比 1948 年的重印版要稀少得多。重印版是二手书店中最常见的鸟类书籍之一，很容易找到，价格合理，也非常值得购买。
19. Nicholson (1927).
20. Nicholson (1927).
21. Nicholson (1934).
22. Nice (1941)，参见 Barrow (1998)。
23. Lack & Lack (1933: 197).
24. Lack (1973)；这是拉克的讣告，一部分是他自己写的。
25. Thorpe (1974)。拉克可能是过谦，也可能是虚伪。我最初怀疑拉克以及他 1933 年的论文中那种几乎带有毒液的绝对批判性的思维是从老拉克那儿来的，然而后来，当听到别人评价年轻的戴维·拉克“好打头脑战”（见 C. M. Perrins，私人通信）后，我改变了看法，认为那种狂热的批判应当是属于小拉克的。
26. Lack (1943).
27. Lack (1943).
28. Haffer (1997: 71).
29. Mayr (1935).
30. 得到 E. 迈尔德女儿苏珊·哈里森（Susanne Harrison）的许可引用。
31. Noble (1939).
32. Macdonald (2002: 59).
33. Fisher (1941).
34. 莫斯（Moss，2004）和华莱士（Wallace，2004）对观鸟的历史进行了极好的诠释。
35. Alexander (1936)；Ray (1678: 222).
36. Nice (1941: 442).
37. Olina (1622)；Solinas (2000)；Birkhead (2003).
38. 曼奇尼（Manzini，1575）描述了如何抓成鸟和喂养夜莺幼鸟，然而完全没有提到领域性。Valli da Todi（1601）。

39. Valli da Todi（1601）.
40. 亚里士多德的著述（转引自 Nice，1953）和拉克（Lack，1943）。如尼斯所说，很多后人都引用了亚里士多德关于鹰的说法，包括老普林尼、腓特烈二世、格斯纳、阿尔德罗万迪、雷和布丰；然而值得注意的是，这一点在很大程度上都被忽略了。
41. 引自 Lack（1943）。
42. 这段文字来自匿名作者（1707）。
43. Cramp et al.（1988）.
44. Gessner（1555）.
45. Ticehurst（1934）.
46. Leguat（1707）；Armstrong（1953）；Fuller（2000）.
47. Pemau（1707；转引自 Stresemann，1947）。
48. Pemau（1707；转引自 Stresemann，1947）。
49. Thielcke（1988）；参见 Stresemann（1947，1951）。
50. 作者未详（1728: 24）。
51. Albin（1737: 67）；不过需要注意，阿尔宾没有什么原创，因此这很可能也是从别处来的，作者未详（1728）。
52. White（1789）.
53. Pennant（1768）.
54. Goldsmith（1774）；尼斯（Nice，1941）认为戈德史密斯很可能是最早将“领域”一词应用于鸟类的。
55. Macpherson（1934）.
56. Pitman（1924）.
57. Pitman（1924）。正如麦克弗森（Macpherson，1934）所说，这些关于领域的论证既不是布丰的也不属于布里森，因此来源不明。
58. Mayr（1935）；Altum（1868）.
59. Altum（1868）.
60. 最先构想领域的原始定义的是迈尔（Mayr, 1935）、诺布尔（Noble, 1939）和尼斯（Nice, 1941）。后来在一系列的专题会议之后，罗伯特·欣德重新制定了一个比尼斯的版本更为清晰的分类方法（Hinde, 1956）。
61. Tinbergen（1939）.
62. Lord Tavistock，转引自 Nice（1941）。

63. Nice (1941).
64. Moffat (1903).
65. Howard (1920); Nicholson (1927).
66. Lack (1943).
67. Wynne-Edwards (1962).
68. 关于这一点详细清晰的论述，参见道金斯《自私的基因》一书（Dawkins, 1976）。
69. Lowe (1941).
70. Hafffër (1997: 499).
71. Lack (1959).

7. 林中合唱者

1. 关于约尔根·尼克来的信息来自我和他本人的电子邮件通信，以及巴尔林（Barlein, 2006）和沃尔丁格（Würdinger, 2007）撰写的讣告，其中关于唱小调的红腹灰雀的信息来自于利超（Lichau, 1988）。
2. Nicolai (1956).
3. Turner (1544); Topsell (1972)。我还猜想，卡图卢斯的“麻雀”会不会也是红胸灰雀。盖尤斯·瓦雷里乌斯·卡图卢斯（Gaius Valerius Catullus，约公元前84年—前54年）是一位古罗马诗人，为他的情人克劳迪娅/莱斯比亚写了大量诗歌，这位情人似乎很年轻就去世了（可能是被毒死的）。他的诗歌到15世纪才为人所知，其中最著名的一首是《莱斯比亚的麻雀》：

   我心爱的姑娘的小雀死了，
   我心爱的姑娘的宝贝小雀——
   她爱它胜过爱自己的眼睛，
   因为它性情甜美，熟悉她
   如同女儿熟悉自己的母亲；
   它从不离开她的膝，只是
   忽而这儿忽而那儿，来回蹦跶，
   单单对着女主人，啁啾终日。
   此刻，它正去往幽冥的所在，
   他们说，没有人从那里回来。*

* 译文出自《卡图卢斯〈歌集〉拉中对照译注本》，李永毅译，中国青年出版社，2008年。

关于莱斯比亚的麻雀到底是什么，存在很多争议，因为“麻雀”可以指任何小型鸟类，不一定是像家麻雀（*Passer domesticus*）一样的麻雀。卡图拉斯很可能也是一语双关，“passera”（小麻雀）一词在意大利俚语中又指阴道。如果所指的是一只鸟，那么要辨别它的身份，用来描写它叫声的一个词“pipiabat”可能是关键，这个词不同寻常（Quinn, 1982），它可能是“唧”（在这种情况下很可能是麻雀），也可能是“哔”（正如小鸡即将孵化出来时，也很类似于麻雀的叫声），或者可能是“吹哨”（正如密奇的译法，见 Mitchie，1969），这样的话就可能是红胸灰雀，因为其他的鸟都不会“吹哨”。推测它是红胸灰雀还有一个原因，那就是这种鸟对亲手喂养它们的主人非常亲近；其他的鸟都不大可能这样。

4. Clement et al.（1993）；Amaiz-Villena et al.（2001）；Newton（1972）.
5. 红胸灰雀的精子之所以看起来很奇怪，是因为严格的一夫一妻制能够让雄鸟省很多力气，产生未完全发育的精子。既然它们不需要和同类的雄鸟竞争，又何须浪费宝贵的资源来完成精子发育，让它们长得好看呢？只要管用就行了（Birkhead et al., 2006b；Birkhead et al., 2007）。
6. Nicolai（1956）.
7. Güttinger et al.（2002）.
8. Pernau（1707, 转引自 Stresemann, 1947:46）。
9. Barrington（1773）.
10. Nicolai, 转引自 Barlein（2006）。
11. Barrington（1773）.
12. Buffon（1778）；参见 Thorpe（1961）。
13. Barrington（1773）.
14. Buffon（1770）.
15. 比尔·索普用听觉隔离的鸟来研究鸣唱学习，是受了奥托·科伊勒（Otto Koehler）在 20 世纪 50 年代的研究工作的启发（转引自 Thorpe, 1961）。这样的鸟被称为卡斯帕尔·豪泽尔雀，名字来源于一个从出生就被关在黑屋子里，少年时突然被放出并于 1828 年出现在德国纽伦堡的男孩。芒丁格尔（Mundinger, 1995）描述了金丝雀学习鸣唱的基因基础。
16. 关于鸣唱的学习和本能的细节，参见斯代普的佳作（Stap, 2005）。
17. Barrington（1773）.
18. Hunter（1786）.
19. Aldrovandi（1599—1603）；亚里士多德《动物志》。

20. King-Hele (1999).
21. Suthers (1990); Larsen & Goller (2002).
22. Aldrovandi (1600).
23. 作者未详(1890: 193)。
24. 关于舌头形状和语言能力之间的关联，见于亚里士多德(《动物志》第 2 卷 12 章)，他还说过“有禽鸟善言，巧于其余鸟兽，仅次于人，阔舌鸟尤为如此……人言印度鹦鹉具人舌，其理亦如此，鹦鹉饮酒之后，更花言轻佻，为前所不及”(第 8 卷 12 章)。波斯医生阿维森纳(Avicenna)于 10 世纪时发表的著作中描述了给一名儿童进行松舌手术，将舌下的薄膜(舌系带)切开。这种手术不管是对人类还是对鸟类，都被认为是没有必要也毫无用处的。最后一段引文“剪鸟舌……”出自阿尔宾的著作(Albin, 1737)。
25. Beckers et al. (2004).
26. Barrington (1773).
27. 由诺德本的学生阿特·阿诺德向我复述，私人通信。
28. A. Arnold，私人通信。
29. Marier & Slabbekoom (2004).
30. Nottebohm et al. (1976); 参见 Marier & Slabbekoom (2004)。
31. Walton (1653).
32. 《果园合唱队》由内维尔·伍德(Neville Wood, 1836)创作;《大不列颠妙音歌者》的作者是亚当斯(Adams, 1860);《大自然的音乐》由彼得·马勒和汉斯·斯莱布尔昆(Hans Slabbekoorn)合著(2004)。
33. Armstrong (1963: 231)。贝伦(Belon, 1555)书中这段不合拍的抒情极有可能是受了雅克斯·佩尔蒂埃(Jacques Peletier, Vers Lirique, 1555)的影响；参见 Glardon 的著作(1997)。
34. Gardiner (1832)，马勒和斯莱布尔昆的书就是以此命名的。
35. Darwin (1871: 870).
36. West & King (1990).
37. Cox (1815): 尼古拉斯·考克斯《绅士休闲》一书的部分重印本，最早出版于 1674 年，不过应参见 Cox (1677: 76)。
38. Bechstein (1795).
39. Smith & von Schantz (1993).
40. J. R. Krebs，私人通信。

41. Kircher(1650).

42. Bechstein(1795).

43. Thorpe(1961).

44. 克莱尔于 1832 年作此诗(Bate, 2003)。

45. R. A. Hinde, 私人通信。参见 Marier & Slabbekoorn(2004); Burkhardt(2005)和 http://www.zoo.com.ac.uk/zoostaff/madingley/history.htm。

46. R. A. Hinde,私人通信。

47. Poulsen(1951);波尔森也注意到了佩尔诺、巴灵顿和贝彻斯坦关于鸣声学习的发现。

48. Hinde(1952); Marier(1956).

49. Darwin(1871: 563).

50. 作者未详(1707: 36)。

51. Buffon(1770).

52. Bechstein(1795).

53. Arnault de Nobleville(1751)。匿名发表,一般认为作者是德诺布韦尔。

54. Newton(1896: 892),引用的是从捕鸟人那收集来的信息;参见 Wood(1836),其中暗示鸣唱的目的是吸引配偶。

55. Montagu(1802); Newton(1896)。在牛顿的词典出版的同年,查尔斯·威彻尔(Charles Witchell, 1896)出版了很有创见的《鸟鸣演化》。几年之后莫法特阐述了鸟鸣的双重功能(Moffat, 1903)。

56. Craig(1908).

57. Kroodsma(1976).

58. Vallet et al.(1998); 参见 Marler & Slabbekoorn(2004)。

59. Krebs(1977); Krebs et al.(1978).

8. 微妙的平衡

1. Agate et al.(2003)。泰伯(Taber, 1964)和库莫洛夫(Kumerloeve, 1987)对半边种进行了综述。我的实验室在 17 年的时间里培育了超过 7500 只斑胸草雀,出现过 3 只雌雄嵌合体。

2. Forbes(1947).

3. 中世纪的教会处决动物并不少见。尤其是对猪和橡皮虫,因为橡皮虫吃庄稼,而猪会咬死儿童(Evans, 1906)。

4. Raven(1947: 3).

5. 关于貂的迷信大概是因为獴，它们长得类似，而獴是可以打败蛇的(Forbes，1947)。伍斯特郡教堂中的座椅浮雕来自 14 世纪。
6. Evans (1906); Forbes (1947).
7. 拉佩罗尼后来于 1710 年在科学院宣读的一篇文章中报告了他的发现(引自 Evans，1906)。
8. 亚里士多德,《动物志》(559b), 转引自 White (1954)。
9. 亚里士多德,《动物志》第 8 卷。
10. Aldrovandi (1600).
11. Aldrovandi, 引自 Lind (1963: 49)。
12. Aldrovandi, 引自 Lind (1963: 411—412)。
13. Harvey, 引自 Whitteridge (1981); Lind (1963: 70, 101)。
14. Welty (1962).
15. Crew (1965: 72).
16. 引自 Owens & Short (1995); 参见 Forbes (1947), 其中引用了 14 世纪关于一只公孔雀变成母孔雀的记录。
17. 亚雷尔的数篇文章引自 Forbes (1947)。
18. Nordenskiold (1929).
19. Crew (1927: 121).
20. 一些第二性征如公鸡的冠和肉垂是受睾酮控制的，在斑胸草雀中羽色的雌雄二象性是不受雌激素控制的(Arnold, 1996)。
21. Selous (1927:257).
22. Bancke & Meesenburg (1958).
23. Hogan-Warburg (引自 Van Rhijn, 1991)。
24. Montagu (1813).
25. Van Oordt & Junge (1936).
26. Lank et al. (1999)。兰克的流苏鹬种群是用 20 世纪 80 年代从芬兰引进的卵建立起来的。
27. Jukema & Piersma (2006).
28. Bonnet (1783).
29. Olsen (1965); 家鸡和火鸡不同，没有显示出孤雌生殖的潜力，因此研究人员又花了很多年才繁殖出孤雌生殖的家鸡，第一只于 1972 年孵化。
30. 在我们发现笼养斑胸草雀的孤雌卵之前，从未在雀形目鸟类身上观察到孤雌生殖现象（大半是因为没人研究过，参见 Schut, Hemming, Birkhead et al., 2008）。值得注意的是，我在撰写此书时，听说美国发现了一只很可能是孤雌生殖的牡丹鹦鹉。

31. Ray（1691: 69），不过这不是雷的原创，他注明是从朋友拉尔夫·卡德沃思博士（Dr. Ralph Cudworth）那得来的。
32. Durham & Marryat（1908）；参见 Mayr（1982: 750）。
33. Komdeur et al.（1997）.
34. 关于家禽参见 Olsen & Fraps（1950）；斑胸草雀参见 Stephanie Correa van Veen（私人通信）。
35. Athazart & Adkins-Regan（2002）.
36. 令人迷惑的术语：在发育早期性激素的影响是终生的，称为组织作用，而短期的影响则称为“激活作用”。
37. Agate et al.（2003）.

9. 达尔文否认的事实

1. Hansell（1998: 142）.
2. 这条法律可以追溯到 11 世纪塞维利亚的《伊本·阿卜顿条例》第 141 条（Lévi-Provençal, 1947）。这种叫作 triganieri 的比赛明显是非常古老的，如今在苏格兰的格拉斯哥东区依然很流行（Hansell, 1998；Birkhead, 2000）。达尔文（Darwin, 1871）是知道盗鸽的，我很惊讶他竟然没有深入研究，因为这是一个非常好的性选择的例子，一些雄鸟比其他雄鸟更有吸引力，然而养鸽人可以对这些受欢迎的性状进行人工选择，说明这些性状是可遗传的。达尔文已经否认两次了，他不认可雌性滥交，也没有提出盗鸽是性选择的绝佳佐证。
3. Darwin（1871）.
4. 老普林尼（Pliny, Book X, Chapter 52）。这实际上可能和很多其他内容一样，也是来自亚里士多德，他可能是第一个提出鸽子有不忠行为的人：“此鸟（鸽）奉忠贞为通则，然雌鸟偶与非配偶交处。”见于亚里士多德《动物志》第 9 卷。
5. Darwin（1871）.
6. 亚里士多德，《动物生殖》（*Generation of Animals*, 757b2—757b3）；参见 Brock（2004）。这个说法曾激起过大范围的讨论。
7. Harvey，引自 Whitteridge（1981: 178）。
8. Girton（1765）；特盖特迈耶（Tegetmeier, 1868）认为哥顿成篇抄袭摩尔的著作（Moore, 1735）。

9. Smellie (1790).

10. Darwin (1871).

11. 参见 Birkhead (2000) 和 Desmond & Moore (1991)。达尔文的出版商约翰·默里公司认为在《人类由来及性选择》一书的标题页中使用“性”一词不妥当 (Browne, 2002)，并且当达尔文不得不提及一些和性有关的事物，比如雌猴子臀部红色的肿胀（其实就是外阴）时，他会使用拉丁文，并认为这样能减少一些尴尬。有意思的是，当列文虎克给皇家学会写信告知他发现（自己的）精子时，也使用了拉丁文，这是他唯一一次用拉丁文写作。

12. Buffon (1771).

13. Smellie (1790: 278)。斯梅利翻译了布丰的《自然史》，在此他是复述布丰的观点。

14. Moore (1735).

15. Pratt (1852)；威廉·林奈·马丁的《家禽与鸣禽》年代不详，不过很可能发表于1850年左右。

16. Morris (1853).

17. 可参见 Marier (1956)。

18. Williams (1966).

19. Trivers (2002: 58).

20. 性选择甚至可以延续到受精之后（见 Birkhead & Møller, 1998）。

21. Ray (1961: 115).

22. 大阿尔伯特 (Albert the Great)，转引自 Kitchell & Resnick (1999)。

23. Evans (1906, 128).

24. 大阿尔伯特，转引自 Kitchell & Resnick (1999)；这很可能出自多玛斯·康定培 (Thomas de Cantimpré)。

25. Harvey，转引自 Whitteridge (1981: 40)。

26. Harvey，转引自 Whitteridge (1981)。无独有偶，20 世纪 60 年代，法国人在为了大量生产鹅肝酱而养殖鸭子时，注意到这些鸭子的受精率大为下降，并发现原因在于雌鸭啄咬雄鸭的阴茎。由于养殖的鸭子不能在水中交配，只能在陆地上交配，雌鸭会将雄鸭伸出的阴茎误当作食物而试图啄食 (J-P. Brillard，私人通信)。

27. Wolfson (1954).

28. Hunter (1786).

29. 出自 Estienne & Liebault (1574), *Maison Rustique* (1586 年版，第 51 章)。

30. V. Amrhein，私人通信。

31. 作者未详(1728)。

32. 由于某种原因,这并没有收在赫维尤克斯的英文版中(Hervieux, 1718),但是收入1713年的法文版中。

33. 林岩鹨曾经是欧洲较为流行的笼养鸟,然而我在早期的鸟类学文献中从未见过关于其泄殖腔突起大小的描述。

34. 关于突起的描述来自法迪欧(Fatio, 1864),第一笔关于睾丸大小的记录出自Naumann & Naumann(1833,第6卷),他们似乎忽略了泄殖腔突起。不过由于观察时鸟已经被射杀了,所以很可能泄殖腔已经被破坏了。

35. Nakamura(1990);Davies et al.(1995).

36. Birkhead et al.(2006b).

37. Harvey,转引自Whitteridge(1981: 35);Browne(1646)做过类似的描述,转引自Keynes(1964, volume 3: 365)。

38. Ray(1678:林岩鹨,p.168;公鸡,p.215;家麻雀,p.249—"睾巨大")。其他人也提到过不同鸟种之间睾丸大小的差异:爱德华·詹纳(Edward Jenner, 1824)认为那些与"雌鸟短暂配对"的雄鸟睾丸也较小。他还认为一个季度繁殖不止一次的鸟种也倾向于具有较大的睾丸。

39. Short(1997).

40. Harcourt et al.(1995);Birkhead & Møller(1998).

41. 大阿尔伯特,转引自Kitchell & Resnick(1999: 338, 550)。

42. 大阿尔伯特,转引自Kitchell & Resnick(1999: 338)。

43. Hunter(1786);参见Moore(2005)。

44. Buffon(1781).

45. 贝伦是一名博物商人,现在为人所知主要是因为一种鸟——小田鸡的英文名Baillon's crake是以他的名字命名的,由博物学家路易·维叶尤(Louis Vieillot)于1819年命名(参见Mearns & Mearns, 1988)。

46. Møller(1991);参见Birkhead & Møller(1992: 31)。

47. Lank et al.(2002).

48. Nordenskiold(1929: 389).

49. Wagner(1836).

50. Afzelius & Baccetti(1991);Retzius(1904—1921).

51. Montagu(1802;1813: 476).

52. Selous(1901);Howard(1907—1914).

53. Birkhead & Møller (1992).
54. Smellie (1790: 227)；和斯梅利的很多其他写作内容一样，此处为复述布丰的观点(Buffon, 1770)。雷(Ray, 1678: 15)也曾简短地提到这一观点，仅指出了一些鸟类会配对。
55. Smellie (1790: 227).
56. Lack (1968).
57. Birkhead (1998, 2000).
58. Westneat & Stewart (2003).

10. 堕落导致衰亡

1. 亚里士多德在《动物志》中谈到马时，间接提到了这一点，阿尔德罗万迪论及窝卵数与寿命之间的关系时引用过亚里士多德和阿芙罗迪西亚斯的亚历山大(Alexander Aphrosiensis)；法特瑞埃也曾提起(Faultrier, 1660)；参见 Egerton (1975)。大阿尔伯特曾引用老普林尼的说法："麻雀……(与斑鸠)同样贪好猥亵，其命极短……人言雄鸟命不过一年。"(Kitchell & Resnick, 1999)
2. Gessner (1555).
3. Manzini (1575).
4. Buffon (1778).
5. Manzini (1575)。在 15 世纪金丝雀被发现后两百年中，其交易一直都是由西班牙人垄断的。
6. Bacon (1638).
7. Ray (1678: 14).
8. Knapp (1829).
9. Ricklefs (2000a).
10. 出自 Thomas Browne (1646)，转引自 Keynes (1964, volume 2: 1282)。
11. 又见老普林尼，转引自威廉·哈维的《繁殖》一书(Harvey, 1651；参见 Whitteridge, 1981)，雷(Ray, 1678: 14)也引用过。
12. Ricklefs (2006).
13. Bennett & Owens (2002)；P. Bennett，私人通信；参见 Ricklefs (2006)。
14. Ray (1678: 155)。此说其实出自亨利·莫尔(Henry More, 1653)所著的《无神论之解毒剂》(*Antidote against Atheism*)，其中说鸟类"太过纵欲，……于其体骨不利"。托马斯·布朗爵士(Sir Thomas Browne, 1646)在《常见错误》(*Pseudodoxia Epidemica*)一书中也有过类似的言论，从注释 1 中可以看出，这个观点很明显是从亚里士多德来的，他认为寿命和动物身体的温度与湿度有关——年纪越大，身体也越冷越干。参见 Egerton（1975: 309）。

15. Ray（1678: 155）.
16. Browne（1646），转引自 Keynes（1964，volume 2: 182）；亚里士多德在《动物志》中也提到了阉割后的动物比较长寿。
17. Potts & Short（1999）.
18. Aldrovandi（1599—1603）.
19. Ricklefs（2000b）.
20. Thomas Browne（1646），转引自 Keynes（1964）；布朗在这一问题上的观点其实来自都尼·普陶（Denis Petau）。
21. Browne（1646），转引自 Egerton（2005）。
22. Burkitt（1924—1926）.
23. Nice（1937）；Lack（1943）.
24. 在《欧亚鸲的生活》第四版中，拉克说伯基特用彩环标记要研究的鸟，尼斯（Nice，1937）在她关于歌带鹀的文章中也做过同样的陈述。这是不正确的：伯基特用铝环独特的组合来辨认鸟类个体，理由很简单，因为他是色盲。彩环直到 20 世纪 30 年代才出现在市场上，拉克正是用这些彩环来标记他的欧亚鸲。在 30 年代之前，尼斯夫人曾经自己做过彩色的赛璐珞环。伯基特估算他研究的欧亚鸲平均寿命为 2 年 10 个月，拉克估算的是 15 个月，然而计算方式稍有不同，而且包括丰羽后的死亡期之后的平均预期寿命。
25. Newton（1998）。拉克提出了一个简单的转换公式：寿命（准确地说是未来还能活的寿命）=（2−m）/2m，其中 m = 平均年死亡率，以百分比表示。
26. Lack（1945）.
27. Thorpe（1974）；关于拉克的更多材料：http://www.archiveshub.ac.uk/news/0305lack.html。
28. Johnson（2004）.
29. Johnson（2004: 549）.
30. Perrins（1979）.
31. Ray（1691）；Raven（1942）.
32. Ricklefs（2000a）.
33. Newton（1998）.
34. 忽略疾病和天敌是错误的。拉克认为食物很重要，这是对的，然而后来的研究，包括他自己在怀特姆对大山雀种群的研究，都表明疾病和天敌在控制鸟类种群上起到至关重要的作用(Newton, 1966)。

35. Borrello(2003).

36. Borrello(2003)。这里又显示出了拉克咄咄逼人的本性。有流言说他们在会议上公开高声争吵，其实不然。韦恩-爱德华兹一贯避免冲突，从来没有与拉克交锋过，当有人问他时，他总是说“都写在书里了”。Wynne-Edwards(1962); Lack(1966)。

37. Dawkins(1976).

38. I. Newton,私人通信。

39. Williams(1986).

40. 亚里士多德正确地认识到了寿命和(i)繁殖数量、(ii)孕期长度、(iii)体形之间的关系，这种关系虽然很微妙，但产生作用的情况如下：产生大量后代很耗能量，因此消耗了用来修复和维护身体的能量，导致早亡。在能量摄入有限的情况下，寿命和繁殖之间存在一种权衡。孕期的长短很明显反映了胚胎发育的速率。长寿的物种胚胎发育也较慢，说明它们从受精以来就在卵内以稳定的低速燃烧养分，在孵化之后的一生中也是如此。还有，因为长寿的物种通常体形都较大，反映了大型鸟类能够更好地应对环境因素和免遭天敌捕食。

后记

1. Raven(1942: 279).

2. Mandelbrote(2000); Raven(1942).

3. 拉克(Lack, 1957)在他的《演化理论与基督教信仰》一书中引用了托马斯·布朗的《医者的信仰》(*Religio Medici*, 1643)，他也认识雷的传记作者查尔斯·雷文。索普为皇家学会写的拉克回忆录中没有提到雷(Thorpe, 1974)。我也问过拉克的妻子伊丽莎白和他的儿子彼得，他们都不记得拉克读过雷的《上帝之智慧》一书(P. Lack & E. Lack，私人通信)。

4. Lack(1957).

5. 这是时下热门的课题；一些研究者如 R. T. 特里弗斯(R. L. Trivers)认为道德观念也会受自然选择的影响。

6. Gillespie(1987); R. W. Burkhardt，私人通信。

7. Coulson, in Walters(2003: 165).

8. Del Hoyo et al.(1992—2008).

关于本书的更多信息，参见 http://www.wisdomofbirds.co.uk。

参考文献

Adams, H. G., *The Sweet Songsters of Great Britain*. London: Gall & Inglis, *c.* 1860.

Adlemann, H. B., *The Embryological Treatises of Hieronymus Fabricius of Aquapendente: The Formation of the Egg and the Chick and the Formed Fetus*. Ithaca: Cornell University Press, 1942.

Afzelius, B., and Baccetti, B., 'History of spermatology.' In Baccetti, B., ed. *Comparative Spermatology 20 Years After*. New York: Raven Press, 1991.

Agate, R. J., Grisham W., Wade J., et al. 'Neural, not gonadal, origin of brain sex differences in a gynandromorphic finch', *Proceedings of the National Academy of Sciences*, 2003, 100: 4873–8.

Ainley, M. G., review of Farber, Paul Lawrence, *The Emergence of Ornithology as a Scientific Discipline: 1760–1850*, *The Auk*, 1983, 100: 763–5.

— *Restless Energy: A Biography of William Rowan 1891–1957*. Montreal: Vehicule Press, 1993.

Aitinger, J. C., *Kurtzer Und Einfeltiger bericht Vom Dem Vogelstellen*. Cassel, 1626.

Albin, E., *A Natural History of English Song-birds*. London: Butterworth & Co., 1737.

Alcock, J., *The Triumph of Sociobiology*. Oxford: Oxford University Press, 2001.

Aldrovandi, U., *Ornithologiae hoc est de avibus historiae*. Bologna, 1599–1603.

Alexander, W. B., '"Territory" recorded for Nightingale in seventeenth century', *British Birds*, 1936, 29: 322–6.

Allard, H. A., 'Bird migration from the point of view of light and length of day changes', *American Naturalist*, 1928, 62: 385–408.

Allen, E., 'The History of American Ornithology before Audubon', *Transactions of the American Philosophical Society*, 1951, 41: 385–591.

Altum, B., *Der Vogel und sein Leben*. Münster, 1868: 240.

Anderson, D. J., Stoyan, N. C., Ricklefs, R. E., 'Why are there no viviparous birds? A comment', *American Naturalist*, 1987, 130: 941–7.

Anon., *Instruction pour elever, nourrir, dresser, instruire et penser toutes sortes de petits oyseaux de volière, que l'on tient en cage pour entendre chanter: avec un petit traite pour les maladies des chiens*. Paris, 1674.

— *Traité du Rossignol*. Paris: Claude Prudhomme, 1707.

— *The Bird-Fancier's Recreation: Being Curious Remarks on the Nature of Song-Birds with choice instructions concerning The taking, feeding, breeding and teaching them, and to know the Cock from the Hen*. London: privately published, 1728.

— *Ornithologia Nova*. Birmingham: Warren, 1745.

— *Unterricht von den verschiedenen Arten der Kanarievögel und der Nachtigallen, wie diese beyderley Vögel aufzuziehen und mit Nutzen so zu paaren seien, dass man schone Zunge von ihnen haben kann*. Frankfurt and Leipzig, 1772.

— no title. *Avicultura*. 1890, 5: 193.

Arber, A., 'A seventeenth-century naturalist: John Ray', *Isis*, 1943, 34: 319–24.

Aristotle, *History of Animals*.

Armstrong, E. A., 'Territory and birds: a concept which originated from a study of an extinct species', *Discovery*, July 1953: 223–4.

— *The Folklore of Birds*. London: Collins, 1958.

— *A Study of Bird Song*. London: Oxford University Press, 1963.

Arnaiz-Villena, A., Guillén, J., Ruiz-del-Valle, V., et al., 'Phylogeography of crossbills, bullfinches, grosbeaks, and rosefinches', *Cellular and Molecular Life Sciences*, 2001, 58: 1159–66.

Arnault de Nobleville, L. D., *Aedologie, ou Traité du Rossignol Franc, ou Chanteur*, Paris: Debure, 1751.

Arnold, A., 'Genetically triggered sexual differentiation of brain and behavior', *Hormones and Behavior*, 1996, 30: 495–505.

Ashworth, W. B. J., 'Natural history and the emblematic world view.' In Lindberg, D. C., and Westman, R. S., eds, *Reappraisals of the Scientific Revolution*. New York: Cambridge University Press, 1990, 303–32.

— 'Emblematic natural history of the Renaissance.' In Jardine, N., Secord, J. A., and Spary, E. C., eds, *Cultures of Natural History*. Cambridge: Cambridge University Press, 1996.

Avicenna. *The Canon of Medicine*. Tehran: Soroush Press, 1997.

Bacon, F., *Historie Naturall and Experimental, of Life and Death Or of the Prolongation of Life*. London: Lee & Mosely, 1638.

Baker, J. R., *Evolution: Essays on Aspects of Evolutionary Biology*. Oxford: Clarendon Press, 1938.

Balthazart, J., and Adkins-Regan, E., 'Sexual differentiation of brain and behaviour in birds'. In Pfaff, D. W., et al., eds, *Hormones, Brain and Behavior*. San Diego: Academic Press, 2002.

Bancke, P., and Meesenburg, H., 'A study of the display of the ruff (*Philomachus pugnax*)', *Dansk ornithologisk Forenings Tidsskrift*, 1958, 52: 118–41.

Barlein, F. Jürgen Nicolai (1925–2006), *Vogelwarte*, 2006, 44: 193–6.

Barrington, D. H., 'An essay on the periodical appearing and disappearing of certain birds, at different times of the year', *Philosophical Transactions*, 1772, lxii: 265–326.

— 'Experiments and Observations on the singing of Birds', *Philosophical Transactions of the Royal Society of London*, 1773, 63: 249–91.

Barrow, M. V. J., *A Passion for Birds*. Princeton: Princeton University Press, 1998.

Bate, J., *John Clare: A Biography*, London: Picador, 2003.

Bateson, P., 'Sexual imprinting and optimal outbreeding', *Nature*, 1978, 273: 659–60.

Bechstein, J., *Handbuch der Jagdwissenschaft ausgearbeitet nach dem*. Nuremberg: Burgdorfischen, 1801–22.

Bechstein, J. M., *Natural History of Cage Birds*. London: Groombridge, 1795.

— *Gruendliche Anweisung alle Arten von Voegeln zu fangen einzustellen … Neue Auflage*, Nuremburg, 1796.

Beckers, G. J., Nelson, B. S., and Suthers, R. A., 'Vocal-tract filtering by lingual articulation in a parrot', *Current Biology*, 2004, 14: 1592–7.

Belon, P., *L'Histoire de la Nature des Oyseaux*. Paris, 1555.

Bennett, P. M., and Owens, I. P. F., *Evolutionary Ecology of Birds*. Oxford: Oxford University Press, 2002.

Berthold, P., *Bird Migration: A General Survey*. Oxford: Oxford University Press, 2001.

Bewick, T., *History of British Birds*. London: Hodgson, 1797–1804.

Bircham, P., *A History of Ornithology*. London: Collins, 2007.

Birkhead, T. R., 'Avian mating systems: the aquatic warbler is unique', *Trends in Ecology and Evolution*, 1993, 8: 390–1.

— 'Sperm competition in birds: mechanisms and function.' In Birkhead, T. R., and Møller, A. P., eds, *Sperm Competition and Sexual Selection*, London: Academic Press, 1998: 579–622.

— *Promiscuity: An Evolutionary History of Sperm Competition and Sexual Conflict*. London: Faber & Faber, 2000.

— *The Red Canary*. London: Weidenfeld & Nicolson, 2003.

—, Butterworth, E., and van Balen, S., 'A recently discovered seventeenth-century French encyclopaedia of ornithology', *Archives of Natural History*, 2006a, 33: 109–34.

— , Giusti, F., Immler, S., and Jamieson, B. G. M., 'Ultrastructure of the unusual spermatozoon of the Eurasian bullfinch (*Pyrrhula pyrrhula*)', *Acta Zoologica*, 2007, 88: 119–28.

—, Immler, S., Pellatt, E. J., and Freckleton, R., 'Unusual sperm morphology in the Eurasian Bullfinch (*Pyrrhula pyrrhula*)', *The Auk*, 2006b, 123: 383–92.

—, and Møller, A. P., *Sperm Competition in Birds: Evolutionary Causes and Consequences*. London: Academic Press, 1992.

—, eds, *Sperm Competition and Sexual Selection*. London: Academic Press, 1998.

Birkner, W., *Jagdbuch den Vogelherd mit Buschhütte*. Schlagnetz und Lockkäfigen. Unpublished manuscript, 1639.

Blackburn, D. G., and Evans, H. E., 'Why are there no viviparous birds?' *American Naturalist*, 1986, 128: 165–90.

Blackwall, J., 'Tables of the various species of periodical birds observed in the neighbourhood of Manchester with a few remarks tending to establish the opinion that periodical birds migrate', *Memoirs of Literary & Philosophical Society of Manchester*, 1822: 125–50.

Bluff, L. A., Weir, A. A. S., Rutz, C., Wimpenny, J. H., and Kacelnik, A., 'Tool-related cognition in New Caledonian crows', *Comparative Cognition and Behavior Reviews*, 2007, 2: 1–25.

Boakes, R., *From Darwin to Behaviourism*. Cambridge: Cambridge University Press, 1984.

Bobr, L. W., Lorenz, F. W., and Ogasawara, F. X., 'Distribution of spermatozoa in the oviduct and fertility in domestic birds. I. Residence sites of spermatozoa in the fowl oviduct', *Journal of Reproduction and Fertility*, 1964, 8: 3 9–47.

Bolhuis, J. J., 'Development of behaviour.' In Bolhuis, J. J., and Giraldeau, L-A., eds, *The Behavior of Animals*. Oxford: Blackwell, 2005, 119–45.

Bonnet, C., *Oeuvres d'histoire naturelle et de philosophie*. Neuchatel: 1783.

Borrello, M. E., 'Synthesis and selection: Wynne-Edwards' challenge to David Lack', *Journal of the History of Biology*, 2003, 36: 531–66.

Bray, O. E., Kennelly, J. J., and Guarino, J. L., 'Fertility of eggs produced on the territories of vasectomized red-winged blackbirds', *Wilson Bulletin*, 1975, 87: 187–95.

Brisson, M. T., *Ornithologie*. Paris, 1760.

Brock, R., 'Aristotle on sperm competition in birds', *Classic Quarterly*, 2004, 54: 277–8.

Browne, J., *Charles Darwin: The Power of Place*. London: Jonathan Cape, 2002.

Browne, T., *Pseudodoxia Epidemica*, 1646.

Brusewitz, G., *Svalans våta grav*. Ljusdal: E. Ericssons Bokhandel, 1979.

Buckland, F. T., Martin, W. C. L., and Kidd, W., *Birds and Bird Life*. London: Leisure Hour Office, Religious Tract Society, 1859.

Buffon, G. L., *Histoire Naturelle des Oiseaux*. Paris: 1770–83.

Burkhardt, R. W., *Patterns of Behavior: Konrad Lorenz, Niko Tinbergen and the Founding of Ethology*. Chicago: University of Chicago Press, 2005.

Burkitt, J. P., 'A study of robins by means of marked birds', *British Birds*, 1924–6, 17: 294–303; 18: 97–103, 250–7; 19: 120–4; 20: 91–101.

Cade, T. J., and Burnham, W., eds, *Return of the Peregrine*. Boise, ID: The Peregrine Fund, 2003.

Cambrensis, Giraldus, *The Topography of Ireland (Topographia Hibernica)*, 1187.

Catesby, M. *Natural History of Carolina*. London: 1731–43.

— 'Of birds of passage', *Philosophical Transactions of the Royal Society of London*, 1747, 44: 435–44.

Charmantier, I., Greengrass, M., and Birkhead, T. R., 'Jean-Baptiste Faultrier's *Traitté general des Oyseaux* (1660). In press, *Archives of Natural History*.

Clayton, N. S., and Cristol, D. A., 'Effects of photoperiod on memory and food storing in captive marsh tits, *Parus palustris*', *Animal Behaviour*, 1996, 52: 715–26.

Clement, P. H. A., Harris, A., and Davies, J., *Finches and Sparrows: An Identification Guide*. Princeton: Princeton University Press, 1993.

Cobb, M., *The Egg and Sperm Race*. London: Free Press, 2006.

Cole, F. J., *Early Theories of Sexual Generation*. Oxford: Clarendon Press, 1930.

Collinson, P., A letter, *Philosophical Transactions of the Royal Society of London*, 1760, 51: 459–64.

Cornish, J., Letter to Daines Barrington and Dr Maty, *Philosophical Transactions of the Royal Society of London*, 1775, 65: 343–52.

— *Observations on the habits of exotic birds; that is, those which visit England in the spring and retire in the autumn, and those which appear in the autumn and disappear in the spring*. Exeter: W. Norton, 1837.

Coues, E., *Field and General Ornithology*. London: Macmillan, 1890.

Cox, N., *The Gentleman's Recreation*. London: 1677.

Coxe, N., *The Fowler*. London: Dixwell, 1815.

Craig, W., 'The voices of pigeons regarded as a means of social control', *American Journal of Sociology*, 1908, 14: 86–100.

Cramp, S., ed., *Handbook of the Birds of Europe, the Middle East and North Africa*, vol. V. Oxford: Oxford University Press, 1988.

Crew, F. A. E., *The Genetics of Sexuality in Animals*. Cambridge: Cambridge University Press, 1927.

— *Sex Determination*. London: Methuen, 1965.

Cudworth, R., *True Intellectual System of the Universe*. 1678.

Dally, J. M., Emery, N., and Clayton, N. S., 'Food-caching western scrub jays keep track of who was watching when', *Science*, 2006, 312: 1662–5.

Damsté, P. H., 'Experimental modification of the sexual cycle of the greenfinch', *Journal of Experimental Biology*, 1947, 24: 20–35.

Darwin, C., *Birds Part 3 No. 2 of the Zoology of the Voyage of HMS Beagle, by Gould, J.* London: Smith, Elder & Co., 1839.

— *The Descent of Man, and Selection in Relation to Sex*. London: John Murray, 1871.

Davies, N. B., Hartley, I. R., Hatchwell, B. J., Desrochers, A., Skeer, J., and Nobel, D., 'The polygynandrous mating system of the alpine accentor *Prunella collaris*, I. Ecological causes and reproductive conflicts', *Animal Behaviour*, 1995, 49: 769–88.

Dawkins, R., *The Selfish Gene*. Oxford: Oxford University Press, 1976.

De Beer, G., *Charles Darwin; Thomas Henry Huxley: Autobiographies*. London: Oxford University Press, 1974.

Defoe, D., *Tour through the Whole Island of Great Britain*, 1724–7.

Del Hoyo, E. A., ed., *Handbook of Birds of the World*. Barcelona: Lynx Edicions, 1992–.

Derham, W., *Physico-Theology*. 1713.

Desmond, A., and Moore, A., *Darwin*. London: Penguin, 1991.

Dingemanse, N. J., Both, C., Drent, P. J., and Tinbergen, J. M., 'Fitness consequences of avian personalities in a fluctuating environment', *Proceedings of the Royal Society London, Series B*, 2004, 271: 847–52.

—, Both, C., Drent, P. J., van Oers, K., and van Noordwijk, A. J., 'Repeatability and heritability of exploratory behaviour in great tits from the wild', *Animal Behaviour*, 2002, 64: 929–37.

Dresser, H. E., *A History of the Birds of Europe*. London: 1871–81.

Dunbrack, R. L., and Ramsay, M. A., 'The evolution of viviparity in amniote vertebrates: egg retention versus egg size reduction', *American Naturalist*, 1989, 133: 138–48.

Durham, F. M., and Marryat, D. C. E., 'Note on the inheritance of sex in canaries', *Reports to the Evolution Committee of the Royal Society*, 1908, 4: 57–60.

Dursy, E., *Der Primitivstreif*. Lahr: Schauenberg, 1866.

Duval, M., *Atlas d'Embryologie*. Paris: Masson, 1889.

Edwards, G., *Natural History of Birds*. London: 1743–51.

Egerton, F. N., 'Aristotle's population biology', *Arethusa*, 1975, 8: 307–30.

— 'A History of the ecological sciences', Part 15: 'The precocious origins of human and animal demography in the 1600s', *Bulletin of the Ecological Society of America*, 2005, January 2005: 32–8.

Elliot, D. G., *A Monograph of the Birds of Paradise*. London: 1873.

Emery, N., and Clayton, N. S., 'The mentality of crows: convergent evolution of intelligence in corvids and apes', *Science*, 2004, 306: 1903–7.

Emlen, S. T., 'Bird migration: influence of physiological state upon celestial orientation', *Science*, 1969, 165: 716–18.

Estienne, C., and Liebault, J., *L'Agriculture et Maison Rustique*. Paris, 1574.

Evans, E. P., *The Criminal Prosecution and Capital Punishment of Animals*. London: Heinemann, 1906.

Farber, P. L., *The Emergence of Ornithology as a Scientific Discipline: 1760–1850*. Dordrecht: Reidel, 1982.

Fatio, V., 'Note sur une particularité de l'appareil reproducteur mâle chez l'Accentor alpinus', *Revue et Magasin de Zoologie pure et appliquée* (2nd series), 1864, 16: 65–7.

Faultrier, J-B., *Traitté general des Oyseaux*. Paris: Knowsely Hall, 1660, 787.

Fisher, J., *Watching Birds*. Harmondsworth: Penguin, 1941.
Forbes, T. R., 'The crowing hen: early observations on spontaneous sex reversal in birds', *Yale Journal of Biology and Medicine*, 1947, 19: 955–70.
Forster, T. I. G., *Observations on the Brumal Retreat of the Swallow*. London: Philips, 1808.
Foster, P. G. M., *Gilbert White and His Records: A Scientific Biography*. London: Helm, 1988.
Frisch, J. L., *Vorstellung der Vögel Deutschlands, und beyläufig auch einiger Fremden mit ihren natürlichen Farben*, 1733–63.
Fujii, S., and Tamura, T., 'Location of sperms in the oviduct of domestic fowl with special reference to storage of sperms in the vaginal gland', *Journal of the Faculty of Fisheries and Animal Husbandry, Hiroshima University*, 1963, 5: 145–63.
Fuller, E., *Extinct Birds*. New York: Abrams, 2000.
Gardiner, W., *The Music of Nature; or, An Attempt to Prove that what is Passionate and Pleasing in the Art of Singing, Speaking and Performing upon Musical Instruments, is Derived from Sounds of the Animated World*. London, 1832.
Garnett, R., 'Defoe and the swallows', *The Times Literary Supplement*, 1969, 162 (13/2/69).
Gerard, J., *The Herball or Generall historie of plantes*. London, 1597.
Gessner, C., *History of Birds*. Frankfurt, 1555.
Giersberg, H., 'Untersuchungen über Physiologie und Histologie des Eileiters der Reptilien und Vögel; nebst einem Beitrag zur Fasergenese', *Zeitschrift f. wissensch. Zoologie*, 1922, 120, 1–97.
Gillespie, N. C., 'Natural history, natural theology, and social order: John Ray and the "Newtonian Ideology"', *Journal of the History of Biology*, 1987, 20: 1–49.
Girton, D., *A Treatise on Domestic Pigeons*. London, 1765.
Glardon, P., *Pierre Belon du Mans. L'Histoire de la Nature des Oyseaux. Droz, Genève [Travaux d'Humanisme et Renaissance No. 106]*, 1997.
Goldsmith, O., *An History of the Earth and Animated Nature*. London, 1774.
Gough, J., 'Remarks on the summer birds of passage and on migration in general', *Memoirs of Literary & Philosophical Society of Manchester*, 1812, 2: 453–71.
Gould, J., *The Birds of Europe*. London: 1832–7.
Gray, P. H., 'Douglas Alexander Spalding: the first experimental behaviorist', *Journal of General Psychology*, 1962, 67: 299–307.
— 'The early animal behaviourists', *Isis*, 1968, 59: 372–83.
Grenze, v. d. H., 'Die nightigall-Edelkanarien: Karl Ernst Reich – Bremen über jein lebenswert', *Kanaria*, 1938, week 30: 350–2.
Gribbin, J., *Science, A History*. London: BCA, 2002.
Grindle, N., '"No other sign or note than the very order": Francis Willughby, John Ray and importance of collecting pictures', *Journal of the History of Collections*, 2005, 17: 15–22.
Gurney, J. H., *Early Annals of Ornithology*. London: Witherby, 1921.
Güttinger, H. R., Turner, T., Dobmeyer, S., and Nicolai J., 'Melodiewahrnehmung und Wiedergabe beim Gimpel: Untersuchungen an liederpfeifenden und Kanariengesang imitierenden Gimpeln (*Pyrrhula pyrrhula*)', *Journal für Ornithologie*, 2002, 143: 303–18.
Gwinner, E., 'Artspezifische Muster der Zugunruhe bei Laubsängern und ihre mögliche Bedeutung für die Beendigung des Zuges im Winterquartier', *Zeitschrift für Tierpsychologie*, 1968, 25: 843–53.
Haffer, J., 'The history of species concepts and species limits in ornithology', *Bulletin of the British Ornithologists' Club, Centenary Supplement*, 1992, 112A: 107–58.

— '"We must lead the way on new paths": The work and correspondence of Hartert, Stresemann, Ernst Mayr – international ornithologists', *Ökologie der Vögel*, 1997, 19: 3–980.
— 'Erwin Stresemann (1889–1972) – Life and work of a pioneer of scientific ornithology: a survey.' In Haffer, J., Rutschke, E., and Wunderlich, K., eds, *Erwin Stresemann (1889–1972). Leben und Werk eines Pioniers der wissenschaftlichen Ornithologie. Acta Historica Leopoldina*, 34 (Deutsche Akademie der Naturforscher), Stuttgart: Wissenschaftliche Verlagsgesellschaft, 2000.
— 'Ornithological research traditions in central Europe during the 19th and 20th centuries', *Journal of Ornithology*, 2001, 142: 27–93.
— 'Erwin Stresemann (1889–1972) – Life and work of a pioneer in scientific ornithology: A survey', *Acta Historica Leopoldina*, 2004, 34:1–465.
— 'Altmeister der Feld-Ornithologie in Deutschland', *Blatter aus dem Naumann-Museum*, 2006, 25: 1–55.
— 'The development of ornithology in central Europe', *Journal of Ornithology*, 2007a, 148: S125–S153.
— *Ornithology, Evolution and Philosophy: The Life and Science of Ernst Mayr (1904–2005)*. Berlin and Heidelberg: Springer Verlag, 2007b.
Hansell, J., *The Pigeon in History*. Bath: Millstream, 1998.
Harcourt, A. H., Purvis, A., and Liles, L., 'Sperm competition: mating system, not breeding season, affects testes size of primates', *Functional Ecology*, 1995, 9: 468–76.
Harper, E., 'The fertilization and early development of the pigeon's egg', *American Journal of Anatomy*, 1904, 3: 349–86.
Harvey, P. H., and Pagel, M. D., *The Comparative Method in Evolutionary Biology*, Oxford: Oxford University Press, 1991.
Hatch, S. A., 'Mechanism and ecological significance of sperm storage in the northern fulmar with reference to its occurrence in other birds', *The Auk*, 1983, 100: 593–600.
Hauber, M. E., Russo, S. A., and Sherman, P. W., 'A password for species recognition in a brood-parasitic bird', *Proceedings of the Royal Society of London. Series B: Biological Sciences*, 2001, 268: 1041–8.
Hayes, H. R., *Birds, Beasts and Men*. Dent: London, 1972.
Hayes, W., *A Natural History of British Birds*. London: Hooper, 1771–5.
Hervieux de Chanteloup, J-C., *Nouveau Traité des Serins de Canarie*. Paris: Claude Prudhomme, 1713.
— *A New Treatise of Canary Birds*. London: Bernard Lintot, 1718.
Hess, E. H., and Petrovich, S. B., eds, *Imprinting*, volume 5. Stroudsurg: Dowden, Hutchinson & Ross, 1977.
Hevelius, J., 'Promiscuous enquiries, chiefly about cold, formerly sent and recommended to Monsieur Hevelius; together with his answer return'd to some of them', *Philosophical Transactions of the Royal Society of London*, 1666, 19: 350.
Hill, K. A., 'Hartsoeker's homunculus: A corrective note', *Journal of the History of the Behavioral Sciences*, 1985, 21: 178–9.
Hinde, R. A., 'The behaviour of the great tit (*Parus major*) and some other related species', *Behaviour, Suppl.*, 1952, 2: 1–201.
— 'The biological significance of territories in birds', *The Ibis*, 1956, 98: 340–69.
Hogan-Warburg, L., 'Social behaviour of the ruff *Philomachus pugnax*', *Ardea*, 1966, 54: 109–229.

Howard, E., *The British Warblers*. London: Porter, 1907–14.
— *Territory in Bird Life*. London: Murray, 1920.
— *An Introduction to the Study of Bird Behaviour*. Cambridge: Cambridge University Press, 1929.
Hunt, G. R., 'Manufacture and use of hook-tools by New Caledonian crows', *Nature*, 1996, 379: 249–51.
— and Gray, R. D., 'Diversification and cumulative evolution in New Caledonian crow tool manufacture', *Proceedings of the Royal Society of London. Series B: Biological Sciences*, 2003, 270: 867–74.
Hunter, J., *Observations on certain parts of the animal economy*, 2nd edn. London, 1786.
Huxley, J. S., 'The courtship habits of the great crested grebe (*Podiceps cristatus*); with an addition to the theory of sexual selection', *Proceedings of the Zoological Society of London*, 1914, 2: 491–562.
Jardine, W., 'Memoir of Francis Willughby', *The Naturalist's Library*, 1843, 36: 17–146.
Jenner, E., 'Some observations on the migration of birds', *Philosophical Transactions of the Royal Society of London*, 1824, 42: 11–44.
Jenyns, L., *Observations in Natural History*. London: Van Voorst, 1846.
Johnson, K., '*The Ibis*: transformations in a twentieth-century British natural history journal', *Journal of the History of Biology*, 2004, 37: 515–55.
Jonston, J. *Historia Naturalis*, Frankfurt, 1650–3 (English translation, 1657).
Jourdain, F. C. R., 'Howard on territory in bird life', *The Ibis*, 1921 (no volume): 322–4.
Jukema, J., and Piersma, T., 'Permanent female mimics in a lekking shorebird', *Biology Letters*, 2006, 2: 161–4.
Keynes, G., *The Works of Sir Thomas Browne*. London: Faber & Faber, 1964.
King-Hele, D., *Erasmus Darwin*. London: de la Mare, 1999.
Kinzelbach, R. K., and Hölzinger, J., *Marcus zum Lamm (1544–1606): Die Vogelbucher aus dem Thesaurus Picturarum*. Stuttgart: Eugen Ulmer, 2001.
Kircher, A., *Musurgia Universalis*. Rome: Corbetti, 1650.
Kitchell, K. F., and Resnick, I. M., *Albertus Magnus on Animals: A Medieval Summa Zoologica*. Baltimore: Johns Hopkins University Press, 1999.
Klein, J. T., *Historiae avium prodromus*. Lübeck: Schmidt, 1750.
Knapp, J. L., *The Journal of a Naturalist*. London: John Murray, 1829.
Komdeur, J., Daan, S., Tinbergen, J., and Mateman, C., 'Extreme adaptive modification in sex ratio of the Seychelles warbler's eggs', *Nature*, 1997, 385: 522–5.
Konishi, M., Emlen, S. T., Ricklefs, R. E., and Wingfield, J. C., 'Contributions of bird studies to biology', *Science*, 1989, 246: 465–72.
Koyama, S., *Tricks using Varied Tits: Its History and Structure* [in Japanese]. Tokyo: Hosei University Press, 1999.
Krebs, J. R., 'The significance of song repertoires: the Beau Geste hypothesis', *Animal Behaviour*, 1977, 25: 428–78.
—, Ashcroft, R., and Webber, M., 'Song repertoires and territory defence in the great tit', *Nature*, 1978, 271: 539–42.
— and Davies, N. B., *Behavioural Ecology: An Evolutionary Approach*, 4th edn. Oxford: Blackwell Scientific Publications, 1997.
Kroodsma, D. E., 'Reproductive development in a female songbird: Differential stimulation by quality of male song', *Science*, 1976, 192: 574–5.

Kruuk, H., *Niko's Nature: A Life of Niko Tinbergen*. Oxford: Oxford University Press, 2003.
Kumerloeve, H., 'Le gynandromorphisme chez les oiseaux. Recapitulation des données connues', *Alauda*, 1987, 55: 1–9.
Lack, D., *The Life of the Robin*. London: Witherby, 1943.
— *Darwin's Finches*. Cambridge: Cambridge University Press, 1945.
— *Swifts in a Tower*. London: Methuen, 1956.
— *Evolutionary Theory and Christian Belief*. London: Methuen, 1957.
— 'Some British pioneers in ornithological research 1859–1939', *The Ibis*, 1959, 101: 71–81.
— *Population Studies of Birds*. Oxford: Clarendon Press, 1966.
— *Ecological Adaptations for Breeding in Birds*. London: Chapman & Hall, 1968.
— 'My life as an amateur ornithologist', *The Ibis*, 1973, 115: 421–31.
— and Lack, L., 'Territory reviewed', *British Birds*, 1933, 27: 179–99.
Lank, D. B., Coupe, M., and Wynne-Edwards, K. E., 'Testosterone-induced male traits in female ruffs (*Philomachus pugnax*): autosomal inheritance and gender differentiation', *Proceedings of the Royal Society of London. Series B: Biological Sciences*, 1999, 266: 2323–30.
—, Smith, C. M., Hanotte, O., Ohtohen, A., Bailey, S., and Burke, T., 'High frequency of polyandry in a lek mating system', *Behavioral Ecology*, 2002, 13: 209–15.
Larsen, O., and Goller, F., 'Direct observation of syringeal muscle function in songbirds and a parrot', *Journal of Experimental Biology*, 2002, 205: 25–35.
Leeuwenhoek, A., 'Observationes D. Anthonii Lewenhoeck, de Natis è semine genitali Animalculis', *Phil. Trans Roy. Soc. London*, 1678, 12: 1040–3.
Legg, J., *A discourse on the emigration of British birds* ... London: Fielding and Walker, 1780.
Leguat, F., *Voyages des aventures de François Leguat et de ses compagnons en deux isles désertes des Indes orientales*. Paris, 1707.
Leroy, G. C., *The Intelligence and affectability of animals from a Philosophic Point of View, with a few Letters on Man*. London: Chapman & Hall, 1870.
Levaillant, F., *Histoire Naturelle des Perroquets*. Paris, 1801–5.
Lévi-Provençal, E., *Seville Musulmane au début du XII siècle: le Traité d'Ibn Abdun sur la vie urbaine et les corps de métiers*. Paris: Maisonneuve, 1947.
Lichau, K-H., 'Zur Geschichte der liederpfeifenden Dompfaffe im Vogelsberg', *Die Gefiederte Welt*, 1988, 112: 17–19, 45–7.
Lillie, F. R., 'Charles Otis Whitman', *Journal of Morphology*, 1911, 22: 14–77.
Lind, L. R., ed., *Aldrovandi on Chickens: The Ornithology of Ulisse Aldrovandi (1600)*, volume II, Book XIV. Norman, OK: University of Oklahoma Press, 1963.
Lockwood, W. B., *The Oxford Book of British Bird Names*, Oxford: Oxford University Press, 1984.
Lorenz, K. Z., 'Der Kumpan in der Umwelt des Vogels: der Artgenosse als aus ösendes Moment sozialer Verhaltungsweisen', *Journal für Ornithologie*, 1935, 83: 137–15.
— *King Solomon's Ring*. London: Methuen, 1952.
Lowe, P., 'Henry Eliot Howard: an appreciation', *British Birds*, 1941, 34: 195–7.
Mabey, R., *Gilbert White*. London: Hutchinson, 1986.
Macdonald, H., '"What makes you a scientist is the way you look at things": ornithology and the observer 1930–1955', *Studies in History and Philosophy of Science. Part C: Studies in History and Philosophy of Biological and Biomedical Sciences*, 2002, 33: 53–77.
Macleod, R. D., *Key to the Names of British Birds*. London: Pitman, 1954.
MacPherson, A. H., 'Territory in bird life', *British Birds*, 1934, 27: 266.

MacPherson, H. A., *A History of Fowling*. Edinburgh: D. Douglas, 1897.
Mahon, S., 'John Ray (1627–1705) and the act of uniformity 1662', *Notes and Records of the Royal Society of London*, 2000, 54: 153–78.
Malpighi, M., *De formatione pulli in ovo* [*On the formation of the chicken in the egg*], 1673.
Mandelbrote, S., 'John Ray.' In Matthew, H. C. G., and Harrison, B., eds, *Oxford Dictionary of National Biography*, volume 46. Oxford: Oxford University Press, 2004, 178–83.
Manzini, C., *Ammaestramenti per allevare, pascere, and curare gli ucceli*. Brescia: Pietro Maria Marchetti, 1575.
Marcgrave, G., *Historia Naturalis Brasiliae*. 1648.
Markham, G., *Hungers Prevention: or The Whole Art of Fowling by Water and Land*. London: Francis Grove, 1621.
Marler, P., 'Behaviour of the chaffinch *Fringilla coelebs*. *Behaviour, Suppl.*, 1956, 5: 1–184.
—, and Slabbekoorn, H. *Nature's Music: The Science of Birdsong*. Amsterdam: Elsevier, 2004.
Martin, W. C. L., *Our Domestic Fowls and Song Birds*. London: Religious Tract Society, n.d.
Mason, E. A., 'Determining sex in breeding birds', *Bird Banding*, 1938, 9: 46–8.
May, R. M., and Robertson, M., 'Just so stories and cautionary tales', *Nature*, 1980, 286: 327–9.
Mayr, E., 'Bernard Altum and the territory theory', *Proceedings of the Linnaean Society of New York*, 1935, 45/46: 24–38.
— *The Growth of Biological Thought*. Cambridge, MA: Belknap Press, 1982.
McAtee, W. L., 'Torpidity in birds', *American Midland Naturalist*, 1947, 38: 191–206.
Mearns, B., and Mearns R., *Biographies for Birdwatchers*. London: Academic Press, 1988.
Medawar, P. B., and Medawar, J. S., *Aristotle to Zoos*. London: Weidenfeld & Nicolson, 1984.
Megenberg, C., v., *Das Buch der Natur*. 1358.
Meise, W., 'Revierbesitz im Vogelleben', *Eine Umschau. – Mitteilungen des Vereins Saechsischer Ornithologen*, 1930, 3: 49–68.
Meyer, H. L., *Coloured illustrations of British Birds, and their eggs*. London: Longman, 1835–50.
Meyer, J. D., *Angeenehmer und nützlicher Zeit-Vertreib mit Betrachtung*. Nuremberg: 1748–56.
Michie, J., *The Poems of Catullus*. London: Rupert Hart-Davis, 1969.
Moffat, C. B., 'The spring rivalry of birds: some views on the limit to multiplication', *Irish Naturalist*, 1903, 12: 152–66.
Montagu, G., *Ornithological Dictionary*. London: White, 1802.
— *Supplement to the Ornithological Dictionary*. Exeter: Woolmer, 1813.
Moore, J., *Columbarium, or the Pigeon House – Being an Introduction to a Natural History of Tame Pigeons*. London: Wilford, 1735.
Moore, W., *The Knife Man*. London: Bantam Press, 2005.
More, H., *An antidote against atheism: or an appeal to the natural faculties of the minds of man, whether there be not a God*. London: Daniel, 1653.
Morgan, C. L., *Habit and Instinct*. London: Arnold, 1896.
Morris, F. O., *A History of British Birds*. London: Groombridge, 1851–7.
Morton, C., *An Essay towards the probable solution of this Question, whence come the stork, and the turtle dove* ... Samuel Crouch, 1703.
— *The Harleian Miscellany*. 1744.
Moss, S., *A Bird in the Bush: A Social History of Birdwatching*. London: Aurum, 2004.
Mountjoy, P. T., Bos, J. H., Duncan, M. O., and Verplank, R. B. 'Falconry: neglected aspect of the history of psychology', *Journal of the History of the Behavioral Sciences*, 1969, 5: 59–67.

Møller, A. P., 'Sperm competition, sperm depletion, parental care and relative testis size in birds', *American Naturalist*, 1991, 137: 882–906.
Mudie, R., *The British Naturalist*. London: Orr & Smith, 1830.
Mullens, W. H., *Some early British ornithologists and their works*. IX William MacGillivray, W. (1796–1852), and Yarrell, W. (1784–1853), *British Birds*, 1909, 2: 389–99.
Muller, J., Bell, F. J., and Garrod, A. H., *On certain variations in the vocal organs of the Passeres that have hitherto escaped notice*. Oxford: 1878.
Mundinger, P. C., 'Behavior-genetic analysis of canary song: inter-strain differences in sensory learning, and epigenetic rules', *Animal Behaviour*, 1995, 50: 1491–1511.
Nakamura, M., 'Cloacal protuberance and copulatory behaviour of the Alpine accentor (*Prunella collaris*)', *The Auk*, 1990, 107: 284–95.
Naumann, J. A., *Naturgeschicte der Land- und Wasser-Vögel des nordlichen Deurschlands*. Kothen, 1795–1803.
— and Naumann, J. F., *Naturgeschichte der Vögel Deutschlands*. 1820–60.
Naumann, J. F., *Naturgeschichte der Vögel Mitteleuropas*. Vol. IV. Gera-Untermhaus, Kohle. 1905.
Needham, J., *A History of Embryology*. London: Abelard-Schuman, 1959.
Newton, A., *A Dictionary of Birds*. London: A&C Black, 1896.
Newton, I., *Finches*. London: Collins, 1972.
— *Population Limitation in Birds*. San Diego: Academic Press, 1998.
Nice, M. M., 'The theory of territorialism and its development.' In Chapman, F. M., and Palmer, T. S., eds, *Fifty years' progress of American ornithology, 1883–1933*, Lancaster, PA: American Ornithologists' Union, 1933, 89–100.
— 'Studies in the life history of the song sparrow', *Transactions of the Linnaean Society, New York*, 1937, 4: 1–247.
— 'The role of territory in bird life', *American Midland Naturalist*, 1941, 26: 441–87.
— 'The earliest mention of territory', *Condor*, 1953, 55: 316–17.
Nicholson, E. M., *How Birds Live*. London: Williams & Norgate, 1927.
— 'Territory reviewed', *British Birds*, 1934, 27: 234–6.
Nicolai, J., 'Zur Biologie und Ethologie des Gimpels (*Pyrrhula pyrrhula* L.)', *Zeitschrift für Tierpsychologie*, 1956, 13: 93–132.
Nicolai, J., 'Mimicry in parasitic birds', *Scientific American*, 1974, 231: 92–8.
Noble, G. K., 'The role of dominance in the life of birds', *The Auk*, 1939, 56: 263–73.
Nordenskiold, E., *The History of Biology: A Survey*. London: Paul, Trench & Trubner, 1929.
Norderhaug, M., 'The Svalbard Geese: an introductory review of research and conservation', *Norsk Polarinstitutt Skrifter*, 1984, 181: 7–10.
Nottebohm, F., Stokes, T. M., and Leonard, C. M., 'Central control of song in the canary, *Serinus canarius*', *Journal of Comparative Neurology*, 1976, 165: 457–86.
Nozeman, C., *Nederlansche vogelen*. Amsterdam: Sepp, 1770–1829.
Nutton, V., 'Conrad Gesner and the English naturalists', *Medical History*, 1985, 29: 93–7.
Olaus Magnus, *Historia de Gentibus Septentrionalibus*. Rome, 1555.
Olina, G. P., *L'Uccelliera*. Rome: 1622.
Olsen, M. W., 'Twelve-year summary of selection for parthenogenesis in Beltsville small white turkeys', *British Poultry Science*, 1965, 6: 1–6.
— and Fraps, R. M., 'Maturation changes in the hen's ovum', *Journal of Experimental Zoology*, 1950, 144: 475–87.

— and Neher, B. H., 'The site of fertilization in the domestic fowl', *Journal of Experimental Zoology*, 1948, 109: 355–66.

Owen, C., *An Essay Towards a Natural History of Serpents*. London, 1742.

Owens, I. P. F., and Short, R. V., 'Hormonal basis of sexual dimorphism in birds: implications of new theories of sexual selection', *Trends in Ecology & Evolution*, 1995, 10: 44–7.

Parkes, A. S., *Off-beat Biologist: The Autobiography of Alan S. Parkes*. Cambridge: Galton Foundation, 1985.

Pavord, A., *The Naming of Names*. London: Bloomsbury, 2005.

Pennant, T., *British Zoology*, London: Benjamin White, 1768.

— *The Literary Life of the Late Thomas Pennant, Esq., by Himself*, London, 1793.

Pepperberg, I. M., *The Alex Studies*. Harvard: Harvard University Press, 1999.

Perdeck, A. C., 'Two types of orientation in migrating Starlings, *Sturnus vulgaris* L., and chaffinches, *Fringilla coelebs* L., as revealed by displacement experiments', *Ardea*, 1958, 46: 1–37.

Pernau, F. A. v., *Unterricht was mit dem lieblichen Geschöpff, denen Vögeln*. 1702.

Perrins, C. M., *British Tits*. London: Collins, 1979.

Pitman, J. H., *Goldsmith's Animated Nature: A Study of Goldsmith*. Yale: University of Yale, 1924.

Pliny, *Naturalis Historia*, Book X: *The Natural History of Birds*. London: Taylor & Francis, 1855.

Potts, M., and Short, R. V., *Ever Since Adam and Eve*. Cambridge: Cambridge University Press, 1999.

Poulsen, H., 'Inheritance and learning in the song of the chaffinch (*Fringilla coelebs*)', *Behaviour*, 1951, 3: 216–28.

Pracontal, M. de, *L'imposture scientifique en dix leçons*. Paris: Decouverte, 2001.

Pratt, A., *Our Native Songsters*. London: SPCK, 1852.

Quinn, K., *Catullus, The Poems*, London: Macmillan, 1982.

Raven, C. E., *John Ray, Naturalist: His Life and Works*. Cambridge: Cambridge University Press, 1942.

— *English Naturalists from Neckam to Ray*. Cambridge: Cambridge University Press, 1947: 379.

Ray, J., *The Ornithology of Francis Willughby*. London: John Martyn, 1678.

— *The Wisdom of God Manifested in the Works of Creation*. London: Smith, 1691.

— *Synopsis Animalium Quadrupedum*. London: Smith, 1693a.

—*Three Physico-Theological Discourses*. London: Smith, 1693b.

Réaumur, M. de, *The Art of Hatching and Bringing up Domestick Fowles of all kinds, at any time of year, either by means of hot-beds, or that of common fire*. Paris: Royal Academy of Sciences, 1750.

Rem, G., *Emblematica Politica*. 1617.

Rennie, J., *The Faculties of Birds*. London: Knight, 1835.

Retzius, G., *Biologische Untersuchungen, Neue Folge*. Stockholm & Leipzig: 1904–21.

Richards, R. J., *Darwin and the Emergence of Evolutionary Theories of Mind and Behavior*. Chicago: University of Chicago Press, 1987.

Ricklefs, R. E., 'Lack, Skutch, and Moreau: the early development of life-history thinking', *Condor*, 2000a, 102: 3–8.

— 'Intrinsic aging-related mortality in birds', *Journal of Avian Biology*, 2000b, 31: 103–11.

— 'Embryo development and ageing in birds and mammals', *Proceedings of the Royal Society of London. Series B*, 2006, 273: 2077–82.
Ridgway, R., 'The Birds of North and Middle America', *Bulletin of the United States National Museum*, 1901, 50.
Robson, J., and Lewer, S. H., *Canaries, Hybrids and British Birds in Cage and Aviary*. London: Waverley Books, 1911.
Roger, J., *Buffon*. Ithaca: Cornell University Press, 1997.
Romanes, G. J., *Animal Intelligence*. London: Kegan, 1885.
Romanoff, A. L., *The Avian Embryo*. New York: Macmillan, 1960.
— and Romanoff, A. J., *The Avian Egg*. New York: Wiley, 1949.
Rothschild, W., *Extinct Birds*. London: Hutchinson, 1907.
Runeberg, J., 'The Lark', *Academy*, 1874, 4: 262.
Russ, K., *Lehrbuch der Stubenvogelpflege, Abrichtung und -zucht*. Magdeburg: Creutz, 1888.
Salvin, O., and Godman, F. D., *Birds of Central America*. London: 1879–1904.
Sauer, F., Stummvoll, J., and Fiedler, R., *De Arte Venandi cum Avibus. Facsimile et Commentarium*. Graz: Akademische Druck, 1969.
Sayle, C., ed., *The Works of Sir Thomas Browne*. Edinburgh: Grant, 1927.
Schaeffer, J. C., *Elementa ornithologia iconibus*. 2nd edn. Ratisbonae: Typis Breitfeldianis, 1779.
Schäfer, E. A., 'On the incidence of daylight as a determining factor in bird migration', *Nature*, 1907, 77: 159–63.
Schierbeek, A., *Opuscula selecta Neerlandicorum de arte medica*. Amsterdam: Van Rossen, 1955.
Schmidtt, S., *Oeuvre*. Paris: Gallimard, 2007.
Schramm, M., 'Frederick II of Hohenstaufen and Arabic science', *Science in Context*, 2001, 14: 289–312.
Schulze-Hagen, K., Leisler, B., Birkhead, T. R., and Dyrcz, A., 'Prolonged copulation, sperm reserves and sperm competition in the aquatic warbler *Acrocephalus paludicola*', *The Ibis*, 1995, 137: 85–91.
Schulze-Hagen, K., Leisler, B., Schaffer, H. M., and Schmidt, V., 'The breeding system of the aquatic warbler *Acrocephalus paludicola* – a review of new results', *Vogelwelt*, 1999, 120: 87–96.
Schut, E., Hemmings, N., and Birkhead, T. R., 'Parthenogenesis in a passerine bird, the zebra finch *Taeniopygia guttata*', *The Ibis*, 2008, 150: 197–9.
Schwenckfeld, C., *Theriotropheum Silesiae*. Lignicii, 1603.
Seibt, U., and Wickler, W., 'Individuality in problem solving: string pulling in two *Carduelis* species (Aves: Passeriformes)', *Ethology*, 2006, 112: 493–502.
Selby, P. J., *Illustrations of British Ornithology*. Edinburgh: W. H. Lizars, 1825–41.
Selous, E., *Bird Watching*. London: Dent, 1901.
— *Realities of Bird Life*. London: Constable, 1927.
— *Evolution of Habit in Birds*. London: Constable, 1933.
Shoberl, F., *The Natural History of Birds*. London: Harris, 1836.
Short, R. V., 'The testis: the witness of the mating system, the site of mutation and the engine of desire', *Acta paediatrica. Supplementum*, 1997, 422: 3–7.
Smellie, W., *The Philosophy of Natural History*, volume 1. London, 1790.
— *The Philosophy of Natural History*, volume 2. London, 1799.
Smith, H. G., and von Schantz, T., 'Extra-pair paternity in the European starling: the effect of polygyny', *Condor*, 1993, 95: 1006–15.

Smith, R. F., *The Canary: its Varieties, Management and Breeding, with Portraits of the Author's own Birds*. London: Groombridge, 1868.

Solinas, F., *L'Uccelliera: Un libro di arte e di scienza nella roma dei primi lincei*, 2 volumes. Florence: Leo S. Olschki Editore, 2000.

Spamer, O., *Illustrirtes konversations-Lexikon III*. Leipzig: 1893.

Stanley, E., *A Familiar History of Birds: Their Nature, Habits and Instincts*, 2 volumes. London: Longmans, 1835.

Stanley, T., *Poems by Thomas Stanley, Esquire*. 1651.

Stap, D., *Birdsong*. Oxford: Oxford University Press, 2005.

Stillingfleet, B., *Miscellaneous Tracts*. London, 1762.

Stresemann, E., 'Baron von Pernau, pioneer student of bird behavior', *The Auk*, 1947, 64: 35–52.

— *Die Entwicklung der Ornithologie. Von Aristoteles bis zur Gegenwart*. Berlin: Peters, 1951.

— *Ornithology from Aristotle to the Present*. Harvard: Harvard University Press, 1975.

Strindberg, A., *En blå bok*. Stockholm: Björck & Börjesson, 1907.

Stubbs, G., *Comparative Anatomy*. London: Orme, 1804–6.

Susemihl, J. C., and Susemihl, E., *Die Vögel Europa's*. Stuttgart: 1839–52.

Suthers, R. A., 'Contributions to birdsong from the left and right sides of the intact syrinx', *Nature*, 1990, 347: 473–7.

Swainson, C., *The Folk Lore and Provincial Names of British Birds*. London: Dialect Society, 1886.

Taber, E., 'Intersexuality in birds.' In Armstrong, C. N., and Marshall, A. J., eds, *Intersexuality*. London: Academic Press, 1964: 287–310.

Tebbich, S., Taborsky, M., Fessl, B., and Blomqvist, D., 'Do woodpecker finches acquire tool-use by social learning?' *Proc. Roy. Soc. London. Series B: Biological Sciences*, 2001, 268: 2189–93.

Tegetmeier, W. B., *Pigeons: Their Structure, Varieties, Habits, and Management*. London: Routledge, 1868.

Teixeira, D. M., 'Plumagens aberrantes em psittacidae neotropicais', *Revista Brasileira de Biologia*, 1985, 45: 143–8.

— 'Perspectivas da etno-ornitologia no Brazil: o exemplo de um estudo sobre a "Tapiragem"', *Boletim do Museu Paraense Emilio Goeldi. Zoologia*, 1992, 8: 113–21.

Temminck, C. J., and Schlegel, H., *Fauna Japonica – Aves*. Lugdun: Batavorum, 1845–50.

Thielcke, G., 'Neue Befunde bestätigen Baron Pernaus (1660–1731) Angaben über iautäusserungen des Buchfinken (*Fringilla coelebs*)', *Journal für Ornithologie*, 1988, 129: 55–70.

Thienemann, F. A. L., *Einhundert Tafeln colorirter Abbildungen von Vogeleiern*. Leipzig: 1845–54.

Thomas, K. *Man and the Natural World*. London: Allen Lane, 1983.

Thompson, A. L., 'Photoperiodism in bird migration', *The Auk*, 1924, 41: 639–41.

Thorpe, W. H., *Bird-Song*. Cambridge: Cambridge University Press, 1961.

— David Lambert Lack. 1910–1973. *Biographical Memoirs of Fellows of the Royal Society*, 1974, 20: 271–93.

— *The Origins and Rise of Ethology*. Heinemann: London, 1979.

Ticehurst, N. F., Letter to the Editors. *British Birds*, 1934, 27: 308.

Tinbergen, N., 'The behavior of the snow bunting in spring', *Transactions of the Linnaean Society of New York*, 1939, 5: 1–95.

Topsell, E., *The Fowles of Heauen or History of Birds*. Austin: University of Texas Press; 1972.
Travies, E., *Les Oiseaux les Plus Remarkables*. Paris: 1857.
Trivers, R. L., *Natural Selection and Social Theory*. Oxford: Oxford University Press, 2002.
Turner, W., *A Short and Succinct Account of the Principle Birds Mentioned by Pliny and Aristotle*. Cologne, 1544.
Vallet, E., Beme, I., and Kreutzer, M., 'Two-note syllables in canary songs elicit high levels of sexual display', *Animal Behaviour*, 1998, 55: 291–7.
Valli da Todi, A., *Il canto de gl'Augelli. Opera nova. Dove si dichiara la natura di sessanta sorte di Uccelli, che cantano per esperienza, e diligenza fatta piu volte. Con il modo di pigliarli con facilita, & allevarli, cibarli, domesticarli, ammaestrarli e guarirli delle infermita, che a detti possono succedere. Con le loro figure, o vinti sorte di caccie, cavate dal naturale da Antonio Tempesti*. Rome: N. Mutii, 1601.
Van Drimmelen, G. C., '"Spermnests" in the oviduct of the domestic hen', *J. South African Vet. Med. Assoc.*, 1946, 17: 42–52.
Van Oordt, G. J., and Junge, G. C. A., 'Die hormonale Wirkung der Gonaden auf Sommer- und Prachtkleid. III', *Wilhelm Roux' Arch. Entwicklungsmech. Org.*, 1936, 134: 112–21.
Van Rhijn, J. G., *The Ruff*. London: Poyser, 1991.
Van Zomeren, K., *Klein Kanoetenboekje*. Utrecht: KNNV Uitgeverij, 2003.
Vieillot. L. P., *Histoire naturelle des plus beaux oiseaux chanteurs de la zone torride*. Paris, 1805–9.
Wagner, R., *Fragmente zur Physiologie der Zeugung, vorzüglich zur mikroskopischen Analyse des Sperma*. München: Bayerische Akademie der Wissenschaft, 1836.
— *Icones Zootomicae. Handatlas zur Vergleichenden Anatomie*. Leipzig: Voss, 1841.
Wallace, A. R., review [of *The Intelligence and Perfectibility of Animals from a Philosophic Point of View. With a Few Letters on Man. by Charles Georges Leroy*, 1870], *Nature*, 1871, 3: 182–3.
Wallace, D. I. M., *Beguiled by Birds*. London: Helm, 2004.
Walters, M., *A Concise History of Ornithology*. London: Helm, 2003.
Walton, I., *The Compleat Angler*. London: 1653.
Ward, J., *British Ornithology or Birds of Passage*. Maidstone: Masters, 1871.
Waring, S., *The Minstrelsy of the Woods*. London: Harvey & Darton, 1832.
Weir, A. A. S., Chappell, J., and Kacelnik, A., 'Shaping of hooks in New Caledonian crows', *Science*, 2002, 297: 981.
Welty, J. C., *The Life of Birds*. Philadelphia: W. B. Saunders, 1962.
West, M. J., and King, A. P., 'Mozart's Starling', *American Scientist*, 1990, 78: 106–14.
Westneat, D. F., Frederick, P. C., and Wiley, R. H., 'The use of genetic markers to estimate the frequency of successful alternative reproductive tactics', *Behavioral Ecology and Sociobiology*, 1987, 21: 35–45.
Westneat D. F., Stewart, I. R. K., 'Extra-pair paternity in birds: Causes, correlates, and conflict', *Annual Review of Ecology, Evolution, and Systematics*, 2003, 34: 365–96.
White, G., *The Natural History of Selborne*, 1789.
White, T. H., *The Bestiary: A Book of Beasts*. New York: Putnam, 1954.
Whitteridge, G., *Disputations Touching the Generation of Animals*. Oxford: Blackwell, 1981.
Wickede, F. van, *Kanari-uitspanningen of Nieuwe verhandeling van de kanari-teelt*. Amsterdam: 1786: 96.
Williams, G. C., *Adaptation and Natural Selection*. Princeton: Princeton University Press, 1966.

— 'Natural selection, the cost of reproduction and a refinement of Lack's principle', *American Naturalist*, 1986, 100: 687–90.

Wilson, A., and Bonaparte, C. L., *American Ornithology*. London & Edinburgh: Cassell, Petter & Galpin, 1832.

Wilson, H. R., 'Physiological requirements of the developing embryo: temperature and turning.' In Tullet, S. G., ed., *Avian Incubation*: Poultry Science Symposium 22, 1991.

Witchell, C. A., *The Evolution of Bird-Song, with Observations on the Influence of Heredity and Imitation*. London: A&C Black, 1896.

Witschi, E., 'Seasonal sex characters in birds and their hormonal control', *Wilson Bulletin*, 1935, 47: 177–88.

Wolf, J., *Abbildungen und Beschreibungen merkwuerdiger naturgeschichtlicher Gegenstaende*. Nuremberg: Tyroff, 1818.

Wolff, C. F., *Theoria Generationis*. Halle, 1774.

Wolfson, A., 'Sperm storage at lower-than-body temperature outside the body cavity of some passerine birds', *Science*, 1954, 120, 68–71.

Wood, C. A., and Fyfe, F. M., eds, *The Art of Falconry, being De Arte Venandi cum Avibus of Frederick II of Hohenstaufen*. Stanford: Stanford University Press, 1943.

Wood, N., *British Song Birds: Being popular Descriptions and Anecdotes of the Choristers of the Groves*. London: J. W. Parker, 1836.

Woods, C. P., and Brigham, R. M., 'The avian enigma: "hibernation" by common poorwills (*Phalaenoptilus nuttalli*).' In Barnes, B. M, and Carey, C., eds, *Life in the Cold: Evolution, Mechanisms, Adaptation and Application*, 12th International Hibernation Symposium. Fairbanks: Institute of Arctic Biology, 2004.

Würdinger, I., Jürgen Nicolai, 1925–2006. *The Ibis*, 2007, 149: 198–9.

Wynne-Edwards, V. C. *Animal Dispersion in Relation to Social Behaviour*. Edinburgh: Oliver & Boyd, 1962.

Xamarro, J. B., *Conocimiento de las Diez Aves menores de jaula, su canto, efermedad, cura y cria. Compuesto por Iuan Bautists Xamarrõ, residente en Corte*. Madrid: Imprenta Real, 1604.

Zann, R. A. *The Zebra Finch: A Synthesis of Field and Laboratory Studies*. Oxford: Oxford University Press, 1996.

Zorn, J. H., *Petino-Theologie*, volume 1 (1742) Pappenheim; volume 2 (1743) Schwabach, 1742, 1743.

术语表

Adaptation（适应、适应性、演化适应）：在特定环境中能够提供优势的性状（过程、行为或结构）。

Air sac（气囊）：鸟类呼吸系统的一部分，并不参与气体交换。大部分鸟类都有 9 个气囊。

Autosome（常染色体）：除性染色体外的其他染色体（参见正文）。

Behavioural ecology（行为生态学）：以演化的理论框架，准确地说是基于个体选择来研究行为和生态（参见正文）。

Brood parasite（巢寄生）：一些鸟（如大杜鹃）将卵产在其他鸟类的巢中，利用其抚养后代的行为。

Chalazae（卵带）：卵内的两条螺旋状的蛋白带，拉住卵黄使其固定位置（单数 chalaza）。

Cicatricule（生发点）：旧术语，指新鲜的卵中的胚盘。

Circannual rhythm（季节节律）：行为的周期，受体内生物钟的调节，以一年为基础。

Classification（分类）：确定鸟类和其他动物的演化关系与名称的工作。

Cloaca（泄殖腔）：鸟类体内消化道、尿道和生殖道的开口所在。

Cloacal protuberance（泄殖腔突起）：雄性雀形目鸟类的泄殖腔区域形成一个突起，主要由精囊构成（参见正文）。

Clock（生物钟）：也指内部的、生理或生物钟；一种基于生化功能的计时方式。

Cockatrice（鸡身蛇尾怪）：一种神话动物，半蛇，半公鸡，是从公鸡下的蛋里孵化出来的。

Coitus（交尾）：两性交配的另一种说法。

Colour rings（彩环）：鸟类腿部佩戴的塑料环（美国是软塑料圈），用于个体识别。

Comparative study（比较研究）：物种间的比较（通常用统计方法），一般对种系发生的亲缘关系相同部分进行控制，用来检验演化适应。

Conspecific（同物种的）：相对于不同物种的（heterospecific）。

Cooperative breeding（合作繁殖）：一种繁殖机制，同一物种的多个个体帮助一对繁殖配偶抚养后代。

Crystallised song（完鸣）：鸣声发育最终的成熟阶段。

Density dependence（密度相关）：随种群密度的不同而变的影响因子。

Emblem（隐喻）：一种带有道德色彩的谜题，一般含有一个标题、一幅图画（通常是动物）和一段简短的答案，通常用韵文写成。

Epididymis（附睾）：螺旋状的小管，用来储存精液或使其成熟。在哺乳动物体内体睾是和睾丸在一起的；在鸟类体内对应的结构是精囊，与睾丸不在一处，一般位于泄殖腔区域。

Epigenesis（渐成论）：认为生物发育是由受精卵逐渐分化而来的（相对于先成论）。

Ethology（动物行为学）：20 世纪 50—70 年代普遍使用的术语，指动物行为学研究（主要是关于近因）。

Fertilisation（受精）：雄性和雌性配子的结合。

Gamates（配子）：性细胞，雄性的称精子，雌性的称卵子。

Generation（繁殖）：旧术语，指繁殖和细胞发育。

Germ cells（生殖细胞）：胚胎内未来发育为性细胞的中性细胞。

Gonadotrophin（促性腺素）：脑垂体分泌的一种激素，刺激性腺及控制繁殖活动。

Group selection（群体选择）：认为自然选择发生在群体或物种层面而不是个体层面的理论。

Half-sider（半边种）：雌雄同体的一种，生物个体的一半是雄性，另一半是雌性。又称为双边雌雄嵌合体（参见该条）。

Heterogametic（异配的）：指带有两个不同性染色体的性别；对鸟类而言，雌鸟带有 ZW 性染色体，因此是异配性别（哺乳动物则是带有 XY 染色体的雄性）。

Higher vocal centre（高级发声中枢）：鸟类大脑中一个特定的区域，控制鸣禽学习鸣唱的行为。

Hypothalamus（下丘脑）：大脑中的一个腺体，控制消化和繁殖系统，并调节基本行为如取食等。

Imprinting（印随）：一种学习行为，通常在个体发育早期的一段敏感期（特定的一段时间）内发生。亲子印随指后代认定父母的过程，性印随则是指个体学习确定合适的性伴侣的过程。

Infundibulum（输卵管漏斗部）：雌性生殖道（输卵管）的一部分，位于卵巢附近；为漏斗状结构，在卵子从卵巢排出后能将其抓住。

Insemination（受精）：精液从雄性传递到雌性。

Intersexuality（雌雄间性）：既不是雄性也不是雌性的状态，包括雌雄同体。

Lateral gynandromorph（双边雌雄嵌合体）：雌雄同体的一种，生物个体的一半是雄性，另一半是雌性。又称半边种（参见该条）。

Lek（求偶场）：求偶的竞技场，雄鸟聚集在一起进行炫耀，通常各自占有很小的领地。在求偶场交配体系中，雄性通常都是一夫多妻的，而少数几个雄性个体常受到偏好，有着极高的繁殖成功率。

Life-history traits（生活史性状）：与生育、死亡和繁殖相关的性状，如窝卵数、首次繁殖的年龄和寿命通常都是互相联系的。海鸟之类通常每巢产卵数都很少，要到好几岁之后才开始繁殖。相反，小型鸟类经常显示出相反的模式。

Longevity（寿命）：生命的长度。

Mating system（交配制度）：通常情况下生物个体的配偶数量和交配关系。

Migratory restlessness（迁徙兴奋）：笼养鸟在应当迁徙的时节表现出的躁动不安（扑扇翅膀，上下乱蹦），又称为 Zugunruhe。

Monogamy（一夫一妻制）：鸟类中最常见的交配制度，一雄一雌共同抚养后代。社会性的一夫一妻制指的是社会行为；性（或遗传上）的一夫一妻制指基因关系。某种鸟或某对个体可能表现出社会性的一夫一妻制，然而如果任意一方有配偶外性行为，那么它们在性上就不是一夫一妻制。

Natural selection（自然选择）：适者得以生存的演化过程。

Neuron（神经元）：神经细胞。

Oviparous（卵生）：以卵繁殖（正如鸟类和很多爬行动物那样）。

Ovum（卵子）：雌性配子。

Parthenogenesis（孤雌生殖）：未受精的卵子发育为个体的过程。

Passerine（雀形目鸟类）：也称攀禽，或者更不准确的也称鸣禽。雀形目占了所有鸟类总数的一半以上（相对于非雀形目），其中包括真鸣禽和霸鹟亚目（如美洲的霸鹟等）。

Personality（个性）：个体行为非随机的分化，有时又称“行为综合体”或“应多模式”（指个体如何应对各种挑战）。

Photoperiod（光周期）：在 24 小时内日照和黑夜的相对长度。

Phylogeny（种系发生、系统发生学）：研究认定的物种或分类群（如属、科等）之间的演化关系。

Physico-theology（自然神学）：认为上帝创造了个体和环境之间相互适应的关系。

Plastic song（弹鸣）：鸣唱学习过程中的中间阶段，在“亚鸣”（参见该条）之后出现。

Preformation（先成论）：17 世纪很普遍的观点，认为卵子或精子中包含一个微缩的、预先成形的个体。先成论者分为精源派和卵源派（参见“渐成论”）。

Proximate and ultimate causes（近因和终极因）：近因是造成影响的环境因素。终极因是影响了演化的因素。

Radioimmunoassay（放射免疫分析）：在抗原—抗体（免疫）反应中，利用放射标记和未标记物质之间的竞争来确定未标记物质浓度的技术手段。

Selection thinking（个体选择思想）：自然选择或性选择发生在个体层面，而不是族群、种群或物种层面（相对于“群体选择”）。

Semen（精液）：精浆与精子的混合物。

Seminal glomera（精囊）：输卵管高度螺旋状的末端，在雀形目的雄鸟体内位于泄殖腔突起内。精囊是雄性用来储存精子的地方。

Sensitive period（敏感期）：个体对特定环境影响的刺激尤为敏感的时期（参见“印随”）。

Sex chromosomes（性染色体）：雄性与雌性体内不同的染色体对（参见“常染色体”）。

Sexual reproduction（有性繁殖）：通过精子和卵子的融合进行的繁殖，雌雄个体的基因相融合而产生一个新的独特的个体。有性生殖产生的个体差异是自然选择发生的基础。

Sexual selection（性选择）：演化通过不同的繁殖成功率而发生的过程，受雄性的同性竞争和雌性选择的调节。性选择性状是指通过雄性竞争和雌性选择保存下来的能加强个体繁殖成功率的性状。

Sonogram（频谱图）：根据频率和长度由声谱仪生成的声音图像，图像颜色的深浅用来表示音量：用于分析鸟鸣。

Sperm（精子）：雄性配子。

Sperm competition（精子竞争）：两个或更多雄性的精子（准确地说是射出体外的精子）之间为使雌性卵子受精而进行的竞争。

Sperm storage tubule（储精管）：显微镜可见的小管，通常有成百上千个，位于雌性鸟类输卵管的阴道—子宫连接处，用来储存精子。

Spontaneous generation（自然发生）：生物从非生物物质中生发出来的现象。

Stopping（停鸟）：养鸟人用阻止笼中鸟接受光照的方法来改变其年周期。

Subsong（亚鸣）：鸣声学习的早期阶段，在弹鸣和完鸣（分别参见对应的条目）之前。

Survival（存活率）：针对一个种群或者物种而言，从前一时间周期到下一时间周期（通常是一年）存活下来的个体比例。

Syrinx（鸣管）：鸟类独有的发声器官。

Systematics（系统分类学）：研究生物之间的演化关系的学科（参见“分类”和“分类学”）。

Taxonomy（分类学、命名）：对生物进行命名和分类。

Torpor（休眠）：生物休眠的状态，通常体温下降以保存能量。

Treddles（卵带）：17 世纪对卵带的旧称。

Utero-vaginal junction（阴道—子宫连接处）：雌性生殖道（输卵管）内子宫和阴道之间的区域，为储精管（参见该条）的所在。

Viviparous（胎生）：胚胎于母体内发育（相对于“卵生”）。

译名对照表

Acorn woodpecker (*Melanerpes formicivorus*)	橡树啄木鸟
Adams, H. G.: *The Sweet Songsters of Great Britain*	H. G. 亚当斯,《大不列颠妙音歌者》
Adanson: *Michel Voyage to Senegal*	米歇尔·阿丹森,《塞内加尔旅行记》
Ainley, Marianne Gosztonyi	玛丽安娜·格斯蒂尼·安利
albatross, wandering (*Diomedea exulans*)	漂泊信天翁
Albert the Great	大阿尔伯特
Albin, Eleazar	埃利埃泽·阿尔宾
albumen	蛋白
Aldrovandi, Ulisse	乌利塞·阿尔德罗万迪
Alex (African grey parrot)	亚历克斯(非洲灰鹦鹉)
Alexander, Wilfred B.	威尔弗雷德·B. 亚历山大
Allard, Harry	哈里·阿拉德
Alpine accentor (*Prunella collaris*)	领岩鹨
Altum, Bernard	伯纳德·奥图姆
Amrhein, Valentin	瓦伦丁·阿莫尔海因
Anacreon	阿那克利翁
Anaximander	阿那克西曼德
animalcules	"微生物"
aquatic warbler (*Acrocephalus paludicola*)	水栖苇莺

Aristotle: *Generation of Animals* *History of Animals*	亚里士多德,《动物生殖》《动物志》
Armstrong, Edward A.	爱德华·A. 阿姆斯特朗
Arnold, Art	阿特·阿诺德
Ashcroft, Ruth	路德·阿什克罗夫特
Audubon, John James: *Birds of America*	约翰·詹姆斯·奥杜邦,《美国鸟类》
auk, great	大海雀
Bacon, Francis	弗朗西斯·培根
Baillon, Louis	路易斯·贝伦
Baker, John	约翰·贝克
Balen, Bas van	巴斯·冯·巴伦
Baltner, Leonard	伦纳德·巴尔特纳
barnacle goose (*Branta leucopsis*)	白颊黑雁
Barraband, Jacques	雅克·巴拉班德
Barrington, Daines	戴恩斯·巴灵顿
Bartholin, Thomas	托马斯·巴特林
basilisks	蛇怪
Bateson, Pat	帕特·贝特森
Bateson, William	威廉·贝特森
Beagle (ship)	"贝格尔号"(船名)
Bechstein, Johann	约翰·贝彻斯坦
Natural History of Cage Birds	《笼养鸟类博物学》
bee-eater, European (*Merops apiaster*)	黄喉蜂虎
Belon, Pierre	皮埃尔·贝伦
Beltsville, Maryland Agricultural Research Center	马里兰贝尔茨维尔农业研究中心
Bennett, Peter	彼得·贝内特
Benoit, Jacques	雅克·贝努瓦
Bernard, Claude	克劳德·伯纳德
Berson, Sol	索尔·伯森
Berthold, Arnold	阿诺德·伯特霍尔德
Berthold, Peter	彼得·伯特霍尔德
Bestiaries	中世纪动物寓言集
Bewick, Thomas	托马斯·比伊克
Biebrza wetland, Poland	波兰别布扎湿地
binomial system	双名法系统
Bird Fancier Recreation	《爱鸟人之消遣》,作者未详
bird of paradise	极乐鸟

blackbird, European (*Turdus merula*)	乌鸫
blackcap (*Sylvia atricapilla*)	黑顶林莺
black grouse (*Lyrurus tetrix*)	黑琴鸡
black kite (*Milvus migrans*)	黑鸢
Black Notley, Essex	（英国）埃塞克斯郡布莱克诺特里
black stork	黑鹳
Blackwall, John	约翰·布莱克沃尔
blue jay (*Cyanocitta cristata*)	冠蓝鸦
bluethroat (*Luscinia svecica*)	蓝点颏
blue tit (*Cyanistes caeruleus*)	青山雀
Bobr, Wanda	万达·波勃尔
Bonaparte, Charles Lucien	夏尔·吕西安·波拿巴
Bonnet, Charles	查尔斯·邦尼特
Bougot, Father	巴乌盖特神父
Brasser, Jaap and Map	雅普·布瑞斯尔、玛普·布瑞斯尔
Bray, Olin	奥林·布雷
Brehm, Alfred E.	艾尔弗雷德·E. 布雷姆
Brehm, Christian Ludwig	克里斯丁·路德维希·布雷姆
Brent, Bernard	伯纳德·布伦特
Brisson, Mathurin: *Ornithologie*	马蒂兰·布里松,《鸟类学》
British Association for the Advancement of Science	英国科学促进学会
Brighton meeting (1872)	布赖顿会议（1872）
British Birds (journal)	《英国鸟类》（期刊）
British Ornithologist's Union	英国鸟类学联合会
British Trust for Ornithology (BTO)	英国鸟类学信托基金会
Brown-Séquard, Charles Édouard	夏尔·爱德华·布朗–塞加尔
Browne, Sir Thomas: *Pseudodoxia Epidemica*	托马斯·布朗爵士,《常见错误》
Buckland, Francis	弗朗西斯·巴克兰
Buffon, Georges-Louis Leclerc, Comte de: *Natural History of Birds*	乔治–路易·勒克莱尔·布丰,《鸟类博物学》
bullfinch, Eurasian (*Pyrrhula pyrrhula*)	红腹灰雀
Burkitt, James	詹姆斯·伯基特
buzzard, common (*Buteo buteo*)	普通鵟
Caius, John	约翰·凯厄斯

Cambridge University Newton Library (Zoology Departnnent)	剑桥大学（动物学系）牛顿图书馆
Canada jay (*gray jay; Perisoreus canadensis*)	灰噪鸦
canary (*Serinus canaria*)	金丝雀
Cantimpré , Thomas de	多玛斯·康定培
cardinal, northern (Virginia nightingale; *Cardinalis cardinalis*)	主红雀（维吉尼亚夜莺）
Cassiano dal Pozzo	卡西亚诺·德尔·波佐
Catesby, Mark	马克·凯茨比
chaffinch (*Fringilla coelebs*)	苍头燕雀
Charles II, King	查理二世
chestnut-sided warbler (*Setophaga pensylvanica*)	栗胁林莺
chiffchaff (*Phylloscopus collybita*)	叽喳柳莺
Clare, John	约翰·克莱尔
Clayton, Nicky	尼基·克莱顿
clergymen-naturalists	牧师博物学家
cloacal protuberance	泄殖腔突起
cockatrice	鸡身蛇尾怪
Coiter, Volcher	沃彻尔·科依特
Collins, George Edward	乔治·爱德华·柯林斯
Étienne Bonnot de Condillac: *Traité des Animaux*	埃缔耶纳·德·孔狄亚克，《论动物》
corncrake (*Crex crex*)	长脚秧鸡
Cornish, James	詹姆斯·科尼什
Correns, Karl	卡尔·克伦斯
Cousin (island), Indian Ocean	印度洋库金岛
cowbird, brown-headed (*Molothrus ater*)	褐头牛鹂
Cox, Nicholas	尼古拉斯·考克斯
Craig, Wallace	华莱士·克里格
crake, spotted (*Porzana porzana*)	斑胸田鸡
crane, common (*Grus grus*)	灰鹤
crested bird of paradise (*Cnemophilus macgregorii*)	镰冠极乐鸟
crested lark (*Galerida cristata*)	凤头百灵
Crew, Francis	弗朗西斯·克鲁
Crick, Francis	弗朗西斯·克里克

fairy wren (*Malurus* spp.)	细尾鹩莺
Falloppio, Gabriele	加布里瓦·法罗皮奥
Farne Islands	法恩岛
Farner, Don	唐·法纳
Fatio, V.: *The Birds of the Western Palearctic*	法迪欧,《西古北界鸟类》
Faultrier, Jean-Baptiste	让-巴普蒂斯·法特瑞埃
faunistics	动物区系研究
fieldfare (*Turdus pilaris*)	田鸫
finch, woodpecker *see* woodpecker	拟䴕树雀, 见"拟䴕树雀"
Fisher, James	詹姆斯·费舍
Fitzpatrick, Sean	肖恩·菲茨帕特里克
Follett, Sir Brian	布赖恩·福利特爵士
Forster, Thomas	托马斯·福斯特
Fox, Rev. William Darwin	威廉·达尔文·福克斯神父
Frederick II, Holy Roman Emperor: *Art of Falconry*	神圣罗马帝国皇帝腓特烈二世,《驯隼艺术》
Frederick III, King of Denmark	丹麦国王弗雷德里克三世
Frisch, Johann Leonard	约翰·伦纳德·弗里希
Frisch, Karl von	卡尔·冯·弗里希
fulmar, northern (*Fulmarus glacialis*)	暴雪鹱
Gannet (*Morus bassanus*)	北鲣鸟
garden warbler (*Sylvia borin*)	庭园林莺
gardening calendars	《园丁日志》
Gardiner, William: *The Music of Nature*	威廉·加迪纳,《造物之乐》
Garner, Wight	怀特·加纳
Gaudix (Andalusia)	高迪克斯(安达卢西亚)
Gaulle, Charles de	夏尔·戴高乐
Gerard, John	约翰·杰勒德
German Ornithological Society: Erwin Stresemann Prize	德国鸟类学会, 埃尔温·施特雷泽曼奖
Gessner, Conrad	康拉德·格斯纳
Gibraltar	直布罗陀海峡
Giraldus Cambrensis: *Topographica Hibernica*	传教士杰拉尔德,《爱尔兰地形志》
Girton, Daniel	丹尼尔·哥顿
goldcrest (*Regulus regulus*)	戴菊
golden oriole (*Oriolus oriolus*)	金黄鹂

goldfinch, European (*Carduelis carduelis*)	红额金翅雀
Goldsmith, Oliver	奥利弗·戈德史密斯
A History of the Earth and Animated Nature	《地球与动物博物学》
Goodrich, E. S.	E. S. 古德里奇
goose, domestic (*Anser anser domesticus*)	家雁
goose, greylag (*Anser anser*)	灰雁
goose, Hawaiian (*Branta sandvicensis*)	夏威夷黑雁
goshawk (*Accipiter gentilis*)	苍鹰
Gough, Thomas	托马斯·高夫
Gould, John: *The Birds of Great Britain*	约翰·古尔德,《大不列颠鸟类》
grasshopper warbler (*Locustella naevia*)	黑斑蝗莺
Gray, Philip	菲利浦·格雷
great auk (*Pinguinus impennis*)	大海雀
great crested grebe (*Podiceps cristatus*)	凤头䴙䴘
great reed warbler (*Acrocephalus arundinaceus*)	大苇莺
great tit (*Parus major*)	大山雀
greenfinch (*Chloris chloris*)	欧金翅雀
green woodpecker (*Picus viridis*)	绿啄木鸟
Grey of Falloden, Edward, Viscount	第一代法罗顿子爵爱德华·格雷
Greysser, Daniel	丹尼尔·格雷瑟
Griffin, D., and B. Skinner	D. 格里芬和 B. 斯金纳
Grönvold, Henrik	亨利克·格伦沃德
ground finch, large-billed (*Geospiza magnirostris*)	大地雀
guillemot, common (*Uria aalge*)	崖海鸦
Gwinner, Eberhard (Ebo)	埃伯哈德(埃伯)·格温纳尔
Haffer, J.	伊尔根·海弗尔
Haller, Alb von	奥布·冯·哈勒
Hardy, A. C.	A. C. 哈迪
Harper, Eugene	尤金·哈珀
harriers	鹞
Hartsoeker, Nicholas	尼古拉斯·哈特索克
Harvey, William	威廉·哈维

Hatch, Scott	斯科特·哈奇
Hayes, W.	威廉·海斯
Heinroth, Oskare	奥斯卡·海因洛特
hen harrier (*Circus cyaneus*)	白尾鹞
Henry VIII, King	英王亨利八世
hermaphroditism (gynandromorphs)	雌雄同体(雌雄嵌合体)
heron, grey (*Ardea cineres*)	苍鹭
Hertwig, Oskar	奥斯卡·赫特维希
Hervieux, de Chanteloup	赫维尤克斯
Hevelius, Johannes	约翰·赫维留
Hinde, Robert	罗伯特·欣德
Hippocrates	希波克拉底
Hogan-Warburg, Lidy	利迪·荷根-沃伯格
Hooke, Robert: *Micrographia*	罗伯特·虎克,《显微图鉴》
hoopoe (*Upupa epops*)	戴胜
house martin (*Delichon urbicum*)	白腹毛脚燕
Howard, Eliot:	艾略特·霍华德,
British Warblers	《英国莺类》
Territory in Bird Life	《鸟类的领域》
Hume, David	大卫·休谟
Hunter, Sir John	约翰·亨特
Huxley, Sir Julian	朱利安·赫胥黎
Huxley, Thomas Henry	托马斯·亨利·赫胥黎
Ibis	《鹮》(期刊)
indigo bunting (*Passerina cyanea*)	靛蓝彩鹀
International Ornithological Congress, Moscow (1982)	国际鸟类学大会-莫斯科(1982年)
Isidore of Seville, St	圣依西多禄
jacana (*Jacana* spp.)	水雉
jackdaw (*Coloeus monedula*)	寒鸦
Jenner Edward	爱德华·詹纳
Jenyns, Rev. Leonard	伦纳德·杰宁斯神父
John, Prince (later King of England)	约翰王子(之后的英王)
Johnson, Samuel	塞缪尔·约翰逊
Jonston, John	约翰·强斯顿
Jourdain, Rev. Francis	弗朗西斯·乔丹神父
Jukema, Joop	尤普·贾克马
junco (*Junco hyemalis*)	灰蓝灯草鹀
kingfisher, common (*Aledo atthis*)	普通翠鸟
Kinzelbach, R. K. and J. Hölzinger	R. K. 金泽巴赫和J. 赫辛格尔
Kircher, Athanasius	阿塔纳斯·珂雪

Klein, Jacob Theodor	雅各·西奥多·克莱因
Kluijver, Huijbert	休伯特·克鲁维尔
Knapp, John: *Journal of a Naturalist*	约翰·纳普,《博物学笔记》
knot (*Calidris canutus*)	红腹滨鹬
Kramer, Gustav	古斯塔夫·克雷默
Krebs, John (toter Baron)	约翰·克雷布斯
Kroodsma, Don	唐·科鲁兹玛
Kumerloeve, H.	H. 库默洛夫
La Mettrie, Julien Offray de *see* Mettrie, Julien Offray de la	朱利安·奥弗雷·拉·美特利
Lack, David:	戴维·拉克,
The Life of the Robin	《欧亚鸲的生活》
Population Studies of Birds	《鸟类种群研究》
Lake, Peter	彼得·雷克
Lamm, Marcus zum	马库斯·扎姆·拉姆
Lank, David	戴维·兰克
Lapeyronie, Frangois Gigot de	弗朗科斯·吉格特·德· 拉佩罗尼
lapwing (*Vanellus vanellus*)	凤头麦鸡
Lavenham Church, Suffolk	英国萨福克的拉文汉姆教堂
Leche, John	约翰·莱什
Lecluse, Charles de	卡罗卢斯·克卢修斯
Leeuwenhoek, Antonie van	安东·范·列文虎克
Legg, John	约翰·莱格
Leguat, Frangois	弗兰斯瓦·鲁戈瓦
Leonardi, Vincenzo	文森佐·伦纳迪
Leroy, Charles Georges:	查尔斯·乔治斯·拉罗伊,
The Intelligence and Perfectibility of Animals From a Philosophical Point of View	《以哲学角度论动物之智能与完善》
Leroy, le père	“老头” 勒罗伊
Leuckart, Rudolf	鲁道夫·洛卡特
Levaillant, F.	F. 拉威廉特
Lewes, George Henry	乔治·亨利·刘易斯
Linnaeus, Carl:	卡尔·林奈
Calendarium flora	《植物日历》
linnet (*Linaria cannabina*)	赤胸朱顶雀
Lister, Martin	马丁·李斯特
little owl (*Athene noctua*), frontis	纵纹腹小鸮
Lodge, George	乔治·洛奇
Lofts, Brian	布赖恩·洛夫茨
long-tailed tit (*Aegithalos caudatus*)	北长尾山雀

Lord Howe woodhen (*Gallirallus sylvestris*)	豪岛秧鸡
Lorenz, Konrad	康拉德·劳伦兹
Mabey, Richard	理查德·梅比
Madingley, near Cambridge	马丁利，位于剑桥附近
Magnus, Olaus, Archbishop of Uppsala	欧劳斯·马格努斯，瑞典乌普萨拉大主教
magpie (*Pica pica*)	喜鹊
magpie robin (*Copsychus sechellarum*)	塞舌尔鹊鸲
Malpighi, Marcello	马尔切洛·马尔比基
Malthus, Thomas	托马斯·马尔萨斯
Manzini, Cesare	西撒·曼奇尼
Marcgrave, Georg: *Historiae Naturalis Brasiliae*	齐奥格·马可格雷夫，《巴西博物学》
Marks, Henry	亨利·马克斯
Marler Peter: *Nature's Music* (ed. with Hans Slabbekoom)	彼得·马勒，《大自然的音乐》（与汉斯·斯莱布尔昆合编）
marsh warbler (*Acrocephalus palustris*)	湿地苇莺
Marshall, Jock	乔克·马歇尔
Martin, William Linnaeus: *Our Domestic Fowls and Song Birds*	威廉·林奈·马丁，《家禽与鸣禽》
Mascall, Leonard	伦纳德·马斯科尔
Mason, Edwin	埃德温·梅森
Mattocks, Philip	菲利普·迈托克斯
Mauritius kestrel (*Falco punctatus*)	毛里求斯隼
Mauritius parakeet (*Psittacula eques*)	毛里求斯鹦鹉
Mauritius pink pigeon (*Nesoenas mayeri*)	粉红鸽
Max Planck Institute	马克思–普朗克研究所
Mayr, Ernst	恩斯特·迈尔
Medawar, Peter and Jean	彼得·梅达沃、珍·梅达沃
Megenberg, Conrad von	康拉德·冯梅根伯格
Meise, Wilhelm	威廉·梅斯
Melba finch (green-winged pytilia, *Pytilia melba*)	绿翅斑腹雀
Mendel, Gregor	格里格·孟德尔
Mettrie, Julien Offray de la	朱利安·奥弗雷·拉·美特利

Meyer, H. L.	亨利·伦纳德·迈耶
Meyer, D.	D. 迈耶
Middleton Hall, Warwickshire	沃里克郡的米德尔顿府
Mieris, Frans: *Lady in Red Jacket Feeding a Parrot* (painting)	弗兰斯·范·米里斯,《喂鹦鹉的红衣女子》(油画)
mistle (or missel) thrush (*Turdus viscivorus*)	槲鸫
Mignon, Abraham	亚伯拉罕·米尼翁
Mill, John Stuart	约翰·斯图尔特·密尔
Moffat, Charles	查尔斯·莫法特
Møller, Anders	安德斯·莫勒
monk parakeet (*Myiopsitta monachus*)	灰胸鹦哥
Montagu, George: *Ornithological Dictionary*	乔治·蒙塔古,《鸟类学词典》
Moore, John	约翰·摩尔
More, Henry *Antidote against Atheism*	亨利·莫尔,《无神论之解毒剂》
More, Sir Thomas: *Utopia*	托马斯·莫尔,《乌托邦》
Moreau, Reg	雷吉·莫罗
Morgan, Conwy Lloyd: *Habit and Instinct*	康威·劳埃德·摩根,《栖息地与本能》
Morris, Rev. Frederick O.: *A History of British Birds*	弗雷德里克·莫里斯神父,《不列颠鸟类史》
Mortensen, Hans Christian	汉斯·克里斯琴·莫滕森
Morton, Charles	查尔斯·莫顿
Mozart, Wolfgang Amadeus	沃尔夫冈·阿马德乌斯·莫扎特
Mudie, Robert	罗伯特·米迪
Mullens, William	威廉·马伦斯
Müller, Johannes	约翰内斯 ·缪勒
Murton, Ron	罗恩·默顿
Naumann, J. F.	约翰·弗里德里希·瑙曼
Naumann, Johann Andreas	约翰·安德烈亚斯·瑙曼
Netherlands Institute of Ecology	荷兰生态学研究所
New Caledonian Crow (*Corvus moneduloides*)	新喀鸦
Newton, Alfred: *Dictionary of Birds*	艾尔弗雷德·牛顿,《鸟类辞典》
Newton, Ian	伊安·牛顿
Nice, Margaret Morse	玛格丽特·莫尔斯·尼斯
Nicholas II, Tsar of Russia	俄皇尼古拉二世

Nicholson, E. M. (Max): *How Birds Live*	马克思·尼克尔森，《鸟类如何生活》
Nicolai, Jürgen	约尔根·尼克来
nightingale (*Luscinia megarhynchos*)	夜莺（新疆歌鸲）
nightjar, European (*Caprimulgus europaeus*)	欧夜鹰
Noble, Gladwyn	格拉德温·诺贝尔
Nottebohm, Fernando	费尔南多·诺德本
Nozeman, C.	C. 诺兹曼
nutcracker, Clark's (*Nucifraga columbiana*)	北美星鸦
nuthatch (*Sitta europaea*)	普通䴓
Oellacher, J.	J. 奥莱彻
Ogasawara, Frank	弗兰克·奥加萨瓦拉
Olina, Giovanni Pietro: *L'Uccelliera*	乔瓦尼·皮埃托·奥里纳，《论鸟类》
Olsen, Marlow	马洛·奥尔森
ostrich (*Struthio camelus*)	鸵鸟
Owen, Charles	查尔斯·欧文
Owens, Ian	伊恩·欧文斯
Oxford Ornithological Society	牛津鸟类学会
Paley, William: *Natural Theology*	威廉·佩利，《自然神学》
paradise whydah (*Vidua paradisaea*)	乐园维达雀
Parker, Geoff	杰夫·帕克
parrot	鹦鹉
parrot, African grey (*Psittacus erithacus*)	非洲灰鹦鹉
parrot, Eclectus (*Eclectus roratus*)	红胁绿鹦鹉
partridge, European (*Perdix perdix*)	灰山鹑
peafowl (*Pavo cristatus*)	蓝孔雀
pelican (*Pelecanus* spp.)	鹈鹕
Pennant, Thomas: *British Zoology*	托马斯·彭南特，《不列颠动物学》
Pepperberg, Irene	艾琳·佩皮尔伯格
Pepys, Samuel	塞缪尔·佩皮斯
Perdeck, Ab	阿布·佩尔代克
Pernau, Ferdinand Adam, Baron von	巴伦·冯·贝尔诺
Perrins, Chris	克里斯·佩林斯
Peter (tame knot)	彼得
pheasant, common (*Phasianus colchicus*)	雉鸡
Philip II, King of Spain	西班牙国王腓力二世

physico-theology	自然神学
Piersma, Theunis	休尼斯·皮尔斯玛
pigeon, domestic (*Columba livia domestica*)	鸽子、家鸽
Pliny the Elder	老普林尼
Pozzo, Cassiano dal	卡西亚诺·德尔·波佐
Pratt, Anne:	安·普拉特,
Our Native Songsters	《本地鸣禽》
Procellariiformes (tube-noses)	鹱形目鸟类(管鼻类)
puffin, Atlantic (*Fratercula arctica*)	北极海鹦
purple-throated mountain-gem (*Lampornis calolaemus*)	紫喉宝石蜂鸟
quail, European (*Coturnix coturnix*)	西鹌鹑
quail, Japanese (*Coturnix japonica*)	鹌鹑
Quinn, David	戴维·昆因
radioimmunoassay	放射免疫分析
Radolfzell, southern Germany	德国南部拉多夫采
Raven, Charles	查尔斯·雷文
raven (*Corvus corax*)	渡鸦
Ray, John:	约翰·雷,
The Ornithology of Francis Willughby	《威路比鸟类学》
The Wisdom of God	《上帝之智慧》
Ray, Margaret	玛格丽特·雷
razorbill (*Alca torda*)	刀嘴海雀
Réaumur, René Antoine de	瑞尼·瑞欧莫
redpoll (*Acanthis flammea*)	白腰朱顶雀
redstart (*Phoenicurus phoenicurus*)	欧亚红尾鸲
red-winged blackbird (*Agelaius Phoeniceus*)	红翅黑鹂
reed bunting (*Emberiza schoeniclus*)	芦鹀
reed warbler (*Acrocephalus scirpaceus*)	芦苇莺
Reginald of Durham	德拉姆的雷金纳德
Reich, Karl	卡尔·赖克
Religious Tract Society	宗教书社
Rem, G.	G. 雷姆
Rennie, James	詹姆斯·伦尼
Retzius, G.	古斯塔夫·雷齐乌斯
Ricklefs, Bob	鲍勃·里克列弗斯

robin, American (*Turdus migratorius*)	旅鸫
robin, European (*Erithacus rubecula*)	欧亚鸲
Robson, J. and S. H. Lewer	J. 罗布森和 S. H. 莱维尔
rock thrush (*Monticola saxatilis*)	白背矶鸫
Rodrigues (island), Indian Ocean	罗德里格斯岛，印度洋
roller (*Coracias garrulus*)	蓝胸佛法僧
Romanes, George:	乔治·罗马尼斯，
Animal Intelligence	《动物智能》
Romanoff, Alexis:	罗曼诺夫，
The Avian Egg	《鸟卵》
The Avian Embryo	《鸟类胚胎》
Rondelet, Guillaume	纪尧姆·朗德勒
rook (*Corvus frugilegus*)	秃鼻乌鸦
rosefinch, scarlet (*Carpodacus erythrinus*)	普通朱雀
Rowan, Bill	比尔·罗恩
Royal Society	（英国）皇家学会
Royal Society for the Protection of Birds (RSPB)	英国皇家鸟类保护学会
ruff (*Philomachus pugnax*)	流苏鹬
Runeberg, Johan: 'The Lark' (poem)	约翰·鲁内伯格：《云雀》（诗歌）
Russ, Karl	卡尔·拉斯
Salvin, O. and F. D. Godman	O. 萨尔文和 F. D. 戈德曼
sandgrouse, pintailed (*Pterocles alchata*)	白腹沙鸡
Sauer, F., and others	F. 索尔等
Scanes, Colin	科林·斯坎尼斯
Schaeffer, J. C.	J. C. 谢弗
Schefferus, Johannes	约翰尼斯·史法若斯
Scheitlin, Peter:	彼得·施特林，
Science of Animal Souls	《动物心灵之科学研究》
Schifferli, Alfred	艾尔弗雷德·施法利
Schloesser, K.	K. 施罗瑟
Schmidt, Emil	埃米尔·施密特
Schwenckenfeld, Caspar	卡斯珀·施温克菲尔德
scrub jay (*Aphelocoma californica*)	西丛鸦
sedge warbler (*Acrocephalus schoenobaenus*)	水蒲苇莺

Steller's jay (*Cyanocitta telleri*)	暗冠蓝鸦
stork, black (*Ciconia nigra*)	黑鹳
stork, white (*Ciconia ciconia*)	白鹳
storm petrel, European (*Hydrobates pelagicus*)	暴风海燕
Stresemann, Erwin	埃尔温·施特雷泽曼
Strindberg, August	奥古斯特·斯特林堡
Stubbs, George	乔治·斯塔布斯
Susemihl, J. C. and E.	J. C. 祖瑟米尔和 E. 祖瑟米尔
swallow (*Hirundo rustica*)	燕子 、家燕
swan, mute (*Cygnus olor*)	疣鼻天鹅
swift, Alpine (*Tachymarptis melba*)	高山雨燕
swift, European (*Apus apus*)	普通楼燕
Tapuia Indians (Brazil)	塔普亚人(巴西)
Tavistock, Hastings William Sackville Russell, Marquess of (later 12th Duke of Bedford)	黑斯廷斯 · 威廉·萨克维尔 ·拉塞尔·塔维斯托克勋爵(后来的贝德福德伯爵12世)
tawny owl (*Strix aluco*)	灰林鸮
Tegetmeier, William B.	威廉·特盖特迈耶
Temminck, C. J., and H. Schlegl	C. J. 特米克和 H. 施雷各
testosterone	睾酮
Thienemann, F. A. L.	F. A. L. 缇拿曼
Thijsse, Jacob	雅各·塞斯
Thomson, A. Landsborough	阿瑟·兰兹伯勒·汤姆森
Thorpe, W. H. (Bill)	比尔·索普
Ticehurst, C. B.	C. B. 泰斯赫斯特
Tinbergen, Niko	尼古拉斯·廷贝亨
towhee (*Pipilo erythrophthalmus*)	棕胁唧鹀
Traité du Rossignol (unknown author)	《夜莺论》(作者未详)
Travies, E.	E. 特维斯
tree creeper (*Certhia familiaris*)	旋木雀
triganieri	赛鸽
Trivers, Bob	鲍勃·特里弗斯
Tucker, B. W.	B. W. 塔克
Turberville, George: *Noble Arte of Venerie or Hunting*	乔治·特伯维尔,《狩猎之高雅艺术》
turkey (*Meleagris gallopavo*)	火鸡
Turner, William	威廉·特纳
turtle dove (*Streptopelia turtur*)	欧斑鸠

twite (*Linaria flavirostris*)	黄嘴朱顶雀
Tynte, Lady	廷特夫人
Uniformity, Act of	《统一法案》
Vallett, Eric-Marie	艾瑞克-马利·瓦雷特
Valli da Todi, Antonio	安东尼奥·瓦利·达托蒂
varied tit (*Parus varius*)	杂色山雀
Varro, Marcus	马库斯·瓦罗
Veer, Gerrit de	科雷特·德·维尔
Vieillot, L. P.	L. P. 维叶尤
vultures	兀鹫
Wager, Sir Charles	查尔斯·韦杰爵士
Wagner, Rudolf	鲁道夫·瓦格纳
Wallace, Alfred Russel	阿尔弗雷德·拉塞尔·华莱士
Walther, Johann	约翰·沃尔瑟
Walton, Izaak	艾萨克·沃顿
Ward, James	詹姆斯·沃德
Waring, Sarah	萨拉·韦林
Watson, James Dewey	詹姆斯·杜威·沃森
Weir, John Jenne	约翰·詹纳·韦尔
West, Meredith:	梅雷迪思·韦斯特,
Garden Kalendar	《园丁日志》
Natural History and Antiquities of Selborne	《塞耳彭自然史》
White, John	约翰·怀特
white-bellied mountain-gem (*Lampornis hemileucus*)	白腹宝石蜂鸟
white-crowned sparrow (*Zonotrichia leucophrys*)	白冠带鹀
Whitman, Charles Otis	查尔斯·奥蒂斯·惠特曼
Wilberforce, Samuel, Bishop of Oxford	威尔伯福斯, 牛津主教
Wiley, John (publisher)	约翰·威立(出版商)
Williams, George: *Adaptation and Natural Selection*	乔治·威廉,《适应性与自然选择》
willow warbler (*Phylloscopus trochilus*)	欧柳莺
Willughby, Emma (née Barnard)	艾玛·威路比(娘家姓巴纳德)
Willughby, Francis	弗朗西斯·威路比
Wilson, Alexander	亚历山大·威尔逊
Witherby, Harry	哈利·威瑟比
Witherings, John	约翰·威瑟灵斯

Wolf, Joseph	约瑟夫·沃尔夫
Wolff, Caspar	卡斯帕尔·沃尔弗
Wolfson, Albert	艾伯特·沃尔夫森
Wood, Neville: *The Choristers of the Groves*	内维尔·伍德,《果园合唱队》
woodcock (*Scolopax rusticola*)	丘鹬
wood lark (*Lullula arborea*)	林百灵
woodpecker finch (*Camarhynchus pallidus*)	拟䴕树雀
woodpigeon (*Columba palumbus*)	斑尾林鸽
Wren, Percival Christopher: *Beau Geste*	珀西瓦尔·克里斯托弗·雷恩, *Bewu Geste*(小说)
wren (*Troglodytes troglodytes*)	鹪鹩
Wynne-Edwards, Vero : *Animal Dispersion in Relation to Social Behaviour*	卫若·韦恩–爱德华兹,《动物的社会行为与扩散》
Wytham Woods, near Oxford	怀特姆森林,位于牛津附近
Yalow, Rosalyn	罗莎琳·雅洛
Yarrell, William	威廉·亚雷尔
yellowhammer (*yellow bunting; Emberiza citrinella*)	黄鹀
zann, Richard	理查德·赞
zebra finch (*Taeniopygia guttata*)	斑胸草雀
Zenodotus	泽诺多托斯
Zoologist	《动物学家》
Zorn, Johann *Petino-Theologie*	约翰·佐恩,《羽翼神学》

图书在版编目(CIP)数据

鸟的智慧:插图鸟类学史/(英)蒂姆·伯克黑德著;任晴译.—北京:商务印书馆,2019
ISBN 978-7-100-17165-6

Ⅰ.①鸟… Ⅱ.①蒂… ②任… Ⅲ.①鸟类—普及读物 Ⅳ.①Q959.7-49

中国版本图书馆CIP数据核字(2019)第042462号

鸟的智慧:插图鸟类学史
〔英〕蒂姆·伯克黑德 著
任晴 译

商 务 印 书 馆 出 版
(北京王府井大街36号 邮政编码100710)
商 务 印 书 馆 发 行
北京新华印刷有限公司印刷
ISBN 978-7-100-17165-6

2019年7月第1版 开本787×1092 1/16
2019年7月北京第1次印刷 印张25¾
定价:128.00元